C++高性能编程

[美] 费多尔·G.皮克斯 著

刘 鹏 译

清华大学出版社

北 京

内 容 简 介

本书详细阐述了与 C++高性能编程相关的基本解决方案，主要包括性能和并发性简介，性能测量，CPU 架构、资源和性能，内存架构和性能，线程、内存和并发，并发和性能，并发数据结构，C++中的并发，高性能 C++，C++中的编译器优化，未定义行为和性能，性能设计等内容。此外，本书还提供了相应的示例、代码，以帮助读者进一步理解相关方案的实现过程。

本书适合作为高等院校计算机及相关专业的教材和教学参考书，也可作为相关开发人员的自学用书和参考手册。

北京市版权局著作权合同登记号 图字：01-2022-3477

图书在版编目（CIP）数据

C++高性能编程 ／（美）费多尔·G. 皮克斯著；刘鹏译. —北京：清华大学出版社，2022.11
（2024.9 重印）
书名原文：The Art of Writing Efficient Programs
ISBN 978-7-302-62069-3

Ⅰ. ①C… Ⅱ. ①费… ②刘… Ⅲ. ①C++语言—程序设计 Ⅳ. ①TP312.8

中国版本图书馆 CIP 数据核字（2022）第 195102 号

责任编辑：贾小红
封面设计：刘 超
版式设计：文森时代
责任校对：马军令
责任印制：丛怀宇

出版发行：清华大学出版社
　　　　　网　　　址：https://www.tup.com.cn，https://www.wqxuetang.com
　　　　　地　　　址：北京清华大学学研大厦 A 座　　　　邮　　编：100084
　　　　　社 总 机：010-83470000　　　　　　　　　　　邮　　购：010-62786544
　　　　　投稿与读者服务：010-62776969，c-service@tup.tsinghua.edu.cn
　　　　　质量反馈：010-62772015，zhiliang@tup.tsinghua.edu.cn
印 装 者：天津安泰印刷有限公司
经　　销：全国新华书店
开　　本：185mm×230mm　　　印　张：24.5　　　字　数：492 千字
版　　次：2022 年 11 月第 1 版　　　印　次：2024 年 9 月第 3 次印刷
定　　价：139.00 元

产品编号：096697-01

译　者　序

早期的 Windows 系统内存消耗很大，内存容量对系统性能有直接的影响。但是，经过多年的发展，计算机硬件有了很大的变化，对于今天的计算机用户（特别是游戏玩家）来说，显卡更重要。

然而，在现代程序员的眼中，特别是在高性能计算（HPC）程序员眼中，又是另一番光景。CPU 和内存仍然是最重要的底层硬件，但是架构设计、编程语言和编译器优化同样重要。循着这个思路，我们也可以清晰地看到本书的编写脉络。

本书第 1、2 章介绍了有关程序性能的基础知识，包括性能评估指标和测试工具等。通过这一部分内容让我们了解到一个重要的准则：性能不是靠猜的，而是要以测试数据为判断基准。

第 3 章从性能分析的角度，阐释了 CPU 资源和功能，介绍了其流水线和推测执行的原理，以及分支优化等；第 4 章则详细解释了现代内存架构、访问模式，以及对算法和数据结构设计的影响等，并通过 Spectre 攻击示例揭示了 CPU 推测执行的确实存在和内存读写机制的真实影响。这一部分内容是理解底层硬件和计算性能之间关系的基础，它告诉我们，能让 CPU 做的事情就不要交给内存，尽量高效地使用 L1 和 L2 缓存等。

第 5 章介绍了多线程和并发的工作原理，解释了数据共享成本高昂的原因等；第 6 章重点比较了基于锁、无锁和无等待的程序，阐释了有关并发数据结构的基础知识；第 7 章则详细介绍了线程安全的数据结构（包括栈、队列和列表等），它们构成了理解程序架构设计的重要内容。

第 8 章介绍的是 C++ 标准中的并发编程特性，第 9 章阐释了 C++ 语言被打上"低效"标签的可能的原因，包括不必要的复制和低效的内存管理等，并提出了相应的解决方案。这些是对 C++编程优化非常实用的内容。

第 10 章介绍了有关编译器优化的基础知识，解释了函数内联的重要作用，第 11 章则介绍了与编译器优化相关的未定义行为以及如何对其进行合理利用。掌握了这两章介绍的技巧，便可以熟练控制编译器优化结果。

第 12 章是对全书内容的回顾，也是对高性能编程设计的总结。本章还提供了一些非常明确有效的设计决策建议。

　　在翻译本书的过程中，为了更好地帮助读者理解和学习，对其中大量的术语以中英文对照的形式给出，这样的安排不但方便读者理解书中的代码，也有助于读者通过网络查找和利用相关资源。

　　本书由刘鹏翻译。此外，黄进青也参与了部分内容的翻译工作。由于译者水平有限，错漏之处在所难免，在此诚挚欢迎读者提出任何意见和建议。

译　者

前　　言

高性能编程艺术再次受到重视。多年以前，程序员必须对每一比特数据的情况都了如指掌（这里说的"一比特"有时就是它字面上的意思，因为一比特的数据就有可能控制前面板上的开关）。现在，计算机有足够的能力来处理日常任务。当然，总有一些领域永远没有足够的计算能力。但是，大多数程序员都可以避免编写低效的代码。这并不是一件坏事，因为程序员可以不受性能限制，专注于以其他方式改进代码。

本书首先解释为什么越来越多的程序员不得不再次关注性能和效率。这为整本书定下基调，因为它定义了我们将在后续章节中使用的方法：关于性能的知识最终必须来自测量，并且每个与性能相关的意见都必须有数据支持。

高性能编程有 5 个组成部分，它们也是共同决定程序性能的 5 个元素。

第 1 个元素是计算硬件，它也是我们需要深入探索的底层基础。本书从单个组件（处理器和内存）到多处理器计算系统进行了比较全面的讨论，详细阐释了内存模型、数据共享的成本，甚至无锁编程等。

第 2 个元素是高效使用编程语言。正是基于这一点，本书更加特定于 C++（其他语言有不同的低效率特征）。

第 3 个元素是编译器。本书讨论了与编译器相关的提高程序性能的技巧。

第 4 个元素是设计。也可以说，它其实应该是排在第一位的元素：如果设计没有将性能作为其明确目标之一，那么在后期添加良好的性能几乎是不可能的。当然，本书将性能设计安排在最后，因为这是一个高级概念，它需要以我们之前讨论的所有知识为基础。

高性能编程的第 5 个元素就是程序员，程序员的知识和技能将决定最终结果。

为了帮助读者顺利学习，本书包含许多示例，可用于读者的实战探索和自学。高性能编程是一项艺术，对于艺术的追求永无止境。因此，本书将是读者探寻高性能编程的起点，而不是终点。

本书读者

　　本书适用于从事性能关键项目开发并希望学习不同技术以提高代码性能的经验丰富的开发人员和程序员。计算机建模、算法交易、游戏、生物信息学、基于物理的模拟、计算机辅助设计、计算基因组学或计算流体动力学等领域的程序员都可以从本书中学习到各种技术,并将之应用到自己的工作领域。

　　虽然本书使用的是 C++ 语言,但书中展示的概念可以很容易地转移或应用到其他编译语言,如 C、C#、Java、Rust 和 Go 等。

内容介绍

　　本书分为 3 篇,共 12 章,具体介绍如下。

- ❏　第 1 篇 "性能基础",包括第 1~5 章。
  - ➢　第 1 章 "性能和并发性简介",详细阐释了我们要关心程序性能的原因,特别是为什么会出现性能低下的现象,讨论了有关程序性能的指标,因为无论执行快慢,了解影响性能的不同因素以及程序特定行为的原因都很重要。
  - ➢　第 2 章 "性能测量",其内容与测量有关。性能通常是不直观的,所有涉及效率的决策,从设计选择到优化,都应以可靠数据为指导。本章描述了不同类型的性能测量,解释了它们的不同之处以及何时使用它们,并介绍了如何在不同情况下正确测量性能。
  - ➢　第 3 章 "CPU 架构、资源和性能",研究了最重要的硬件资源以及如何有效地使用它们以实现最佳性能。本章着重介绍了 CPU 资源和功能、使用它们的最佳方法、未充分利用 CPU 资源的常见原因以及如何解决这些问题。
  - ➢　第 4 章 "内存架构和性能",阐释了现代内存架构及其固有的弱点,以及对抗或至少隐藏这些弱点的方法。对于许多程序来说,性能完全取决于程序员是否利用了旨在提高内存性能的硬件特性,本章介绍了这样做的必需技能。
  - ➢　第 5 章 "线程、内存和并发",继续研究了内存系统及其对性能的影响,但本章将研究扩展到多核系统和多线程程序领域。原本就很容易成为性能瓶颈的内存，在加入并发机制时，问题会更大。虽然硬件强加的基本限制无法克服，但大多数程序的性能甚至还没有接近这些限制，因此，熟练的程序员仍有很大的空间来提高代码的效率。本章为读者提供了与此相关的必要知识和工具。

❑　第 2 篇"并发的高级应用"，包括第 6～8 章。

➢　第 6 章"并发和性能"，介绍了如何为线程安全程序开发高性能并发算法和数据结构。一方面，要充分利用并发性，必须对问题和解决方案策略有一个高层次的看法，例如，数据组织方式、工作划分以及解决方案的选择等都会对程序的性能产生重大影响。另一方面，还要看到，性能受到缓存中数据排列等低级因素的影响很大，即使是最好的设计，也可能被糟糕的实现所破坏。

➢　第 7 章"并发数据结构"，解释了并发程序中数据结构的性质，以及当数据结构在多线程上下文中使用时，诸如"栈"和"队列"之类的数据结构还意味着什么。

➢　第 8 章"C++中的并发"，描述了在 C++ 17 和 C++ 20 标准中添加的并发编程特性。虽然现在谈论使用这些功能以获得最佳性能的最佳实践还为时过早，但我们可以描述它们的作用以及编译器支持的当前状态。

❑　第 3 篇"设计和编写高性能程序"，包括第 9～12 章。

➢　第 9 章"高性能 C++"，开始将讨论重点从硬件资源的最佳使用转移到特定编程语言的最佳应用。虽然此前我们所学的一切都可以直接应用到任何语言的任何程序中，但本章的重点是讨论 C++的特性。读者将了解 C++语言的哪些特性可能会导致性能问题以及如何避免这些问题。

➢　第 10 章"C++中的编译器优化"，讨论了编译器优化以及程序员如何帮助编译器生成更高效的代码。

➢　第 11 章"未定义行为和性能"，本章有两个重点，一方面，解释了程序员在试图从他们的代码中榨取最大性能时经常忽略的未定义行为的危险；另一方面，解释了如何利用未定义行为来提高性能以及如何正确指定和说明此类情况。总的来说，与通常的"任何事情都可能发生"相比，本章提供了一种比较常见但更相关的方式来理解未定义行为的问题。

➢　第 12 章"性能设计"，回顾了本书中介绍过的所有与性能相关的因素和特性，并探讨了我们获得的知识和理解如何影响我们在开发新软件系统或重新设计软件架构时做出的决策。

充分利用本书

除了与 C++ 效率相关的章节，本书不依赖任何深奥的 C++ 知识。本书所有示例均使用 C++ 语言，但有关硬件性能、高效数据结构和性能设计的内容则适用于任何编程语言。要学习这些示例，读者至少需要具备 C++ 的中级知识。

本书涉及的软硬件和操作系统需求如表 P-1 所示。

表 P-1　本书涉及的软硬件和操作系统需求

本书涉及的软硬件	操作系统需求
C++ 编译器（GCC、Clang、Visual Studio 等）	Windows、macOS 或 Linux
性能分析器（VTune、Perf、GoogleProf 等）	
Benchmark Library（Google Benchmark）	

本书每章都提到了编译和执行示例所需的附加软件（如果需要）。在大多数情况下，任何现代 C++ 编译器都可以与本书示例一起使用，但第 8 章 "C++ 中的并发" 除外，因为该章需要最新版本才能完成关于协程的部分。

建议读者从本书的 GitHub 存储库访问代码（下文提供了链接）。这样做有助于避免与复制和粘贴代码相关的任何潜在错误。

下载示例代码文件

本书随附的代码可以在 GitHub 上找到，其网址如下：

https://github.com/PacktPublishing/The-Art-of-Writing-Efficient-Programs

如果代码有更新，也将在 GitHub 存储库中更新。

下载彩色图像

本书提供了一个 PDF 文件，其中包含本书中使用的屏幕截图/图表的彩色图像。可通过以下地址下载。

https://static.packt-cdn.com/downloads/9781800208117_ColorImages.pdf

本书约定

本书中使用了许多文本约定。

（1）文本中的代码字、数据库表名、文件夹名、文件名、文件扩展名、路径名、虚拟 URL、用户输入和 Twitter 句柄等示例如下。

> 我们还将演示另一个性能分析器的使用，即 Google 性能工具集（GperfTools）中的 CPU 性能分析器。该工具集的网址如下：
>
> https://github.com/gperftools/gperftools

（2）有关代码块的设置如下。

```
std::vector<double> v;
… 添加数据到 v …
std::for_each(v.begin(), v.end(),[](double& x){ ++x; });
```

（3）任何命令行输入或输出都采用如下所示的粗体代码形式。

```
Main thread: 140003570591552
Coroutine started on thread: 140003570591552
Main thread done: 140003570591552
Coroutine resumed on thread: 140003570587392
Coroutine done on thread: 140003570587392
```

（4）术语或重要单词采用中英文对照形式，在括号内保留其英文原文，示例如下。

> 如果处理器有空闲的计算单元，那么为什么不能同时执行另一个线程来提高效率呢？这就是对称多线程（symmetric multi-threading，SMT）背后的想法，它也称为超线程（hyper-threading）。

（5）对于界面词汇或专有名词将保留英文原文，在括号内添加其中文译名，示例如下。

> 在图 2.8 中，测量了 CPU 的 cycles（周期）和 instructions（指令），以及 branches（分

支）、branch-misses（分支未命中）、cache-references（缓存引用）和 cache-misses
（缓存未命中）。下一章将详细介绍这些计数器及其监视的事件。

（6）本书还使用了以下两个图标。

表示警告或重要的注意事项。

表示提示或小技巧。

关 于 作 者

  Fedor G. Pikus 是 Siemens Digital Industries Software（西门子数字工业软件公司）Mentor IC 部门的首席工程科学家，负责 Calibre 产品的长期技术方向、软件的设计和架构，以及新软件技术的研究。他曾是 Google 的高级软件工程师和 Mentor Graphics 的首席软件架构师。

  Fedor 是公认的高性能计算和 C++专家。他曾在 CPPCon、SD West、DesignCon 和软件开发期刊上发表过作品，是 O'Reilly 出版社的作者。Fedor 拥有超过 25 项专利，以及 100 多篇有关物理学、EDA、软件设计和 C++的论文和会议报告。

  感谢我的妻子 Galina 及我的儿子 Aaron 和 Benjamin，他们一直支持和鼓励我，并且从未对我失去信心，还要感谢我的猫咪 Pooh，它总是在我需要的时候为我喝彩。

关于审稿人

    Sergey Gomon 于 2009 年在白俄罗斯国立信息与无线电电子大学人工智能系开始了他的 IT 之旅。他在多个领域拥有大约 8 年使用 C++的工业编程经验，这些领域包括网络编程、信息安全和图像处理等。他目前在 N-able 工作，并且是 CoreHard C++社区的积极分子。

目　　录

第 1 篇　性　能　基　础

第2篇　并发的高级应用

第 3 篇　设计和编写高性能程序

第 1 篇

性 能 基 础

本篇将探讨程序性能的方法论，该方法论基于性能测量、基准测试和性能分析。我们还将讨论决定每个计算系统性能的主要硬件组件：处理器、内存及其交互。

本篇包括以下章节：

第 1 章　性能和并发性简介

动机是学习的关键要素，因此必须要理解为什么随着计算硬件的进步，程序员仍然必须努力从代码中压榨以获得足够的性能，以及为什么成功编码仍然需要对计算硬件、编程语言和编译器功能进行深入了解。本章的目的就是解释为什么这种理解在今天仍然是必要的。

本章讨论了开发人员需要关注程序性能的原因，特别是，良好的性能不是碰巧得来的。也就是说，我们不但要知其然，还要知其所以然，了解为什么能够获得最佳性能，或者为什么性能不足。

总之，无论程序的执行是快还是慢，开发人员都需要理解影响其性能的不同因素，以及程序出现特定行为的原因。

本章包含以下主题：

❑ 为什么性能很重要？
❑ 为什么程序员需要关注性能？
❑ 我们所说的性能是什么意思？
❑ 如何评估性能？
❑ 什么是高性能？

1.1　程序员要关注性能的原因

在早期计算机时代，编程很困难，因为处理器的速度很慢，内存有限，编译器也很原始，如果不付出很大的努力，那么什么都做不成。早期的程序员不但要知道 CPU 的架构和内存的布局，当编译器不灵的时候，还得用汇编语言来编写关键的代码。

后来情况不断改善，处理器的速度每年都在变快，内存容量飞速提升（今天普通个人计算机的内存都动辄数十吉字节，超过了以前大硬盘的容量），编译器的编写者也学习了一些使程序执行更快的技巧。

在这种背景下，程序员可以花更多的时间解决实际问题，这反映在编程语言和设计风格上就是：在高级语言和编程实践的不断发展中，程序员思考的重点变成他们想要用代码表达的内容，而不是表达方式的问题。

早期的程序员需要掌握的常识（例如，CPU 究竟有多少个寄存器以及它们的名称）对于现在的程序员来说已经变得艰深而神秘；早期的"大型代码库"真的是一个需要双手才能抬起的卡片组，而现在的代码库只是对版本控制系统的容量造成了一些负担。今天的程序员几乎不需要为特定处理器或内存系统编写专门的代码，因为可移植代码已成为常态。

早期的程序员使用汇编语言编写程序，这是今天的大多数程序员无法完成的任务。不过，这也无关紧要，因为汇编程序实际上很难超越编译器生成的代码。对于许多程序员来说，编译器已经足够好用，因此，他们可以将精力集中到其他方面。例如，程序员可以注重代码的可读性，赋予函数一个有意义的名称，而不必担心是否会因此而使程序慢得无法接受，因为编译器会帮助搞定一切。

但是，对于今天的程序员来说，性能不再是"随取随用的免费午餐"，因为计算硬件性能突飞猛进的时代结束了。

2005 年前后，单个 CPU 的计算能力达到饱和。在很大程度上，这与 CPU 核心频率直接相关，而该频率也停止了增长。核心频率又受到几个因素的限制，其中之一是功耗。如果 CPU 频率提升趋势保持不变，那么今天的 CPU 每平方毫米的功耗可能比将火箭送入太空的大型喷气发动机还要高。

图 1.1 显示了 35 年来微处理器的发展趋势。

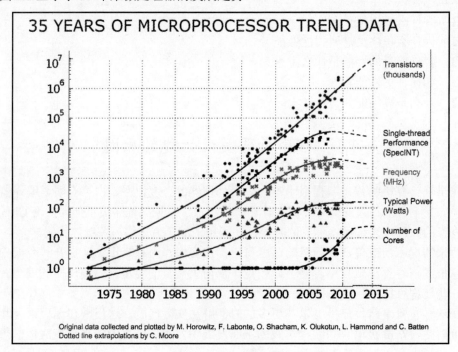

图 1.1　微处理器发展图

资料参考来源：

① https://github.com/karlrupp/microprocessor-trend-data

② https://github.com/karlrupp/microprocessor-trend-data/blob/master/LICENSE.txt

原　　文	译　　文
35 YEARS OF MICROPROCESSOR TREND DATA	35 年来微处理器的趋势数据
Transistors (thousands)	晶体管（千只）
Single-thread Performance (SpecINT)	单线程性能（SpecINT）
Frequency (MHz)	频率（MHz）
Typical Power (Watts)	典型功率（W）
Number of Cores	核心数
Original data collected and plotted by M. Horowitz, F. Labonte, O. Shacham, K. Olukotun, L. Hammond and C. Batten	原始数据由 M. Horowitz、F. Labonte、O. Shacham、K. Olukotun、L. Hammond 和 C. Batten 收集和绘制
Dotted line extrapolations by C. Moore	虚线为按照摩尔定律估算的数据

　　从图 1.1 中可以明显看出，并不是所有的进步元素都在 2005 年停滞不前：封装在单个芯片中的晶体管数量一直在增长。如果制造的芯片无法提升到更高的频率，那么这种增长的意义是什么呢？答案是有双重意义。底部曲线揭示了其中的第一重意义：设计人员必须将多个处理器内核放在同一个芯片上，而不是让单个处理器变得更大。当然，这些内核的计算能力会随着内核数量的增加而增加，但前提是程序员知道如何恰当地使用它们。

　　第二重意义是，更多的晶体管对处理器功能进行了各种非常先进的增强，这些增强可用于提高性能，同样，前提是程序员知道如何正确使用它们。

　　我们刚刚讨论的处理器进步的变化，往往被认为是由并发编程进入主流引起的。但实际上的变化比这更深刻。为了获得最佳性能，现在的程序员需要像早期的程序员那样了解处理器和内存架构的复杂性以及它们之间的相互作用，以使出色的程序性能不靠碰巧获得。

　　当然，我们在编写代码方面取得的进步（即只要清楚地考虑想要用代码表达的内容，而不必考虑表达方式的问题）是不会回滚的。我们仍然可以编写易读和可维护的代码，并且是高效的。

　　可以肯定的是，对于许多应用程序来说，现代 CPU 仍然提供了足够的性能，但性能问题比过去受到更多关注，这在很大程度上是因为我们刚刚讨论的 CPU 发展发生了变化，并且我们希望在更多应用中执行更多的计算，而不一定非得使用最佳计算资源（例如，当今的便携式医疗设备可能具有完整的神经网络）。

　　幸运的是，今天的程序员不必通过在黑暗的储藏室中挖掘成堆的已经腐烂的打孔卡来重新发现一些丢失的性能提升技巧。当然，任何时候都存在难题，对于许多程序员来说，"计算能力永远不够用"的论断是正确的。随着计算能力呈指数级增长，对它的需求也呈指数级增长。因此，极限性能的压榨艺术在少数需要它的领域中仍保持着活力。

1.2 有关性能重要性的解释

在一些领域，对性能的关注从未真正减弱。例如，用于设计计算机的电子设计自动化（electronic design automation，EDA）工具就是随着计算性能的发展而演变的。

如果考虑 2010 年设计、模拟或验证特定微芯片的计算能力，以及从那时起每年运行相同的工作负载进行计算，则会得到如图 1.2 所示的条形图。

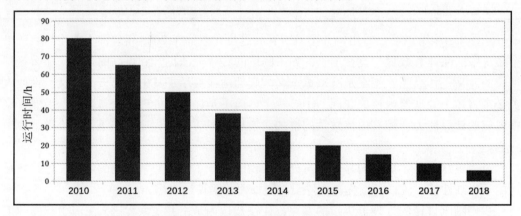

图 1.2 多年来特定 EDA 计算的运行时间

如图 1.2 所示，2010 年需要 80 h 计算的工作负载在 2018 年不到 10 h 即可完成（今天甚至更少）。这样的改进从何而来？主要有几个部分，一是计算机硬件处理速度更快，二是软件更高效，三是算法更优化，四是编译器更有效。

遗憾的是，我们不会在 2021 年制造 2010 版的微芯片：按理说，随着计算机变得越来越强大，构建更新、更好的计算机会变得更加困难。那么，有趣的问题是，使用当年制造计算机构建的新微芯片执行同样的工作需要多长时间呢？让我们来看看如图 1.3 所示的结果。

对于 EDA 工具来说，虽然每年进行的实际计算并不相同，但它们却服务于相同的目的，例如，验证每年制造的最新、最好的芯片是否能按预期运行。从图 1.3 中可以看到，每年最强大的处理器，运行着最好的工具，设计和建模下一代处理器的时间大致是相同的。这表明，虽然我们一直在努力，但是在这方面的进步并不大。

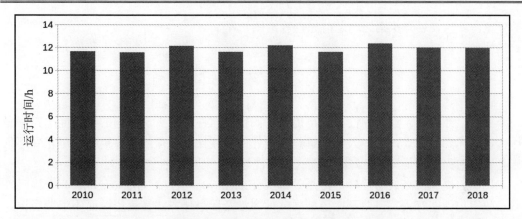

图 1.3　每年最新微芯片特定设计步骤的运行时间

事实比这更糟糕，图 1.3 并未显示一切。的确，从 2010 年到 2018 年，使用配置上一年最强大处理器的计算机可以在一夜之间（大约 12 h）验证当年制造的最大处理器，但是我们并没有提及这些处理器有多少。图 1.4 所示才是完整的真相。

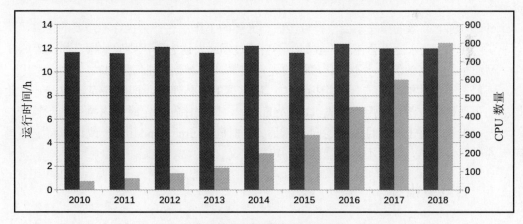

图 1.4　每次计算的 CPU 数量

每年，最强大的计算机配备越来越多的最新、最强大的处理器，运行最新版本的软件（经过优化以利用越来越多的处理器并更有效地使用每个处理器），完成构建下一年最强大的计算机所需的工作，而且每一年，这项任务都像走钢丝一样在几乎不可能的边缘取得平衡。我们没有在这一边缘栽倒主要是硬件和软件工程师的成就，因为前者提供不断提高的计算能力，而后者则以最高效率使用计算能力。本书将帮助你学习后者的技能。

现在你应该明白本书主题的重要性。在深入研究细节之前，让我们先做一个高层次的概览，就像在展开探索活动之前先查看地图一样。

1.3　程　序　性　能

我们已经谈到了程序的性能，也提到了高性能软件。那么，所谓的"性能"究竟是什么意思呢？直觉上，很多人的理解是性能好的程序比性能差的程序更快，但这并不意味着更快的程序总是具有良好的性能（也可能这两个程序的性能都很差）。

我们也提到了高效的程序，但是效率（efficiency）和性能（performance）一样吗？虽然效率与性能有关，但并不完全相同。效率涉及以最佳方式使用资源而不浪费资源。一个高效的程序充分利用了计算硬件。

一方面，高效的程序不会让可用资源闲置：如果有一个需要完成的计算而一个处理器当前没有做任何事情，那么该处理器就应该执行这个正在等待的任务。这个思路还可以更深入一些，即处理器中有许多计算资源，高效的程序将会尽量同时使用尽可能多的资源。

另一方面，高效的程序不会浪费资源做不必要的工作：它不会执行不需要的计算，不会浪费内存来存储永远不会使用的数据，不会通过网络发送它不需要的数据，如此等等。

简而言之，高效的程序不会让可用的硬件闲置，也不会做任何无用功。

相形之下，性能总是与一些指标相关。最常见的就是速度，即程序有多快。定义此指标的更严格的方法是使用吞吐量（throughput），即程序在给定时间内执行的计算量。

一般来说，用于同一目的的逆向指标是周转时间（turnaround time）或计算特定结果所需的时间。当然，这并不是性能的唯一可能定义。

1.3.1　吞吐量指标

让我们来考虑 4 个程序示例，它们使用不同的实现来计算相同的最终结果。图 1.5 显示了 4 个程序的运行时间（这里的单位是相对的；实际数字并不重要，因为我们仅对相对性能感兴趣）。

很明显，程序 B 的性能最好，因为它可以在其他 3 个程序之前完成，而且计算相同结果所需的时间是程序 A 的一半。在许多情况下，这已经包含了我们选择最佳实现需要的所有数据。

但是，在具体实践中，考虑问题的背景也很重要。例如，如果该程序是在电池供电的设备（例如手机）上运行的，那么功耗也很重要。

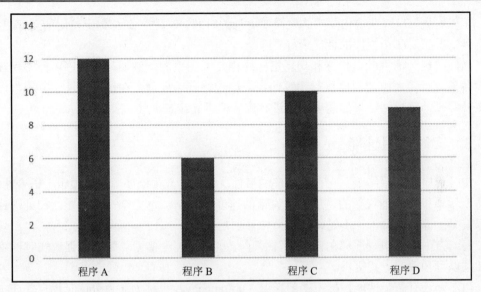

图 1.5　相同算法的 4 种不同实现的运行时间（相对单位）

1.3.2　功耗指标

图 1.6 显示了 4 个程序在计算过程中消耗的功率。

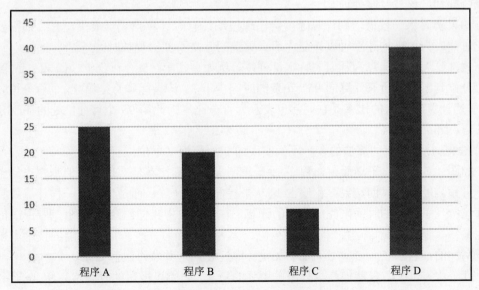

图 1.6　相同算法的 4 种不同实现的功耗（相对单位）

可以看到，尽管获得相同的结果需要更长的时间，但程序 C 总体上使用的功率更少。在这种情况下，哪个程序的性能最好？

当然，仅考虑吞吐量指标和功耗指标同样是不完整的。例如，该程序可能不仅在移动设备上运行，还可能需要执行实时计算，如进行音频处理。在这种情况下，我们应该更重视实时计算返回结果的速度，这没有错，但不完全如此。

1.3.3 实时应用性能

实时程序必须始终跟上它正在处理的事件。例如，音频处理程序必须跟上语音速度。当然，如果程序处理音频的速度比人说话的速度快十倍，也完全没有必要。在处理速度可以获得保证的情况下，不妨将注意力转移到功耗上。

另一方面，如果程序偶尔落后，漏掉了一些声音甚至单词，则必须强调实时速度，但必须以可预测的方式提供。

当然，还有一个性能指标：尾部延迟（tail latency，也称为高百分比延迟）。在本示例中，该延迟就是数据准备就绪（语音已记录）和处理已完成之间的延迟。

我们之前讨论的吞吐量指标反映了处理声音的平均时间。例如，如果我们对着电话说话 1h，音频处理程序需要多长时间才能完成它需要做的所有计算？在这个实际示例中，真正重要的是每个声音的每个小计算都是按时完成的，即每一句话、每个单词或语句的抑扬顿挫都应该被及时处理。

如果实时水平较低，则计算速度会出现波动：有时计算完成得很快，有时则需要更长的时间。只要平均速度可以接受，那么关键的就是不能出现长时间延迟。

尾部延迟指标计算为延迟的特定百分位。例如，在第 95 个百分位，如果 t 是第 95 个百分位延迟，则所有计算的 95% 花费的时间少于 t。该指标本身是第 95 个百分位时间 t 与平均计算时间 t_0 的比率（它通常也表示为百分比，因此第 95 个百分位处的 30% 延迟意味着 t 比 t_0 大 30%）。

图 1.7 显示了相同算法的 4 种不同实现的 95% 延迟（单位：百分比）。

如图 1.7 所示，平均而言，程序 B 计算结果的速度比其他实现快，但是它也提供了最不可预测的运行时间结果；程序 D 则从未提前完成计算，而是像发条一样计算并且每次都花费几乎相同的时间来完成给定的计算。在图 1.6 中我们已经观察到，程序 D 的功耗也最多。遗憾的是，这种情况并不少见，因为平均而言，使程序更节能的技术本质上是概率性的：它们在大多数时间都会加快计算速度，但并非每次都如此。

打个比方，程序 B 就像是一只爆发力强的兔子，它能以很短的时间跑完 95% 的路程，但是在最后 5% 的路程上，它可能会睡一觉（休眠省电，尾部延迟较大）；程序 D 就像是一只耐力很足的乌龟，吃力地跑完一段路程，来不及休息就又去跑下一段，因此，程序 D 功耗最多不是没理由的。

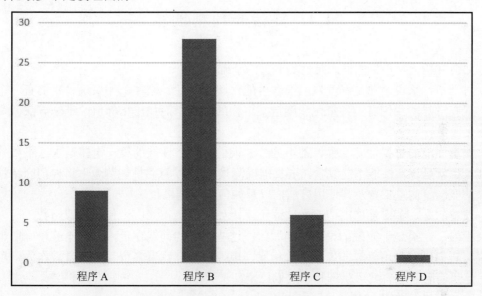

图 1.7　相同算法的 4 种不同实现的 95%延迟（百分比）

那么，这 4 个程序哪个最好？当然，该答案取决于具体应用，而且即使如此，答案也可能是不明显的。

1.3.4　上下文环境

在评估性能指标时，上下文环境非常重要。

例如，如果是在大型数据中心运行并需要进行数天计算的模拟软件，那么吞吐量最重要。电池供电的设备，功耗通常是最重要的。在更复杂的环境中，如实时音频处理程序，则是多种因素的结合。当然，平均运行时间很重要，但前提是它要"足够快"。如果说话者没有注意到延迟，那么让它更快也没有任何意义。尾部延迟也很重要，用户不希望时不时从对话中漏掉一两个词。如果延迟指标足够好，那么提高通话质量就需要考虑其他因素，进一步改善延迟获得的好处是有限的。例如，在保证响应足够快的基础上，我们要考虑节省电力的问题，这样就可以支持更长的通话时间。

与效率不同，性能总是根据特定指标来定义的，这些指标取决于应用程序和我们要解决的问题。某些指标可能只要足够好就行，而另外一些指标则可能是至关重要的。

效率反映了计算资源的利用率，是实现良好性能的方式之一，并且也许是最常见的方式，但不是唯一的方式。

1.4　评估和预测性能

如前文所述，指标的概念是性能概念的基础。

对于指标来说，总是有度量的隐含可能性和必要性。例如，如果说"我们有一个指标"，则意味着我们有一种量化和度量某事物的方法，而找出指标值的唯一方法就是测量它。

测量性能的重要性怎么强调都不为过。人们常说，性能的第一定律是永远不要猜测性能。也就是说，性能不能靠猜，要靠准确测量。第 2 章"性能测量"将专门介绍性能测量的概念、测量工具及其使用方法，以及如何解释结果。

遗憾的是，猜测性能的情况太普遍了。诸如"避免在 C++中使用虚拟函数，因为它们会很慢"之类过于笼统的说法也是如此。这些说法的问题在于，它们不够精确，也就是说，它们没有引用"与非虚拟函数相比，虚拟函数究竟慢多少"的度量。作为一项练习，这里有若干个答案可供选择，它们已全部量化。

- □　虚拟函数慢 100%。
- □　虚拟函数大约慢 15%～20%。
- □　虚拟函数在速度上的差异可以忽略不计。
- □　虚拟函数快 10%～20%。
- □　虚拟函数慢 100 倍。

哪个是正确答案？如果你选择了这些答案中的任何一个，恭喜你，你选择了正确的答案。没错，这些答案中的每一个在特定情况下和特定上下文中都是正确的（原因可在第 9 章"高性能 C++"找到）。

当然，有些人虽然接受了"几乎不可能凭直觉猜测性能"这一事实，但是有可能陷入另一个误区：将它作为编写低效代码"后期再优化"的借口，因为不宜猜测性能。虽然这样想也没错，但是它像流行的格言"不要过早优化"一样，可能被滥用。

性能无法在后期添加到程序中，因此，不应在最初的设计和开发过程中将性能作为后期考虑事项。与其他设计目标一样，性能考虑和目标在设计阶段都有其位置。这些早期与性能相关的目标与"永远不要猜测性能"的规则之间存在明显的对立关系。有鉴于此，我们必须找到折中方案。

在设计阶段，我们真正想要在性能方面实现的目标是：虽然几乎不可能提前预测最佳优化，但是可以确定某些设计决策将使后续优化变得非常困难甚至不可行。

在程序开发过程中也是如此：花费大量时间优化一个最终每天仅被调用一次并且只需要 1s 的函数是愚蠢的。而首先将这段代码封装成函数是非常明智的，这样，如果随着程序的发展，使用模式发生变化，则可以在后期进行优化，而无须重写程序的其余部分。

关于"不要过早优化"这一规则的局限性，还要注意的是：虽然这一规则本身是对的，但是也不要故意悲观，因为有些问题可以在早期识别和规避。要准确认识两者之间的区别，需要良好的设计实践知识以及对高性能编程的不同方面的理解。

那么，一名开发人员/程序员需要学习和理解哪些知识才能真正精通高性能应用程序的开发？接下来，我们将从这些目标的简短列表开始，详细介绍每个目标。

1.5　精通高性能应用程序开发

究竟是什么使程序具有高性能？很多人可能会说是"效率"。但是，首先，这并不总是正确的（尽管通常如此）。其次，这只是换了一个问题，因为很明显，马上会有人问出下一个问题：是什么使程序高效？为了编写高效或高性能的程序，我们需要学习哪些东西？以下便是所需的技能和知识清单。

❑　选择正确的算法。

❑　有效利用 CPU 资源。

❑　有效使用内存。

❑　避免不必要的计算。

❑　有效地使用并发和多线程。

❑　有效地使用编程语言，避免低效率。

❑　衡量性能和解释结果。

实现高性能的最重要因素是选择一个好的算法。我们不能指望通过优化实现来"修复"一个糟糕的算法。当然，这也是本书讨论范围之外的一个因素。算法是针对特定问题的，但这不是一本关于算法的书，因此你可能需要自行研究，以找到最适合自己所面临问题的算法。

另一方面，实现高性能的方法和技术在很大程度上与问题无关。当然，它们确实取决于性能指标：例如，实时系统的优化就是一个包含许多特殊问题的高度特定的领域。本书主要关注高性能计算意义上的性能指标，即尽可能快地进行大量计算。

为了在这项任务中取得成功，我们必须学会尽可能多地使用可用的计算硬件。这个目标由空间和时间两个部分组成。

❑　就空间而言，我们讨论的是利用处理器拥有的数量非常庞大的更多晶体管。处理器变得更大，甚至更快。CPU 上增加的面积增加了很多程序员可以使用的新计算能力。

☐　就时间而言，我们的意思是每次都应该使用尽可能多的硬件。无论哪种方式，如果计算资源闲置，那么它对我们来说就是没有用的，因此，我们的目标是避免发生这种情况。同时，计算资源的忙碌不能没有回报，我们不能做任何无谓的事情。这并不像听起来那么明显，程序可能会通过许多微妙的方式进行我们不需要的计算。

本书将从单个处理器开始，讲解如何有效地使用其计算资源，然后由此扩展，不仅包括处理器，还包括内存，再考虑一次使用多个处理器。

但是，有效地使用硬件只是高性能程序开发的必要品质之一：如果我们做的是一项无用的工作，那么再高的效率也没有意义。

不做无用功的关键是有效使用编程语言，对于本书来说，指的当然是 C++（我们对硬件的大部分了解都可以应用于任何语言，但某些语言优化技术是完全特定于 C++ 的）。

此外，编译器介于编程语言和硬件之间，因此还必须学习如何使用编译器来生成最高效的代码。

最后，量化我们刚刚列出的任何目标的成功程度的唯一方法就是测量它：使用了多少 CPU 资源？花了多长时间等待内存？通过添加另一个线程实现的性能增益是多少？诸如此类。获得良好的量化性能数据并不容易，它需要程序员对测量工具有透彻的了解，并且解释结果往往更难。

你可以期望从本书中学习这些技能。我们将介绍硬件架构，一些编程语言功能背后隐藏的内容，以及如何以编译器的方式查看程序代码。这些技能很重要，但更重要的是理解其底层原理。

计算硬件经常变化，编程语言不断发展，并且编译器也发明了新的优化算法，因此，有关这些领域的任何特定知识的有效期都相当短。当然，如果你不仅了解使用特定处理器或编译器的最佳方法，而且了解获得这些知识的方式，则可以不断重复这个发现过程，也就是说，你需要持续学习。

1.6　小　　结

本章解释了为什么尽管现代计算机的计算能力飞速发展，但人们对软件性能和效率的兴趣却在上升。具体来说，本章介绍了程序员要关注性能的原因、限制性能的因素，以及如何克服这些限制因素。

我们需要深入返回到计算的基本要素，并理解计算机和程序的底层工作原理：熟悉硬件并有效地使用、了解并发性、掌握 C++ 语言特性和编译器优化，并理解它们对程序性能的影响等。

这种底层知识必然非常详细和具体，但我们有一个相应的计划：当了解有关处理器或编译器的具体事实时，还需要明白其原理和过程。因此，从更深的层次上来说，本书提供的是一种学习上的方法论。

如果不定义测量性能的指标，那么性能的概念是没有意义的。需要根据特定指标评估应用程序的性能意味着，任何性能工作都是由数据和测量驱动的。因此，第 2 章 "性能测量" 将专门讨论程序性能测量。

1.7　思　考　题

（1）为什么计算机的处理能力提高了，程序性能却仍然很重要？

（2）为什么理解软件性能需要掌握计算硬件和编程语言的底层知识？

（3）性能和效率有什么区别？

（4）为什么必须根据特定指标来定义性能？

（5）如何判断具体指标的性能目标是否完成？

第2章 性能测量

无论是编写新的高性能程序还是优化现有程序，首要任务就是定义代码在当前状态下的性能。工作的成功将通过提高程序性能的程度来衡量。这两句话都暗示了性能指标的存在，并且它们是可以被测量和量化的。

在第 1 章中解释过，没有一个单一的性能定义可以满足所有需求：当想要量化性能时，所衡量的东西取决于要处理的问题的性质。

但是，这里的衡量并不仅仅是简单地定义目标和确认成功。性能优化的每一步，无论是现有代码还是刚刚编写的新代码，都应该通过测量来指导和告知。

如前文所述，性能的第一条规则是"永远不要猜测性能"，本章内容将说服你坚信并牢记这条规则。在知道直觉不可靠之后，我们还需要其他方式来代替它：衡量和了解程序性能的工具和方法。

本章包含以下主题：

❑ 为什么性能测量至关重要？
❑ 为什么所有与性能相关的决策都必须由测量和数据驱动？
❑ 如何测量真实程序的性能？
❑ 什么是程序的基准测试、性能分析和微基准测试，以及如何使用它们来测量性能？

2.1 技术要求

首先，需要一个 C++编译器。本章中的所有示例都是在 Linux 系统上使用 GCC 或 Clang 编译器编译的。所有主要的 Linux 发行版都将 GCC 作为其常规安装的一部分；较新的版本可能在发行版的存储库中可用。Clang 编译器可通过底层虚拟机（low level virtual machine，LLVM）项目获得。LLVM 编译器架构系统的详细信息可访问以下网址。

http://llvm.org/

一些 Linux 发行版也维护着自己的存储库。

在 Windows 系统上，Microsoft Visual Studio 是最常见的编译器，但是也可以使用 GCC 和 Clang。

其次，还需要一个程序性能分析工具。本章将使用 Linux 的 perf 性能分析器。同样，它在大多数 Linux 发行版上都已安装（或可供安装）。其文档网址如下。

https://perf.wiki.kernel.org/index.php/Main_Page

我们还将演示另一个性能分析器的使用，即 Google 性能工具集（GperfTools）中的 CPU 性能分析器。该工具集的网址如下。

https://github.com/gperftools/gperftools

同样，Linux 发行版可以通过其存储库进行安装。

还有许多其他性能分析工具可用，包括免费工具和商业工具。它们都提供基本相同的信息，但可以采用不同的方式和许多不同的性能分析选项。

通过学习本章示例，你可以了解性能分析工具的作用以及可能的限制；你使用的每个工具的细节都必须由自己把握。

最后，本章还将使用微基准测试工具。我们将使用 Google Benchmark 库，有关该库的详细信息，可访问以下网址。

https://github.com/google/benchmark

建议下载并安装该库，因为即使它随 Linux 发行版一起安装，也可能已经过时。请按照网页上的安装说明进行操作。

在安装了所有必要的工具后，即可开始第一个性能测量实验了。

本章代码可在以下网址找到。

https://github.com/PacktPublishing/The-Art-of-Writing-Efficient-Programs/tree/master/Chapter02

2.2　性能测量示例

本节将提供一个快速的端到端示例并分析一个简单程序的性能。这将向你展示典型的性能分析流程，以及如何使用不同的工具。

当然，还有一个隐藏的作用：到本节结束时，你会相信"永远不要猜测性能"。

程序员需要分析和优化的任何实际程序都可能大到占用本书的很多页，因此，为节省篇幅，本节将使用一个简化的示例。

本示例程序将对一个很长的字符串中的子串进行排序：假设有一个字符串 S，例如

"abcdcba"（这不是很长，但程序的实际字符串可能会有数百万个字符）。我们可以有一个从该字符串中的任何字符开始的子串，例如，子串 S0 以偏移量 0 开头，因此其值为 "abcdcba"；子串 S2 从偏移量 2 开始，值为"cdcba"；子串 S5 的值为"ba"。

　　如果使用常规字符串比较以降序对这些子串进行排序，则子串依次为 S2，S5，S0（按照第一个字符的顺序排序，它们的第一个字符分别是'c'、'b'和'a'）。

　　如果用字符指针表示子串，则可以使用 STL 排序算法 std::sort 对它们进行排序：交换两个子串只涉及交换指针，而底层字符串保持不变。

　　该示例程序代码如下。

01_substring_sort.C

```
bool compare(const char* s1, const char* s2, unsigned int l);
int main() {
    constexpr unsigned int L = …, N = …;
    unique_ptr<char[]> s(new char[L]);
    vector<const char*> vs(N);
        … 准备字符串 …
    size_t count = 0;
    system_clock::time_point t1 = system_clock::now();
    std::sort(vs.begin(), vs.end(),
        [&](const char* a, const char* b) {
            ++count;
            return compare(a, b, L);
        });
    system_clock::time_point t2 = system_clock::now();
    cout << "Sort time: " <<
        duration_cast<milliseconds>(t2 - t1).count() <<
        "ms (" << count << " comparisons)" << endl;
}
```

请注意，为了编译此示例，我们还需要包含适当的头文件，并为缩短的名称编写 using 声明，具体如下所示。

```
#include <algorithm>
#include <chrono>
#include <cstdlib>
#include <cstring>
#include <iostream>
#include <memory>
#include <random>
#include <vector>
using std::chrono::duration_cast;
```

```
using std::chrono::milliseconds;
using std::chrono::system_clock;
using std::cout;
using std::endl;
using std::minstd_rand;
using std::unique_ptr;
using std::vector;
```

在后续示例中，我们将省略通用头文件和通用名称（如上述示例中的 cout 或 vector）的 using 声明。

该示例定义了一个字符串，该字符串用作要排序的子串和子串向量（字符指针）的基础数据（我们没有展示数据本身是如何创建的）。然后，使用带有自定义比较函数的 std::sort 对子串进行排序。这个自定义比较函数是一个调用比较函数本身（compare()）的 lambda 表达式。我们使用 lambda 表达式使 compare()函数的接口适应 std::sort 期望的接口（仅两个指针），这被称为适配器模式（adapter pattern）。

在本示例中，lambda 表达式还有第二个作用：除了调用比较函数，还将计算比较调用的次数。由于我们对排序的性能感兴趣，因此如果想要比较不同的排序算法，这些信息可能会很有用（我们现在不打算这样做，但是你可能会发现这种技术在自己的性能优化工作中很有用）。

比较函数本身仅在本示例中声明，但未定义。其定义包含在一个单独的文件中，具体内容如下。

01_substring_sort_a.C

```
bool compare(const char* s1, const char* s2, unsigned int l) {
    if (s1 == s2) return false;
    for (unsigned int i1 = 0, i2 = 0; i1 < l; ++i1, ++i2) {
        if (s1[i1] != s2[i2]) return s1[i1] > s2[i2];
    }
    return false;
}
```

这是两个字符串的直接比较：如果第一个字符串大于第二个字符串，则返回 true，否则返回 false。虽然可以在与代码本身相同的文件中轻松定义函数并避免对额外文件的需要，但即使是使用这个小示例，我们也在尝试重现真实世界中程序的行为，即将许多函数分散在许多不同的文件中。因此，我们在单独的文件（本示例中该单独文件为 compare.C）中定义了比较函数，示例中的其余部分在另一个文件（example.C）中。

最后，使用 chrono 库中的 C++高分辨率计时器来测量对子串进行排序所花费的时间。

本示例中唯一缺少的是字符串的实际数据。子串排序在许多实际应用程序中是一项相当常见的任务，每个任务都有自己获取数据的方式。在这个伪造的示例中，数据必须同样是伪造的。例如，可以生成一个随机字符串。

另一方面，在子串排序的许多实际应用中，可能会有一个字符在字符串中出现的频率比其他任何字符都高。

也可以用单个字符填充字符串，然后随机更改其中的一部分字符，通过这种方式来模拟该类型的数据，代码如下。

01_substring_sort_a.C

```
constexpr unsigned int L = 1 << 18, N = 1 << 14;
unique_ptr<char[]> s(new char[L]);
vector<const char*> vs(N);
minstd_rand rgen;
::memset(s.get(), 'a', N*sizeof(char));
for (unsigned int i = 0; i < L/1024; ++i) {
    s[rgen() % (L - 1)] = 'a' + (rgen() % ('z' - 'a' + 1));
}
s[L-1] = 0;
for (unsigned int i = 0; i < N; ++i) {
    vs[i] = &s[rgen() % (L - 1)];
}
```

选择字符串的大小 L 和子串的数量 N，以便在用于运行这些测试的机器上具有合理的运行时间（如果想要重复这些示例，则可能需要根据处理器的速度向上或向下调整数字）。

现在该示例已准备好编译和执行，结果如图 2.1 所示。

```
$ clang++-11 -g -O3 -mavx2 -Wall -pedantic compare.C example.C -o example && ./example
Sort time: 98ms (276557 comparisons)
```

图 2.1　运行结果

所获得的结果取决于使用的编译器和运行的计算机，当然，还取决于数据语料库。

现在我们已经有了第一个性能测量示例，你可能会问的第一个问题是，如何优化它？不过，这不是你应该问的第一个问题。第一个问题应该是，需要优化它吗？

要回答这个问题，需要预先有一个性能目标，以及该程序其他部分的相对性能数据。例如，如果实际字符串仅仅生成就需要花 10 小时进行模拟，那么对其进行排序所需的100 秒几乎不值一提。

当然，我们要处理的仍然是这个伪造的示例，回归我们的主题：假设必须提高性能。

现在，让我们来考虑一下如何进行优化。在图 2.1 中可以看到，排序时间为 98 ms，看起来不是太快。现在的问题应该是，我们要优化什么？或者换句话说，程序在哪里花费的时间最多？在这个简单的例子中，可能是排序本身或比较函数。我们无法访问排序的源代码（除非能够破解标准库），但可以将计时器调用插入比较函数中。

　　遗憾的是，这不太可能产生好的结果，因为每次比较都非常快，而计时器调用自身也需要时间，并且每次调用函数时调用计时器都会显著改变我们试图测量的结果。

　　在现实世界的程序中，这种带有计时器的工具通常是不切实际的。如果不知道时间花在哪里，那么可能需要为数百个函数插入计时器（如果没有任何测量，如何知道这些？），这时性能分析器工具就可以派上用场了。

　　下文将详细讨论性能分析器（profiler）工具，但是目前，你只需要知道，以下命令行将编译和执行程序并使用 GperfTools 包中的 Google 性能分析器收集其运行时性能分析（profile），如图 2.2 所示.

```
$ clang++-11 -g -O3 -mavx2 -Wall -pedantic compare.C example.C -lprofiler -o example
$ CPUPROFILE=prof.data ./example
Sort time: 110ms (276557 comparisons)
PROFILE: interrupts/evictions/bytes = 10/0/848
```

图 2.2　收集运行时性能分析

　　性能分析数据收集在 prof.data 文件中，由 CPUPROFILE 环境变量给出。你可能已经注意到，这次程序运行时间更长（110 ms）。这是性能分析几乎不可避免的副作用。假设性能分析器本身工作正常，程序不同部分的相对性能应该仍然是正确的。

　　图 2.2 所示输出的最后一行告诉我们，性能分析器已经为我们收集了一些数据，现在需要以可读的格式显示它。对于 Google 性能分析器收集的数据，其用户接口工具是 google-pprof（通常安装为 pprof），它的最简单调用是仅列出程序中的每个函数，以及花费在该函数上的时间的比例（图 2.3 中的第 2 列）。

```
$ google-pprof --text ./example prof.data
Using local file ./example.
Using local file prof.data.
Total: 50 samples
      49  98.0%  98.0%      49  98.0% compare
       1   2.0% 100.0%       1   2.0% std::__introsort_loop (inline)
       0   0.0% 100.0%      39  78.0% __gnu_cxx::__ops::_Iter_comp_iter::operator (inline)
       0   0.0% 100.0%      10  20.0% __gnu_cxx::__ops::_Val_comp_iter::operator (inline)
       0   0.0% 100.0%      50 100.0% __libc_start_main
       0   0.0% 100.0%      50 100.0% _start
       0   0.0% 100.0%      50 100.0% main
       0   0.0% 100.0%      49  98.0% operator (inline)
       0   0.0% 100.0%      10  20.0% std::__final_insertion_sort (inline)
       0   0.0% 100.0%      40  80.0% std::__introsort_loop
       0   0.0% 100.0%      50 100.0% std::__sort (inline)
       0   0.0% 100.0%      10  20.0% std::__unguarded_insertion_sort (inline)
       0   0.0% 100.0%      10  20.0% std::__unguarded_linear_insert (inline)
       0   0.0% 100.0%      39  78.0% std::__unguarded_partition (inline)
       0   0.0% 100.0%      40  80.0% std::__unguarded_partition_pivot (inline)
       0   0.0% 100.0%      50 100.0% std::sort (inline)
```

图 2.3　读取已收集的数据

性能分析器显示，几乎所有时间（98%）都花在比较函数 compare() 上，排序几乎不需要任何时间（第 2 行是 std::sort 调用的函数之一，应该被视为花在排序上但在比较之外的时间）。请注意，对于任何实际性能分析，我们需要和本示例一样，收集至少 50 个样本。样本的数量取决于程序运行的时间，并且要获得可靠的数据，需要在要测量的每个函数中累积至少几十个样本。在本示例中，结果非常明显，我们可以仅处理已收集的样本。

由于子串比较函数占用了总运行时间的 98%，因此，我们有两种方法来提高性能：一是让这个函数更快，二是让调用它的次数更少（很多人忘记了第二种可能性，只考虑第一种方式）。

第二种方法需要使用不同的排序算法，因此超出了本书的讨论范围。以下将重点介绍第一种方法。先来回顾一下比较函数的代码。

01_substring_sort_a.C

```
bool compare(const char* s1, const char* s2, unsigned int l) {
    if (s1 == s2) return false;
    for (unsigned int i1 = 0, i2 = 0; i1 < l; ++i1, ++i2) {
        if (s1[i1] != s2[i2]) return s1[i1] > s2[i2];
    }
    return false;
}
```

这里只有寥寥几行代码，比较容易理解和预测其行为。

首先是将子串与字符串自身进行比较的语句，这肯定比实际执行逐字符比较快，因此，除非我们确定永远不会使用两个指针的相同值调用该函数，否则该行应保留。

然后是一个循环（循环体一次比较一个字符），这里必须这样做，因为我们不知道哪个字符可能不同。该循环本身一直运行，直到发现差异或比较了最大可能的字符数为止。这里很容易看出后一种情况不可能发生：字符串以空字符结尾，因此，即使两个子串中的所有字符都相同，我们也迟早会到达较短子串的末尾，将其末尾的空字符与另一个子串中的非空字符进行比较，较短的子串将被视为两者中较小的一个。

我们可能会读取到字符串末尾的唯一情况是：两个子串在同一位置开始，但我们在函数的最开始处检查。换句话说，我们发现了上述代码中执行的一些不必要的工作，因此可以优化该代码并删除每次循环迭代中的一个比较操作。考虑到该循环体中的操作本就不多，因此这些修改应该有很大影响。

对该代码的修改很简单，删除比较即可（也不需要再将长度传递给比较函数）。

03_substring_sort_a.C

```
bool compare(const char* s1, const char* s2) {
    if (s1 == s2) return false;
    for (unsigned int i1 = 0, i2 = 0;; ++i1, ++i2) {
        if (s1[i1] != s2[i2]) return s1[i1] > s2[i2];
    }
    return false;
}
```

修改之后的代码参数更少，操作也更少。现在可以运行一下该程序，看看该优化节省了多少运行时间，如图 2.4 所示。

```
$ clang++-11 -g -O3 -mavx2 -Wall -pedantic compare.C example.C -o example && ./example
Sort time: 210ms (276557 comparisons)
```

图 2.4　运行修改后的代码的结果

可以看到，"优化"后的代码花了 210 ms，而原始代码却仅需 98 ms 即可解决同样的问题（见图 2.1）。做的事情更少了，为什么花的时间反而增加了呢？（请注意，并非所有编译器都会表现出这种特殊的性能异常，但我们使用的是真正的生产环境中的编译器，我们没有作弊，你可以重现本示例）。

这个例子实际上来源于现实生活中的程序开发示例。有一位程序员需要一个子串比较函数，他是这样写的：

04_substring_sort_a.C

```
bool compare(const char* s1, const char* s2) {
    if (s1 == s2) return false;
    for (int i1 = 0, i2 = 0;; ++i1, ++i2) {
        if (s1[i1] != s2[i2]) return s1[i1] > s2[i2];
    }
    return false;
}
```

检查此代码片段和之前的代码片段，看看你是否能发现不同之处。

二者唯一的区别是循环变量的类型：之前使用的是 unsigned int，这并没有错，索引从 0 开始向前推进，并且不能有任何负数。上述代码片段使用的则是 int，不必要地放弃了可能索引值范围的一半。

在经过上述代码修改之后，再次运行基准测试，这次使用了新的比较函数。结果如图 2.5 所示。

```
$ clang++-11 -g -O3 -mavx2 -Wall -pedantic compare.C example.C -o example && ./example
Sort time: 74ms (276557 comparisons)
```

图 2.5　新函数的运行结果

可以看到,最新版本仅需要 74 ms,这不但比原始版本的 98 ms(见图 2.1)快,而且比几乎相同的第 2 个版本的 210 ms(见图 2.2)快得多。

在后面的章节中,我们将对这个特殊的现象做出解释,本节的目标是证明永远不要想当然地猜测性能。在本示例中,"显而易见"的优化(即用更少的代码执行完全相同的计算)适得其反,而貌似不重要的微不足道的变化(使用有符号整数 int 而不是无符号整数 unsigned int)却被证明是一种有效的优化。

如果在这个非常简单的示例中,性能结果都可能如此违反直觉,那么在较为复杂的程序中,猜测性能就更不靠谱了。因此,做出关于程序性能的正确决策的唯一方法就是测量驱动。在本章的余下部分,我们将讨论一些常用的工具,以收集性能测量数据、学习如何使用它们以及如何解释它们的结果。

2.3　性能基准测试

收集有关程序性能的信息的最简单方法是运行程序并测量需要多长时间。当然,程序员还需要比这更多的数据来进行任何有用的优化,例如,知道程序的不同部分各需要多长时间,这样就不会浪费精力来优化那些仅需要很少时间的代码(虽然这些代码可能非常低效),因为将它们优化得再好也对最终结果没什么影响。

在前面的简单示例中,我们添加了一个计时器,这样就可以知道排序本身需要多长时间。这就是基准测试的大体思路,其余都是一些细枝末节,例如用计时器检测代码、收集信息,并以有用的格式进行报告。

接下来,让我们看看都有哪些工具,从语言本身提供的计时器开始。

2.3.1　C++计时器

在 C++的 chrono 库中有一些工具可用于收集计时信息。程序员可以测量程序中任意两点之间经过的时间,示例代码如下。

example.C
```
#include <chrono>
using std::chrono::duration_cast;
```

```
using std::chrono::milliseconds;
using std::chrono::system_clock;
    …
auto t0 = system_clock::now();
    … 执行某些操作 …
auto t1 = system_clock::now();
auto delta_t = duration_cast<milliseconds>(t1 - t0);
cout << "Time: " << delta_t.count() << endl;
```

应该指出的是，C++计时时钟测量的是实时时间（通常称为挂钟时间）。一般来说，这就是所要测量的内容。但是，更详细的分析往往需要测量 CPU 时间，也就是当 CPU 工作时经过的时间，以及 CPU 空闲时静止的时间。

在单线程应用程序中，CPU 时间不能大于实时时间；如果程序是计算密集型的，则这两个时间理想情况下是相同的，这意味着 CPU 已满载。

另一方面，用户界面程序的大部分时间都花在等待用户和空闲 CPU 上。在这种情况下，我们希望 CPU 时间尽可能短，因为这表明程序是高效的，并且可使用尽可能少的 CPU 资源来服务用户的请求。

2.3.2　高分辨率计时器

要测量 CPU 时间，必须使用特定于操作系统的系统调用。在 Linux 和其他 POSIX 兼容系统上，可以使用 clock_gettime()调用来访问硬件高分辨率计时器，示例代码如下。

clocks.C

```
timespec t0, t1;
clockid_t clock_id = …; // 特殊时钟
clock_gettime(clock_id, &t0);
    … 执行某些操作 …
clock_gettime(clock_id, &t1);
double delta_t = t1.tv_sec - t0.tv_sec +
    1e-9*(t1.tv_nsec - t0.tv_nsec);
```

该函数在其第二个参数中返回当前时间；tv_sec 是自过去某个时间点以来的秒数，而 tv_nsec 是自上一整数秒以来的纳秒数。时间的起源点并不重要，因为我们始终测量的是时间间隔。当然，要注意先减去秒数，然后加上纳秒数，否则，减去两个很大的数字会丢失结果的有效位数。

在上述代码中，可以使用几个硬件计时器，其中之一由 clock_id 变量的值选择。

在这些计时器中，有一个计时器与已经使用的系统或实时时钟相同，其 ID 是

CLOCK_REALTIME。另外，还有两个 CPU 计时器：CLOCK_PROCESS_CPUTIME_ID 是测量当前程序使用的 CPU 时间的计时器，而 CLOCK_THREAD_CPUTIME_ID 是一个类似的计时器，但只测量调用线程使用的时间。

在对代码进行基准测试时，报告来自多个计时器的测量结果通常很有帮助。在进行不间断计算的单线程程序的最简单情况下，上述 3 个计时器都应返回相同的结果。

clocks.C

```
double duration(timespec a, timespec b) {
    return a.tv_sec - b.tv_sec + 1e-9*(a.tv_nsec - b.tv_nsec);
}
    …
{
    timespec rt0, ct0, tt0;
    clock_gettime(CLOCK_REALTIME, &rt0);
    clock_gettime(CLOCK_PROCESS_CPUTIME_ID, &ct0);
    clock_gettime(CLOCK_THREAD_CPUTIME_ID, &tt0);
    constexpr double X = 1e6;
    double s = 0;
    for (double x = 0; x < X; x += 0.1) s += sin(x);
    timespec rt1, ct1, tt1;
    clock_gettime(CLOCK_REALTIME, &rt1);
    clock_gettime(CLOCK_PROCESS_CPUTIME_ID, &ct1);
    clock_gettime(CLOCK_THREAD_CPUTIME_ID, &tt1);
    cout << "Real time: " << duration(rt1, rt0) << "s, "
            "CPU time: " << duration(ct1, ct0) << "s, "
            "Thread time: " << duration(tt1, tt0) << "s" <<
            endl;
}
```

“CPU 密集型工作”是某种计算，对于这种计算，3 个时间应该几乎相同。你可以在任何类型的计算的简单实验中观察到这一点。时间的值将取决于计算机的速度，除此之外，结果应该如下所示。

```
Real time: 0.3717s, CPU time: 0.3716s, Thread time: 0.3716s
```

如果报告的 CPU 时间与实际时间不匹配，则可能是机器过载（许多其他进程正在争夺 CPU 资源），或者程序内存不足（如果程序使用的内存比机器上的物理内存还要多，那么它将不得不使用慢得多的磁盘进行交换，并且当程序等待从磁盘页面将内容调入内存时，CPU 无法执行任何工作）。

另一方面，如果程序计算量不大，而是等待用户输入，或者从网络接收数据，或者执行其他一些不占用大量 CPU 资源的工作，则会看到完全不同的结果。观察这种行为的最简单方法是调用 sleep()函数而不是之前使用的计算。

clocks.C

```
{
    timespec rt0, ct0, tt0;
    clock_gettime(CLOCK_REALTIME, &rt0);
    clock_gettime(CLOCK_PROCESS_CPUTIME_ID, &ct0);
    clock_gettime(CLOCK_THREAD_CPUTIME_ID, &tt0);
    sleep(1);
    timespec rt1, ct1, tt1;
    clock_gettime(CLOCK_REALTIME, &rt1);
    clock_gettime(CLOCK_PROCESS_CPUTIME_ID, &ct1);
    clock_gettime(CLOCK_THREAD_CPUTIME_ID, &tt1);
    cout << "Real time: " << duration(rt1, rt0) << "s, "
            "CPU time: " << duration(ct1, ct0) << "s, "
            "Thread time: " << duration(tt1, tt0) << "s" <<
            endl;
}
```

现在可以看到一个休眠程序使用了很少的 CPU。

```
Real time: 1.000s, CPU time: 3.23e-05s, Thread time: 3.32e-05s
```

对于在套接字或文件上被阻塞，或者正在等待用户操作的程序来说，情况也是如此。

到目前为止，我们还没有看到两个 CPU 计时器之间的任何区别，除非程序使用线程，否则将看不到任何区别。例如，我们可以让计算密集型程序执行同样的工作，但使用一个单独的线程。

clocks.C

```
{
    timespec rt0, ct0, tt0;
    clock_gettime(CLOCK_REALTIME, &rt0);
    clock_gettime(CLOCK_PROCESS_CPUTIME_ID, &ct0);
    clock_gettime(CLOCK_THREAD_CPUTIME_ID, &tt0);
    constexpr double X = 1e6;
    double s = 0;
    auto f = std::async(std::launch::async,
        [&]{ for (double x = 0; x < X; x += 0.1) s += sin(x);
        });
    f.wait();
    timespec rt1, ct1, tt1;
```

```
    clock_gettime(CLOCK_REALTIME, &rt1);
    clock_gettime(CLOCK_PROCESS_CPUTIME_ID, &ct1);
    clock_gettime(CLOCK_THREAD_CPUTIME_ID, &tt1);
    cout << "Real time: " << duration(rt1, rt0) << "s, "
         "CPU time: " << duration(ct1, ct0) << "s, "
         "Thread time: " << duration(tt1, tt0) << "s" <<
         endl;
}
```

在上述代码中，计算总量保持不变，仍然只有一个线程在做这项工作，所以我们不能指望实时或进程范围的 CPU 时间有任何变化。但是，调用计时器的线程现在是空闲的，它所做的只是等待 std::async 返回，直到工作完成。这种等待与前面示例中的 sleep()函数非常相似，可以在结果中看到这一点。

```
Real time: 0.3774s, CPU time: 0.377s, Thread time: 7.77e-05s
```

现在实时和进程范围的 CPU 时间与前面"计算密集型"示例中的时间相当，但与线程相关的 CPU 时间则很短，和前面的"休眠"示例一样，这是因为整个程序都在做繁重的计算，但调用计时器的线程确实大部分时间都在休眠。

大多数时候，如果要使用线程进行计算，则目标是更快地进行更多计算，因此可使用多个线程并在它们之间分布工作。

让我们修改上述示例，以便也在主线程上进行计算。

clocks.C

```
{
    timespec rt0, ct0, tt0;
    clock_gettime(CLOCK_REALTIME, &rt0);
    clock_gettime(CLOCK_PROCESS_CPUTIME_ID, &ct0);
    clock_gettime(CLOCK_THREAD_CPUTIME_ID, &tt0);
    constexpr double X = 1e6;
    double s1 = 0, s2 = 0;
    auto f = std::async(std::launch::async,
        [&]{ for (double x = 0; x < X; x += 0.1) s1 += sin(x);
        });
    for (double x = 0; x < X; x += 0.1) s2 += sin(x);
    f.wait();
    timespec rt1, ct1, tt1;
    clock_gettime(CLOCK_REALTIME, &rt1);
    clock_gettime(CLOCK_PROCESS_CPUTIME_ID, &ct1);
    clock_gettime(CLOCK_THREAD_CPUTIME_ID, &tt1);
    cout << "Real time: " << duration(rt1, rt0) << "s, "
```

```
        "CPU time: " << duration(ct1, ct0) << "s, "
        "Thread time: " << duration(tt1, tt0) << "s" <<
        endl;
}
```

现在两个线程都在进行计算，因此该程序使用的 CPU 时间与前面的实时示例相比，能够以两倍的速度通过。

```
Real time: 0.5327s, CPU time: 1.01s, Thread time: 0.5092s
```

可以看到，其效果非常好：仅用 0.53 s 的实时时间即完成了 1 s 的计算工作。理想情况下，应该是 0.5 s，但实际上，启动和等待线程会产生一些开销；此外，这两个线程中的一个线程可能需要稍长的时间来完成工作，而另一个线程则有时是空闲的。

对程序进行基准测试是收集性能数据的有效方法。只需观察执行函数或处理事件所需的时间，即可了解到很多关于代码性能的信息。

对于计算密集型代码，可以查看程序是否确实在不间断地进行计算或正在等待。

对于多线程程序，可以衡量并发的有效性以及开销是多少。

事实上，我们不仅限于收集执行时间，还可以报告我们认为相关的任何计数和值。例如，函数被调用了多少次，排序的平均字符串有多长等。

总之，任何能够帮助我们解释测量指标的数据都可以考虑收集。

当然，这种灵活性也是有代价的：通过基准测试，我们几乎可以回答任何有关程序性能的问题，但在此之前必须先提出问题，也就是说，我们仅报告决定要测量的内容。如果想知道某个函数需要多长时间，则必须给该函数加上计时器；否则，我们什么也不知道，除非重写代码并重新运行基准测试。

另一方面，在代码中乱加计时器也是不行的：这些函数调用的成本是相当高的，所以使用太多会减慢程序并扭曲性能测量的结果。

因此，你需要先了解之前编写的代码，凭借自己的经验和良好的编码纪律恰当地添加计时器，这样才能轻松地对其主要部分进行基准测试。

但是，如果你缺乏相关经验，不知道从哪里开始，该怎么办？如果你继承了未针对任何基准测试进行检测的代码库，该怎么办？或者，也许你已经找到了性能瓶颈就在一大段代码中，但其中没有更多计时器，该怎么办？

解决问题的方法之一是继续检测代码，直到有足够的数据来分析问题。但是，这种暴力检测的方法很慢，因此你需要一些指导，将精力用在最恰当的地方，而这正是性能分析发挥作用的地方：它可以让你为未手动检测的程序收集性能数据，以便轻松进行基准测试。这也是接下来我们将要讨论的主题。

2.4　性　能　分　析

本节要学习的是性能分析工具（profiling tool），也称为性能分析器（profiler）。在 2.3 节中，其实已经使用了一个性能分析器，用来确认占用了大部分计算时间的函数。这正是性能分析器的用途，用于查找"发热"函数和代码片段，即程序花费最多时间的代码行。

有许多不同的性能分析工具可用，包括商业软件和开源工具。本节将介绍 Linux 系统上流行的两种性能分析器。我们的目标不是让你成为特定工具的专家，而是让你了解性能分析器的作用以及如何解释其结果。

首先，你应该知道有以下几种不同类型的性能分析器。

❑ 有些性能分析器可以在解释器（interpreter）或虚拟机下执行代码并观察所花费的时间。这些性能分析器的主要缺点是它们使程序的运行速度比直接编译为机器指令的代码慢得多，至少对像 C++这样经过编译并且通常不在虚拟机下运行的语言而言是这样。

❑ 其他性能分析器要求在编译或链接期间使用特殊指令检测代码。例如，这些指令可向性能分析器提供附加信息，以便它们可以在调用函数或循环开始和结束时通知数据收集引擎。

这些性能分析器比上一种类型的性能分析器要快，但仍比本机执行慢。它们还需要对代码进行特殊编译，并依赖于这样的假：检测后的代码具有与原始代码相同的性能，至少相对而言如此。

❑ 大多数现代性能分析器使用所有现代 CPU 上都存在的硬件事件计数器。这些是可用于跟踪某些硬件事件的特殊硬件寄存器。硬件事件的示例之一是执行指令，这对性能分析的作用为：处理器将为我们完成计数指令的工作，而无须任何额外的检测或任何开销。我们要做的就是读取计数器寄存器的值。

遗憾的是，有用的性能分析比简单地计算指令要复杂一些。我们需要知道在每个函数甚至每一行代码中花费了多少时间。如果性能分析器在执行每个函数（或每个循环、每行代码等）之前和之后读取指令计数，则可以完成此操作。这就是一些性能分析器使用混合方法的原因：它们检测代码以标记兴趣点，但使用硬件性能计数器进行实际测量。

还有一些性能分析器则依赖基于时间的采样：它们以一定的时间间隔中断程序，例如每 10 ms 一次，并记录性能计数器的值以及程序（这里指的是将要执行的指令）的当前位置。例如，如果 90%的样本都是在调用 compare()函数期间采集的，则可以假设该程序花费了90%的时间进行字符串比较。这种方法的准确性取决于所取样本的数量和样本之间的间隔。

我们对程序执行的采样次数越多，收集到的数据就越多，但开销也越大。在某些情况下，如果采样不是太频繁，则基于硬件的性能分析器对程序的运行时间基本上没有不利影响。

2.4.1　perf 性能分析器

本节要介绍的第一个性能分析器工具是 Linux perf 性能分析器。这是 Linux 上流行的性能分析器之一，因为它随大多数发行版一起安装。此性能分析器使用硬件性能计数器和基于时间的采样，因此它不需要对代码进行任何检测。

运行该性能分析器最简单的方法是收集整个程序的计数器值。图 2.6 是使用 perf stat 命令完成的。

```
$ clang++-11 -O3 -mavx2 -Wall -pedantic compare.C example.C -o example
$ perf stat ./example
Sort time: 156ms (276557 comparisons)

Performance counter stats for './example':

       158.048821      task-clock (msec)         #    0.997 CPUs utilized
                2      context-switches          #    0.013 K/sec
                0      cpu-migrations            #    0.000 K/sec
              209      page-faults               #    0.001 M/sec
      497,045,599      cycles                    #    3.145 GHz
    1,355,549,089      instructions              #    2.73  insn per cycle
      450,694,541      branches                  # 2851.616 M/sec
          389,020      branch-misses             #    0.09% of all branches

      0.158582626 seconds time elapsed
```

图 2.6　使用 perf stat 命令

如图 2.6 所示，该编译不需要任何特殊选项或工具。程序由性能分析器执行，stat 选项告诉性能分析器在程序的整个运行期间显示硬件性能计数器中累积的计数。

在本示例中，程序运行了 158 ms（与程序本身输出的时间一致）并执行了超过 13 亿条指令（instruction）。

图 2.6 中还显示了其他几个计数器，如 page-faults（页面错误）和 branches（分支）。这些计数器是什么，其他计数器又是什么？

事实证明，现代 CPU 可以收集许多不同类型事件的统计信息，但一次只能收集几种类型；在上述示例中，报告了 8 个计数器，所以可假设该 CPU 有 8 个独立的计数器。当然，这些计数器中的每一个都可以被分配为对许多事件类型之一进行计数。性能分析器本身可以列出它已知的所有事件，并且可以对其进行计数，如图 2.7 所示。

```
$ perf list

List of pre-defined events (to be used in -e):

  branch-instructions OR branches                    [Hardware event]
  branch-misses                                      [Hardware event]
  bus-cycles                                         [Hardware event]
  cache-misses                                       [Hardware event]
  cache-references                                   [Hardware event]
  cpu-cycles OR cycles                               [Hardware event]
  instructions                                       [Hardware event]
  ref-cycles                                         [Hardware event]
```

图 2.7　列出已知事件

图 2.7 中的列表是不完整的（继续输出可以看到更多行），可用的确切计数器因 CPU
的不同而不同（如果使用虚拟机，则取决于虚拟机管理程序的类型和配置）。图 2.6 中性
能分析器运行收集的结果只是默认的计数器集，我们也可以选择其他计数器进行分析，
如图 2.8 所示。

```
$ perf stat -e cycles,instructions,branches,branch-misses,cache-references,cache-misses ./example
Sort time: 109ms (276557 comparisons)

 Performance counter stats for './example':

       342,547,009      cycles                                               (63.98%)
     1,333,447,617      instructions              #    3.89  insn per cycle  (82.09%)
       448,700,032      branches                                             (85.52%)
           443,370      branch-misses             #    0.10% of all branches (85.51%)
         1,555,766      cache-references                                     (85.51%)
           168,003      cache-misses              #   10.799 % of all cache refs (79.47%)

       0.111470330 seconds time elapsed
```

图 2.8　分析其他计数器

在图 2.8 中，测量了 CPU 的 cycles（周期）和 instructions（指令），以及 branches
（分支）、branch-misses（分支未命中）、cache-references（缓存引用）和 cache-misses
（缓存未命中）。第 3 章将详细介绍这些计数器及其监视的事件。

简而言之，cycles（周期）时间是 CPU 频率的倒数，因此，3 GHz CPU 每秒可以运行 30
亿个周期。大多数 CPU 都可以按可变速度运行，这使得测量变得更复杂。因此，为了进行
准确的性能分析和基准测试，建议禁用省电模式和其他可能导致 CPU 时钟变化的功能。

instructions（指令）计数器可测量已执行的处理器指令数。如图 2.8 所示，该 CPU
每个周期平均执行近 4 条指令。

branches（分支）是条件指令，每个 if 语句和每个带条件的 for 循环都将至少生成这
些指令之一。branch-misses（分支未命中）将在第 3 章详细解释，目前，从性能的角度来
看，这是一个成本很高且不受欢迎的事件。

cache-references（缓存引用）统计的是 CPU 从内存中获取某些东西所需的次数。大
多数情况下，这里说的“某些东西”是一段数据，例如字符串中的一个字符。根据处理

器和内存的状态，这种获取可能非常快，也可能非常慢。对于非常慢的，计入 cache-misses（缓存未命中）。请注意，这里的"慢"是一个相对的概念，例如相对于 3 GHz 的处理器速度来说，1 μs 已经是很长的时间了。同样，缓存未命中也是一个成本很高的事件。在后面的章节中将详细阐释内存层次结构。

在理解了 CPU 和内存的工作原理后，即可使用此类测量来衡量程序的整体效率，并确定哪些因素会限制其性能。

到目前为止，我们仅讨论了整个程序的测量。图 2.8 中的测量数据告诉我们，是什么阻碍了代码的性能。例如，如果我们接受缓存未命中对性能不利的概念，则可以推断出这段代码中的主要问题是其低效的内存访问（十分之一的内存访问速度很慢）。但是，这种类型的数据并没有告诉我们，代码的哪些部分是导致性能不佳的原因。为此，我们不仅需要在程序执行前后收集数据，还需要在程序执行期间收集数据。接下来，让我们看看如何使用 perf 做到这一点。

2.4.2　使用 perf 进行详细性能分析

perf 性能分析器可将硬件计数器与基于时间间隔的采样结合起来，记录正在运行的程序的性能分析。它将记录每个样本程序计数器的位置（要执行的指令的地址）和用户正在监控的性能计数器的值。运行该性能分析器后，即可对数据进行分析；样本最多的函数和代码行占据大部分执行时间。

性能分析器的数据收集运行并不比整体测量运行困难。请注意，性能分析器在运行时会收集指令地址，要将其转换为原始源代码中的行号，必须使用调试信息编译程序。如果你习惯了两种编译模式：optimized（优化）和 debug non-optimized（调试非优化），则这种编译器选项的组合可能会令人惊讶——调试和优化都被启用。

使用这种选项组合的原因是我们需要分析将在生产环境中运行的相同代码，否则数据大多没有意义。考虑到这一点，我们可以编译用于性能分析的代码并使用 perf record 命令运行性能分析器，如图 2.9 所示。

```
$ clang++-11 -g -O3 -mavx2 -Wall -pedantic compare.C example.C -o example
$ perf record ./example
Sort time: 107ms (276557 comparisons)
[ perf record: Woken up 1 times to write data ]
[ perf record: Captured and wrote 0.037 MB perf.data (419 samples) ]
```

图 2.9　使用 perf record 命令运行性能分析器

就像 perf stat 一样，我们可以指定一个计数器或一组计数器来监视，但这次我们接受的是默认计数器。我们没有具体说明采样的频率；同样，这有一个默认值，但我们也可以明确指定它，例如，perf record -c 1000 可每秒记录 1000 个样本。

程序运行之后，产生了常规输出，以及来自性能分析器的消息。图 2.9 中的最后一行告诉我们，已经在名为 perf.data 的文件中捕获了性能分析样本（同样，这也是可以更改的默认值）。为了可视化来自这个文件的数据，需要使用性能分析工具，它也是同一个性能分析工具套件的一部分，特别是 perf report 命令。运行此命令，结果如图 2.10 所示。

```
Samples: 453  of event 'cycles:ppp', Event count (approx.): 362699054
Overhead  Command  Shared Object       Symbol
          example  example             [.] compare
   1.39%  example  example             [.] std::__introsort_loop<__gnu_cxx::
   0.64%  example  example             [.] main
   0.59%  example  [kernel.kallsyms]   [k] vma_interval_tree_insert
   0.56%  example  [kernel.kallsyms]   [k] filemap_map_pages
   0.21%  example  [kernel.kallsyms]   [k] _raw_spin_lock_irqsave
   0.14%  example  [kernel.kallsyms]   [k] perf_event_mmap_output
   0.01%  perf     [kernel.kallsyms]   [k] __x86_indirect_thunk_r14
   0.00%  perf     [kernel.kallsyms]   [k] native_apic_mem_write
   0.00%  perf     [kernel.kallsyms]   [k] native_write_msr
```

图 2.10　使用 perf report 命令

图 2.11 显示了性能分析摘要，按函数执行时间进行了细分。从这里可以深入任何函数，看看哪些行对执行时间贡献最大。

```
compare  /home/fedorp/Packt/Performance/02_measurements/example
Percent│

       │
       │    Disassembly of section .text:
       │
       │    0000000000400d10 <compare(char const*, char const*, unsigned int)>:
       │    _Z7comparePKcS0_j():
       │    // Comparison function for substring sort
       │    bool compare(const char* s1, const char* s2, unsigned int l) {
       │      xor    %eax,%eax
       │        if (s1 == s2) return false;
       │      cmp    %rsi,%rdi
       │    ↓ je     400d38 <compare(char const*, char const*, 28
       │      test   %edx,%edx
       │    ↓ je     400d38 <compare(char const*, char const*, 28
       │        for (unsigned int i1 = 0, i2 = 0; i1 < l; ++i1, ++i2) {
       │      mov    %edx,%eax
       │      xor    %ecx,%ecx
       │      nop
       │            if (s1[i1] != s2[i2]) return s1[i1] > s2[i2];
       │10:
       │
       │
       │    ↓ jne    400d35 <compare(char const*, char const*, 25
       │    // Comparison function for substring sort
       │    bool compare(const char* s1, const char* s2, unsigned int l) {
       │        if (s1 == s2) return false;
       │        for (unsigned int i1 = 0, i2 = 0; i1 < l; ++i1, ++i2) {
       │
       │      cmp    %rcx,%rax
       │
       │      xor    %eax,%eax
       │    ←retq
       │            if (s1[i1] != s2[i2]) return s1[i1] > s2[i2];
  1.38 │25:   setg   %al
       │28: ←retq
```

图 2.11　性能分析摘要

图 2.11 左侧的数字是每行代码花费的执行时间的百分比。那么，这里的代码行究竟告诉了我们什么？图 2.11 说明了此类性能分析经常遇到的困难之一。它显示了源代码和由此产生的汇编指令；执行时间计数器自然与每条硬件指令相关联（这是 CPU 执行的内容，因此这是它唯一可以计数的内容）。编译后的代码和源代码之间的对应关系是由性能分析器使用编译器嵌入的调试信息建立的。遗憾的是，这种对应关系并不准确，其原因是优化。

编译器执行广泛的优化，所有优化最终都会重新排列代码并改变计算的方式。即使在这个非常简单的示例中，也可以看到这样一个结果：以下源代码行出现了两次。

```
if (s1 == s2) return false;
```

在原始源代码中，上述代码只出现一次。这里出现两次的原因是，这一行代码生成的指令并不都在同一个地方；优化器使用来自其他行的指令对它们重新排序。因此，性能分析器在它生成的两条机器指令附近都显示了该行。

即使不看汇编程序，我们也可以知道时间花费在比较字符以及运行循环本身上。以下两行源代码占用了大部分时间。

```
for (unsigned int i1 = 0, i2 = 0; i1 < l; ++i1, ++i2) {
    if (s1[i1] != s2[i2]) return s1[i1] > s2[i2];
```

要充分利用上述性能分析结果，至少需要理解正在使用的平台（本示例中为 X86 CPU）的汇编语言的基础知识。

性能分析器还有一些有助于分析的有用工具。例如，将光标放在 jne（该指令代表的是 jump if not equal，如果不等则跳转）指令上，即可看到跳转会将我们带到哪里，以及与跳转相关的条件，如图 2.12 所示。

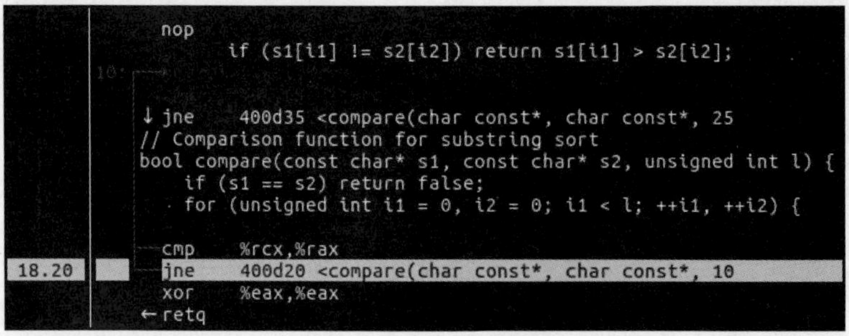

图 2.12　通过光标定位查看指令信息

这看起来像是跳转回去以重复最后几行代码，所以 jne 跳转上面的 cmp 指令（代表的是 compare）一定是循环中的比较（即 i1＜l）。跳转和比较加起来约占执行时间的 18%，所以我们之前对看似不必要的比较操作的关注似乎是有道理的。

perf 性能分析器还有更多的选项和功能来分析、过滤和聚合结果，这些都可以从它的文档中了解到。perf 性能分析器还有几个图形用户界面（GUI）前端。

接下来，我们将快速浏览另一个性能分析器——来自 Google Performance 工具的性能分析器。

2.4.3　Google Performance 性能分析器

Google CPU 性能分析器可以使用硬件性能计数器，还需要代码的链接时检测（但不需要编译时检测）。要准备用于性能分析的代码，必须将其与性能分析器库链接，如图 2.13 所示。

```
$ clang++-11 -g -O3 -mavx2 -Wall -pedantic compare.C example.C -lprofiler -o example
```

图 2.13　链接性能分析器库

在图 2.13 中，该库由命令行选项-lprofiler 指定。

与 perf 不同的是，Google CPU 性能分析器不需要任何特殊的工具来调用程序，必要的代码已经链接到可执行文件中。

已检测的可执行文件不会自动开始性能分析。因此，我们必须通过将环境变量 CPUPROFILE 设置为想要存储结果的文件的文件名来激活性能分析。

其他选项也是通过环境变量而不是命令行选项来控制的。例如，可通过变量 CPUPROFILE_FREQUENCY 设置每秒样本数，如图 2.14 所示。

```
$ CPUPROFILE=prof.data CPUPROFILE_FREQUENCY=1000 ./example
Sort time: 185ms (276557 comparisons)
PROFILE: interrupts/evictions/bytes = 45/2/2536
```

图 2.14　设置 CPUPROFILE_FREQUENCY 变量

现在再来看看程序本身和性能分析器的输出，我们获得了必须分析的分析数据文件。该性能分析器有交互模式和批处理模式，其中交互模式是一个简单的文本用户界面，如图 2.15 所示。

只需使用可执行文件和性能分析器的名称作为参数运行 google-pprof（通常只安装为 pprof），就会出现命令提示符。例如，可以获取用执行时间百分比注释的所有函数的摘要信息。我们可以在源代码层面进一步分析程序性能，如图 2.16 所示。

可以看到，该性能分析器采用了一个略有不同的方法，并不会立即转储到机器代码中（尽管也可以生成带注释的汇编程序）。但是，这种表面上的简单性有点欺骗性：我们之前描述的警告仍然适用，优化编译器仍然会对代码进行转换。

```
$ google-pprof ./example prof.data
Using local file ./example.
Using local file prof.data.
Welcome to pprof!  For help, type 'help'.
(pprof) text
Total: 45 samples
      45 100.0% 100.0%       45 100.0% compare
       0   0.0% 100.0%       36  80.0% __gnu_cxx::__ops::_Iter_comp_iter::operator (inline)
       0   0.0% 100.0%        9  20.0% __gnu_cxx::__ops::_Val_comp_iter::operator (inline)
       0   0.0% 100.0%       45 100.0% __libc_start_main
       0   0.0% 100.0%       45 100.0% _start
       0   0.0% 100.0%       45 100.0% main
       0   0.0% 100.0%       45 100.0% operator (inline)
       0   0.0% 100.0%        9  20.0% std::__final_insertion_sort (inline)
       0   0.0% 100.0%       36  80.0% std::__introsort_loop
       0   0.0% 100.0%       45 100.0% std::__sort (inline)
```

图 2.15　性能分析器的交互模式

```
(pprof) text --lines
Total: 45 samples
      25  55.6%  55.6%       25  55.6% compare /home/fedorp/Packt/Performance/02_measurements/compare.C:4
      20  44.4% 100.0%       20  44.4% compare /home/fedorp/Packt/Performance/02_measurements/compare.C:5
       0   0.0% 100.0%       36  80.0% __gnu_cxx::__ops::_Iter_comp_iter::operator (inline) /usr/bin/../lib
       0   0.0% 100.0%        9  20.0% __gnu_cxx::__ops::_Val_comp_iter::operator (inline) /usr/bin/../lib/
       0   0.0% 100.0%       45 100.0% __libc_start_main /build/glibc-LK5gWL/glibc-2.23/csu/../csu/libc-sta
       0   0.0% 100.0%       45 100.0% _start ??:0
       0   0.0% 100.0%       45 100.0% main /home/fedorp/Packt/Performance/02_measurements/example.C:26
       0   0.0% 100.0%       45 100.0% operator (inline) /home/fedorp/Packt/Performance/02_measurements/exa
       0   0.0% 100.0%        9  20.0% std::__final_insertion_sort (inline) /usr/bin/../lib/gcc/x86_64-linu
       0   0.0% 100.0%       36  80.0% std::__introsort_loop /usr/bin/../lib/gcc/x86_64-linux-gnu/9/../../.
```

图 2.16　查看用执行时间百分比注释的所有函数的摘要信息

　　由于开发者采用的方法不同，不同的性能分析器具有不同的优缺点。本章无意变成讲解操作的性能分析器手册，因此，在本节的余下部分，将讨论在收集数据进行性能分析时可能遇到的一些更常见的问题。

2.4.4　使用调用图进行性能分析

　　到目前为止，我们的简单示例避免了一个问题，但该问题实际上在每个程序中都会发生，那就是函数调用关系。当我们发现比较函数占用了大部分执行时间时，即可知道是程序的哪一部分应该对此负责，因为只有一行代码调用了这个函数。

　　大多数真实程序并不会这么简单，毕竟编写函数的主要原因之一是为了便于代码重用。理所当然地，许多函数都会从多个位置被调用，有的被多次调用，有的只被调用几次，一般来说都具有不同的参数。

　　仅仅知道哪个函数需要多少执行时间是不够的，我们还需要知道函数发生在哪个上下文环境中（毕竟，最有效的优化可能是减少调用高成本函数的频率）。

　　我们需要的是一个性能分析文件，它不仅可以指示在每个函数和每行代码上花费了多少时间，还可以告诉我们每个调用链花费了多少时间。性能分析器通常使用调用图（call graph）来呈现此信息：调用方（caller）和被调用方（callee）是图中的节点，而函数调用则是图中的边。

　　首先，我们需要修改示例，以便可以从多个位置调用某个函数。从两个 sort 调用开始。

05_compare_timer.C

```
std::sort(vs.begin(), vs.end(),
    [&](const char* a, const char* b) {
        ++count; return compare1(a, b, L); });
std::sort(vs.begin(), vs.end(),
    [&](const char* a, const char* b) {
        ++count; return compare2(a, b, L); });
```

　　这些调用仅在比较函数方面有所不同。在本示例中，第一个比较函数与之前相同，第二个比较函数则产生相反的顺序。这两个函数和以前的比较函数具有相同的子串字符循环。

05_compare_timer.C

```
bool compare1(const char* s1, const char* s2, unsigned int l) {
    if (s1 == s2) return false;
    for (unsigned int i1 = 0, i2 = 0; i1 < l; ++i1, ++i2) {
        int res = compare(s1[i1], s2[i2]);
        if (res != 0) return res > 0;
    }
    return false;
}
bool compare2(const char* s1, const char* s2, unsigned int l) {
    if (s1 == s2) return false;
    for (unsigned int i1 = 0, i2 = 0; i1 < l; ++i1, ++i2) {
        int res = compare(s1[i1], s2[i2]);
        if (res != 0) return res < 0;
    }
    return false;
}
```

　　这两个函数使用了相同的通用函数来比较每个字符。

```
int compare(char c1, char c2) {
```

```
    if (c1 > c2) return 1;
    if (c1 < c2) return -1;
    return 0;
}
```

这当然不会是我们在实际程序中的做法：如果真的想避免重复循环导致的代码重复，则可以编写一个由字符比较运算符参数化的函数。但是，我们不想偏离前面的示例太远，因此希望保持代码简单，以方便解释一个复杂的结果。

现在可以生成一个调用图，它将向我们展示字符比较的成本如何在两个 sort 调用之间分配。我们使用的两个性能分析器都可以生成调用图，本节将使用 Google 性能分析器。对于该性能分析器，数据收集已经包含了调用链信息；到目前为止，我们还没有尝试将其可视化。

和之前的操作一样，现在可以编译代码并运行性能分析器。为简单起见，我们将每个函数放在自己的源文件中，如图 2.17 所示。

```
$ clang++-11 -g -O3 -mavx2 -Wall -pedantic compare.C compare1.C compare2.C example.C -lprofiler -o example
$ CPUPROFILE=prof.data CPUPROFILE_FREQUENCY=1000 ./example
Sort time: 417ms (276557 comparisons)
Second sort time: 283ms (477001 comparisons)
PROFILE: interrupts/evictions/bytes = 174/42/10576
```

图 2.17　运行性能分析器

该性能分析器可以按多种不同的格式（Postscript、GIF、PDF 等）显示调用图。例如，要生成 PDF 输出，可运行以下命令。

```
google-pprof --pdf ./example prof.data > prof.pdf
```

我们感兴趣的信息位于调用图的底部，如图 2.18 所示。

如图 2.18 所示，compare()函数占总执行时间的 58.6%，它有两个调用方。在这两个调用方中，compare1()函数的调用次数比 compare2()函数稍多；前者占执行时间的 27.6%（如果将花费的时间包括在调用 compare()的份额中，则为 59.8%），后者占执行时间的 13.8%（按调用 compare()的份额算则是 40.2%）。

基本的调用图通常足以识别问题调用链并选择程序的区域以供进一步探索。该性能分析工具还具有更高级的报告功能，如过滤函数名称、聚合结果等。

在掌握了所选工具的功能之后，就不必胡乱猜测性能了，但是，对性能分析数据做出准确的解释不是一件容易的事，并且还可能令人沮丧，其中的原因有很多，有些是由工具限制引起的，有些则是更为根本的原因。接下来，我们就将讨论后一种原因：为了使测量更有相关性，它们必须在完全优化的代码上完成。

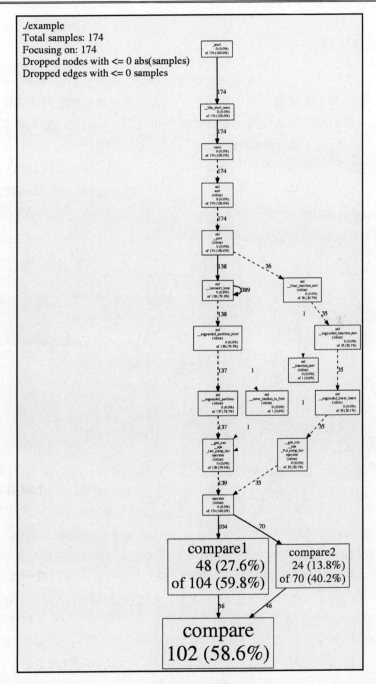

图 2.18　调用图

2.4.5　优化和内联

在前面的示例中已经看到，编译器优化会对性能分析数据的解释造成干扰。所有的性能分析都是在编译后的机器代码上完成的，而我们看到的是源代码形式的程序。这两种形式之间的关系被编译器优化所掩盖。就重新排列源代码而言，较积极的优化之一是函数调用的编译时内联（compile-time inline）。

内联要求函数的源代码在调用的地方可见，因此，为了展示它的外观，必须将整个源代码合并到一个文件中。

02_substring_sort.C

```
bool compare(const char* s1, const char* s2, unsigned int l) {
    if (s1 == s2) return false;
    for (unsigned int i1 = 0, i2 = 0; i1 < l; ++i1, ++i2) {
        if (s1[i1] != s2[i2]) return s1[i1] > s2[i2];
    }
    return false;
}
int main() {
    …
    size_t count = 0;
    std::sort(vs.begin(), vs.end(),
        [&](const char* a, const char* b) {
            ++count; return compare(a, b, L); });
}
```

现在编译器可以生成用于比较的机器代码，可能在排序的地方使用，而不是调用外部函数。这种内联是一种有效的优化工具，它经常发生，而不仅仅是使用相同文件中的函数。

更常见的是，内联会影响只有头文件的函数（即整个实现都在头文件中的函数）。例如，在上述代码中，对 std::sort 的调用看起来像一个函数调用，这是内联的，因为 std::sort 是一个模板函数，它的整个主体都在头文件中。

现在来看看之前使用的性能分析器工具如何处理内联代码。为带注释的源代码行运行 Google 性能分析器会生成如图 2.19 所示的报告。

可以看到，性能分析器知道 compare()函数已内联，但仍显示其原始名称。源代码中的行对应的是函数代码的编写位置，而不是调用位置，示例如下。

```
if (s1[i1] != s2[i2]) return s1[i1] > s2[i2];
```

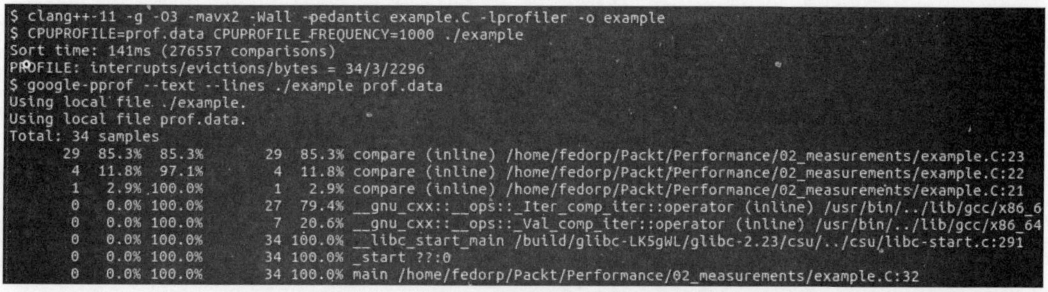

```
$ clang++-11 -g -O3 -mavx2 -Wall -pedantic example.C -lprofiler -o example
$ CPUPROFILE=prof.data CPUPROFILE_FREQUENCY=1000 ./example
Sort time: 141ms (276557 comparisons)
PROFILE: interrupts/evictions/bytes = 34/3/2296
$ google-pprof --text --lines ./example prof.data
Using local file ./example.
Using local file prof.data.
Total: 34 samples
      29  85.3%  85.3%       29  85.3% compare (inline) /home/fedorp/Packt/Performance/02_measurements/example.C:23
       4  11.8%  97.1%        4  11.8% compare (inline) /home/fedorp/Packt/Performance/02_measurements/example.C:22
       1   2.9% 100.0%        1   2.9% compare (inline) /home/fedorp/Packt/Performance/02_measurements/example.C:21
       0   0.0% 100.0%       27  79.4% __gnu_cxx::__ops::_Iter_comp_iter::operator (inline) /usr/bin/../lib/gcc/x86_6
       0   0.0% 100.0%        7  20.6% __gnu_cxx::__ops::_Val_comp_iter::operator (inline) /usr/bin/../lib/gcc/x86_64
       0   0.0% 100.0%       34 100.0% __libc_start_main /build/glibc-LK5gWL/glibc-2.23/csu/../csu/libc-start.c:291
       0   0.0% 100.0%       34 100.0% _start ??:0
       0   0.0% 100.0%       34 100.0% main /home/fedorp/Packt/Performance/02_measurements/example.C:32
```

图 2.19　运行 Google 性能分析器的结果

另一方面，perf 性能分析器并没有那么容易地显示内联函数，如图 2.20 所示。

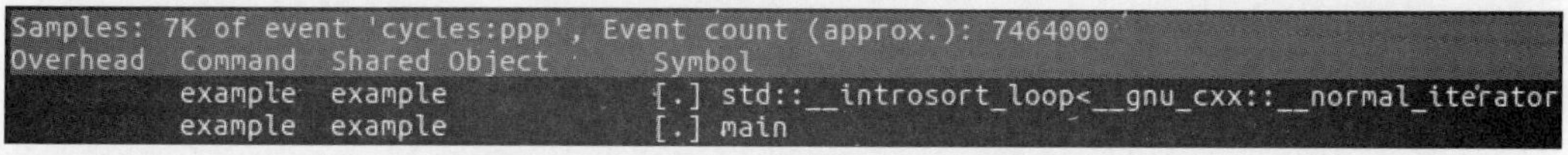

```
Samples: 7K of event 'cycles:ppp', Event count (approx.): 7464000
Overhead  Command  Shared Object      Symbol
          example  example            [.] std::__introsort_loop<__gnu_cxx::__normal_iterator
          example  example            [.] main
```

图 2.20　运行 perf 性能分析器的结果

在图 2.20 中可以看到，时间似乎主要花在了排序代码和主程序上。当然，检查带注释的源代码可以发现，从 compare() 函数的源代码生成的代码仍然占执行时间的绝大部分，如图 2.21 所示。

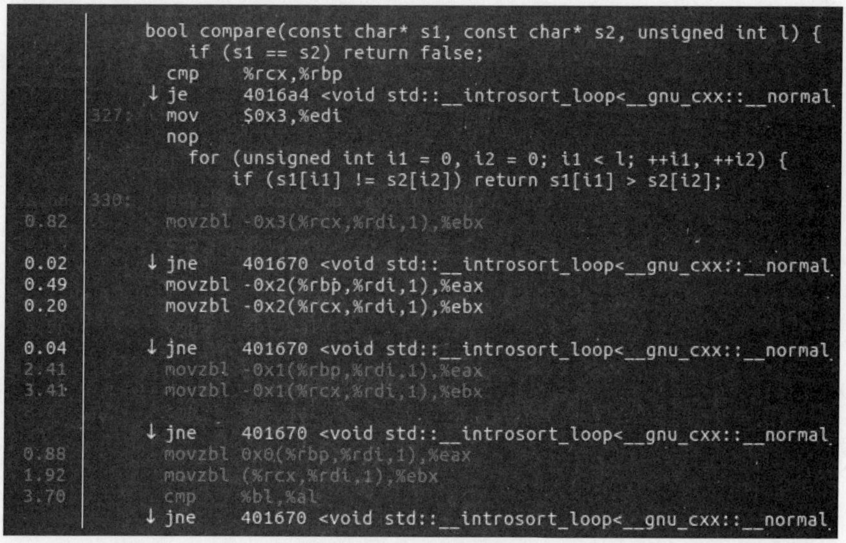

```
               bool compare(const char* s1, const char* s2, unsigned int l) {
                   if (s1 == s2) return false;
               cmp    %rcx,%rbp
             ↓ je     4016a4 <void std::__introsort_loop<__gnu_cxx::__normal
     327:    mov    $0x3,%edi
               nop
                   for (unsigned int i1 = 0, i2 = 0; i1 < l; ++i1, ++i2) {
                       if (s1[i1] != s2[i2]) return s1[i1] > s2[i2];
     330:
      0.82     movzbl -0x3(%rcx,%rdi,1),%ebx

      0.02   ↓ jne    401670 <void std::__introsort_loop<__gnu_cxx::__normal
      0.49     movzbl -0x2(%rbp,%rdi,1),%eax
      0.20     movzbl -0x2(%rcx,%rdi,1),%ebx

      0.04   ↓ jne    401670 <void std::__introsort_loop<__gnu_cxx::__normal
      2.41     movzbl -0x1(%rbp,%rdi,1),%eax
      3.41     movzbl -0x1(%rcx,%rdi,1),%ebx

      0.88   ↓ jne    401670 <void std::__introsort_loop<__gnu_cxx::__normal
              movzbl 0x0(%rbp,%rdi,1),%eax
      1.92     movzbl (%rcx,%rdi,1),%ebx
      3.70     cmp    %bl,%al
             ↓ jne    401670 <void std::__introsort_loop<__gnu_cxx::__normal
```

图 2.21　检查源代码

遗憾的是，并没有一种简单的方法可以消除优化对性能分析的影响。内联、代码重新排序和其他转换方法已经将详细的性能分析变成了一种随着实践而发展的技能。在这方面，Perforce 提供了一些有效使用性能分析数据的实用建议。

2.4.6　实际性能分析

将性能分析视为所有性能测量需求的最终解决方案，这一想法可能很有吸引力：在性能分析器下运行整个程序，收集所有数据，并对代码中发生的所有事情进行完整分析。遗憾的是，性能分析很少以这种方式工作。

有时，工具的局限性也会成为一种障碍。例如，包含在大量数据中的信息实在是太复杂了。那么，究竟应该如何有效地使用性能分析呢？

我们建议先收集高层次的信息，然后细化它。例如，可以先进行粗略的性能分析，分解大型模块之间的执行时间。如果用于基准测试的模块包含所有主要执行步骤的计时器，那么你可能已经拥有该信息。

如果没有这样的工具，则初始性能分析可以为这些步骤提供很好的建议，所以，现在可以考虑添加基准测试工具，以便下次使用它们。毕竟，性能问题并不是能够一次性全部解决的。

通过基准测试结果和粗略的性能分析，可能会遇到以下情况之一。

- ❑　如果幸运，性能分析会指向一些容易处理的目标，例如，提供了一个函数列表，指出哪个函数占用了 99% 的时间。这种情况虽然少见，但也不是没有。
- ❑　当然，更可能的是，性能分析指向一些大型函数或模块。我们需要反复进行尝试，创建专注于程序有趣部分的测试，并更详细地分析一小部分代码。一定数量的基准测试数据对于性能分析的解释也非常有帮助：虽然性能分析会显示在给定函数或循环中花费了多少时间，但它不会计算循环迭代或跟踪 if-else 条件。请注意，大多数性能分析器都可以计算函数调用的次数，因此，一个优秀的模块化代码比一个巨大的单个混乱程序更容易分析。

当收集性能分析数据和执行优化时，数据将引导我们将注意力转向代码的性能关键区域。这也是我们可能陷入常见错误的地方：当我们专注于太慢的代码时，可能会在不考虑大局的情况下优化它。例如，性能分析显示特定循环在内存分配上花费的时间最多，在决定需要更高效的内存分配器之前，应考虑是否真的需要在循环的每次迭代中分配和释放内存。使慢代码更快的最好方法通常是减少调用它的频率。这可能需要不同的算法或更有效的实现。

如果我们发现必须执行某项计算，那么它通常就是代码的性能关键部分，加速程序的唯一方法是使此代码更快。现在必须尝试使用不同的思路来优化它，看看什么方法最有效。可以在程序本身中执行此操作，但通常这是一种浪费的方法，会显著降低工作效率。理想情况下，可以针对特定问题快速尝试不同的实现甚至不同的算法。

接下来，我们将介绍第 3 种收集性能数据的方法，即微基准测试。

2.5　微基准测试

在前面的示例中，我们已经清楚了程序的大部分执行时间都花在哪里，所以，当我们认为"明显有效"的优化适得其反，使程序运行得更慢而不是更快时，着实令人惊讶。有鉴于此，我们必须更详细地研究性能关键函数。

此前我们的做法是：运行整个程序，然后测量其性能。但是，我们对程序的其余部分不再感兴趣，而是专注于解决性能问题。

运行整个程序，但仅为优化其中几行代码，有以下两个主要缺点。

首先，即使这几行代码被确定为性能关键，也不意味着程序的其余部分根本不需要时间（例如，在前面的演示示例中，其余部分也是需要时间的，比较占 98%，排序占 2%。虽然 2% 很少，但是该示例代表的是需要处理的整个大型程序，对于大型程序来说，时间占比可能不会这么极端）。在大型程序到达我们感兴趣的点之前，可能要等待几个小时，这要么是因为整个作业要花的时间很长，要么是因为性能关键函数仅在特定条件下被调用，比如来自网络的特定请求。

其次，处理大型程序需要更多时间：编译和链接时间更长，我们的工作可能会与其他程序员所做的代码更改交互，甚至编辑也需要更长的时间，因为所有额外的代码都需要花费精力。

因此，在目前阶段，我们仅对一个函数感兴趣，所以希望能够调用该函数并测量结果，这就是微基准测试的用武之地。

2.5.1　微基准测试的基础知识

简而言之，微基准测试（micro-benchmark）只是一种实现上述操作的方法：运行一小段代码并测量其性能。在我们的例子中，它只是一个函数，但它也可以是一个更复杂的代码片段。重要的是，可以使用正确的起始条件轻松调用此代码片段。对于函数，起始条件只是参数；但对于更大的片段，则可能必须重新创建更复杂的内部状态。

在示例中，我们确切地知道需要使用哪些参数来调用字符串比较函数，因为这些参数是我们自己构造的。

我们需要做的第二件事是测量执行时间，前面已经讨论了可用于此目的的计时器。考虑到这一点，可以编写一个非常简单的基准测试，它将调用字符串比较函数的若干个变体并报告结果，示例如下。

```cpp
bool compare1(const char* s1, const char* s2) {
    int i1 = 0, i2 = 0;
    char c1, c2;
    while (1) {
        c1 = s1[i1]; c2 = s2[i2];
        if (c1 != c2) return c1 > c2;
        ++i1; ++i2;
    }
}
bool compare2(const char* s1, const char* s2) {
    unsigned int i1 = 0, i2 = 0;
    char c1, c2;
    while (1) {
        c1 = s1[i1]; c2 = s2[i2];
        if (c1 != c2) return c1 > c2;
        ++i1; ++i2;
    }
}
int main() {
    constexpr unsigned int N = 1 << 20;
    unique_ptr<char[]> s(new char[2*N]);
    ::memset(s.get(), 'a', 2*N*sizeof(char));
    s[2*N-1] = 0;
    system_clock::time_point t0 = system_clock::now();
    compare1(s.get(), s.get() + N);
    system_clock::time_point t1 = system_clock::now();
    compare2(s.get(), s.get() + N);
    system_clock::time_point t2 = system_clock::now();
    cout << duration_cast<microseconds>(t1 - t0).count() <<
        "us " << duration_cast<microseconds>(t2 - t1).count() <<
        "us" << endl;
}
```

在该程序中测试了两个比较函数，它们都没有循环结束条件，一个带有 int 索引，另一个带有 unsigned int 索引。

此外，我们不会在后续清单中重复#include 和 using 语句。输入的数据只是一个从头到尾填充相同字符的长字符串，因此子串比较将一直运行到字符串的末尾。当然，我们可以对需要的任何数据进行基准测试，这里是从最简单的情况开始。

　　该程序看起来完全符合我们的要求，至少在运行之前如此。但是，其运行结果如图 2.22 所示。

```
$ clang++-11 -g -O3 -mavx2 -Wall -pedantic -o benchmark benchmark.C
$ ./benchmark
0us 0us
```

图 2.22　程序运行结果

　　可以看到，这两个函数的时间都是 0。什么地方出了错？是单个函数调用的执行时间太快而无法测量吗？这并不是一个完全无理的猜测，但我们可以轻松解决这个问题：如果一次调用的时间太短，则可以进行更多次调用。

```cpp
int main() {
    constexpr unsigned int N = 1 << 20;
    constexpr int NI = 1 << 11;
    unique_ptr<char[]> s(new char[2*N]);
    ::memset(s.get(), 'a', 2*N*sizeof(char));
    s[2*N-1] = 0;
    system_clock::time_point t0 = system_clock::now();
    for (int i = 0; i < NI; ++i) {
        compare1(s.get(), s.get() + N);
    }
    system_clock::time_point t1 = system_clock::now();
    for (int i = 0; i < NI; ++i) {
        compare2(s.get(), s.get() + N);
    }
    system_clock::time_point t2 = system_clock::now();
    cout << duration_cast<microseconds>(t1 - t0).count() <<
        "us " << duration_cast<microseconds>(t2 - t1).count() <<
        "us" << endl;
}
```

　　但是，增加迭代次数 NI 就可以得到结果吗？没那么简单。图 2.23 显示了修改后代码的运行结果。

```
$ clang++-11 -g -O3 -mavx2 -Wall -pedantic -o benchmark benchmark.C
$ ./benchmark
0us 0us
```

图 2.23　修改后代码的运行结果

　　可以看到，结果还是 0。这是真的太快了，还是其他原因？我们在调试器中逐步执行该程序，看看它实际做了什么，如图 2.24 所示。

```
(gdb) break main
Breakpoint 1 at 0x400ac8: file benchmark.C, line 41.
(gdb) run
Starting program: /home/fedorp/Packt/Performance/02_measurements/benchmark

Breakpoint 1, main () at benchmark.C:41
41          system_clock::time_point t0 = system_clock::now();
(gdb) next
45          system_clock::time_point t1 = system_clock::now();
(gdb) next
49          system_clock::time_point t2 = system_clock::now();
(gdb) next
50          cout << duration_cast<microseconds>(t1 - t0).count() << "us " << duration_cast<microseconds>(t2 - t1).count() << "us" << endl;
(gdb) next
3163966us 1613988us
51      }
```

图 2.24　在调试器中逐步执行程序

我们在 main 中设置了断点，所以程序一启动就暂停，然后一行一行地执行程序，除非有些行不是我们写的。那么，其余的代码在哪里？编译器可能是"罪魁祸首"，但这是为什么呢？要搞清楚原委，还需要更多地了解编译器优化。

2.5.2　微基准测试和编译器优化

要了解未命中代码的奥秘，必须重新审视未命中代码的实际作用。它将创建一些字符串，调用比较函数，除此之外就没有了（因为没有其他事情发生）。

除了在调试器中观察代码滚动，如何才能知道在运行程序时这段代码被执行了？没法知道。编译器得出了同样的结论，并且远远领先于我们。由于程序员无法区分将执行和不会执行的代码，编译器对其进行了优化。但是，前文也已经介绍过，程序员可以分辨出花费时间更少的代码。因此，我们从 C++标准中得出一个非常重要的概念：可观察行为（observable behavior），它对理解编译器优化至关重要。

该标准规定，编译器可以对程序进行任何它想要的更改，只要这些更改的效果不会改变可观察行为即可。该标准中关于可观察行为的构成也非常具体，如下所述。

（1）对易失性（volatile）对象的访问（读取和写入）严格按照它们出现的表达式的语义发生。特别是，它们不会相对于同一线程上的其他易失性访问重新排序。

（2）在程序终止时，数据写入文件中，严格按照程序写入的方式执行。

（3）发送到交互设备的提示文本将在程序等待输入之前显示。也就是说，输入和输出操作不能被省略或重新排列。

上述规则有一些例外，但它们都不适用于我们的程序。

编译器必须遵循假设（as-if）规则，即优化后的程序应该显示出相同的可观察行为，就好像它完全按照所写的那样逐行执行。

现在请注意未包含在上述列表中的内容：在调试器下运行程序不构成可观察到的行

为。执行时间也不是，否则，没有程序可以被优化以变得更快。

有了这个新的理解之后，再来看看基准代码。字符串比较的结果不会以任何方式影响可观察行为，因此，整个计算可以由编译器自行决定完成或省略。

这个观察也为我们提供了解决该问题的方法，即必须确保计算的结果影响可观察行为。其中方式之一是利用前面描述的 volatile 语义。

05_compare_timer.C

```
int main() {
    constexpr unsigned int N = 1 << 20;
    constexpr int NI = 1 << 11;
    unique_ptr<char[]> s(new char[2*N]);
    ::memset(s.get(), 'a', 2*N*sizeof(char));
    s[2*N-1] = 0;
    volatile bool sink;
    system_clock::time_point t0 = system_clock::now();
    for (int i = 0; i < NI; ++i) {
        sink = compare1(s.get(), s.get() + N);
    }
    system_clock::time_point t1 = system_clock::now();
    for (int i = 0; i < NI; ++i) {
        sink = compare2(s.get(), s.get() + N);
    }
    system_clock::time_point t2 = system_clock::now();
    cout << duration_cast<microseconds>(t1 - t0).count() <<
        "us " << duration_cast<microseconds>(t2 - t1).count() <<
        "us" << endl;
}
```

现在，每次调用比较函数的结果都会写入一个易失性变量，并且根据标准，这些值必须是正确的并以正确的顺序写入。

编译器现在别无选择，只能调用比较函数并获取结果。只要结果本身不改变，这些结果的计算方式仍然可以优化。这正是我们想要的：我们希望编译器为比较函数生成最佳代码，并与它在实际程序中生成的代码相同。

我们只是不希望它完全删除这些函数。运行这个基准测试，表明我们最终实现了目标，如图 2.25 所示。

```
$ clang++-11 -g -O3 -mavx2 -Wall -pedantic -o benchmark benchmark.C
$ ./benchmark
907006us 1035055us
```

图 2.25　基准测试结果

可以看到，第一个值是 compare1()函数的运行时间，该函数使用 int 索引，确实比 unsigned int 版本的函数稍快（但现在不要太相信这些结果）。

将计算与一些可观察行为纠缠在一起的第二个选择是简单地输出结果。当然，这可能需要一些技巧。考虑以下直接尝试：

```
int main() {
    constexpr unsigned int N = 1 << 20;
    constexpr int NI = 1 << 11;
    unique_ptr<char[]> s(new char[2*N]);
    ::memset(s.get(), 'a', 2*N*sizeof(char));
    s[2*N-1] = 0;
    bool sink;
    system_clock::time_point t0 = system_clock::now();
    for (int i = 0; i < NI; ++i) {
        sink = compare1(s.get(), s.get() + N);
    }
    system_clock::time_point t1 = system_clock::now();
    for (int i = 0; i < NI; ++i) {
        sink = compare2(s.get(), s.get() + N);
    }
    system_clock::time_point t2 = system_clock::now();
    cout << duration_cast<microseconds>(t1 - t0).count() <<
        "us " << duration_cast<microseconds>(t2 - t1).count() <<
        "us" << sink << endl;
}
```

请注意，变量 sink 不再是易失性的，我们将写出它的最终值。其工作方式和所期望的不同，输出结果如图 2.26 所示。

```
$ clang++-11 -g -O3 -mavx2 -Wall -pedantic -o benchmark benchmark.C
$ ./benchmark
1459us 1468146us 1
```

图 2.26　输出结果

可以看到，函数 compare2()的执行时间几乎与以前相同，但 compare1()似乎快得多。当然，到目前为止，我们已经完全理解这种"改进"是虚幻的：编译器只是认为第一次调用的结果被第二次调用覆盖，因此不会影响可观察到的行为。

这带来了一个有趣的问题：为什么编译器没有发现循环的第二次迭代给出与第一次迭代相同的结果，并针对每个函数优化比较函数的每次调用（第一次迭代除外）？如果优化器足够先进，它是会这样做的，那么我们将不得不做更多的事情来解决问题：一般来说，将函数编译为单独的编译单元就足以防止任何此类优化（尽管有些编译器能够执行整个程序优化），因此可能需要在运行微基准测试时将其关闭。

另请注意，即使对于未优化的函数的执行时间，两次基准测试也产生了一些不同的值。如果再次运行该程序，则将获得另一个值，虽然仍在相同范围内，但是略有不同。这还不够好，因为我们需要的不仅仅是大致数字。

我们可以多次运行基准测试，计算出需要多少次重复，并计算平均时间，但这些操作不必手动进行，也不必编写代码来执行，因为有些微基准测试工具提供了这样的代码，接下来，我们将学习这样一种工具。

2.5.3　Google Benchmark

编写微基准测试涉及大量样板代码，主要用于测量时间和累积结果。此外，此代码对于测量的准确性至关重要。目前有若干高质量的微基准库可用。本书将使用 Google Benchmark 库。下载和安装该库的说明可以在 2.1 节中找到。本节的重点是介绍如何使用该库和解释结果。

要使用 Google Benchmark 库，必须编写一个小程序来准备输入，然后执行要进行基准测试的代码。以下是一个基本的 Google Benchmark 程序，用于测量字符串比较函数的性能。

10_compare_mbm.C

```
#include "benchmark/benchmark.h"
using std::unique_ptr;
bool compare_int(const char* s1, const char* s2) {
    char c1, c2;
    for (int i1 = 0, i2 = 0; ; ++i1, ++i2) {
        c1 = s1[i1]; c2 = s2[i2];
        if (c1 != c2) return c1 > c2;
    }
}
void BM_loop_int(benchmark::State& state) {
    const unsigned int N = state.range(0);
    unique_ptr<char[]> s(new char[2*N]);
    ::memset(s.get(), 'a', 2*N*sizeof(char));
    s[2*N-1] = 0;
    const char* s1 = s.get(), *s2 = s1 + N;
    for (auto _ : state) {
        benchmark::DoNotOptimize(compare_int(s1, s2));
    }
    state.SetItemsProcessed(N*state.iterations());
```

```
}
BENCHMARK(BM_loop_int)->Arg(1<<20);
BENCHMARK_MAIN();
```

请注意，每个 Google Benchmark 基准测试程序都必须包含该库的头文件 benchmark/benchmark.h，当然，还得加上编译要测量的代码所需的任何其他头文件（在上述代码清单中，它们被忽略）。

该程序由许多基准测试 fixture 组成，每个 fixture 都只是一个具有特定签名的函数，它通过引用（reference）接收一个参数 benchmark::State，并且不返回任何内容。该参数是 Google Benchmark 库提供的一个对象，用于与库本身进行交互。

对于每个代码片段，都需要一个 fixture，例如要进行基准测试的函数。

在每个基准测试 fixture 中，我们要做的第一件事是设置运行代码的输入数据。用更直白的话说就是，我们需要重新创建该代码的初始状态，以表示它在实际程序中的状态。

在本示例中，代码的输入是字符串，所以需要分配和初始化字符串。我们可以将字符串的大小硬编码到基准测试中，但也有一种方法可以将参数传递到基准测试 fixture 中。这里的 fixture 使用了一个参数，即字符串长度，它是一个作为 state.range(0)访问的整数。我们也可以传递其他类型的参数，详情请参阅 Google Benchmark 库的文档。

就基准测试而言，整个设置都是自由的：我们不必测量准备数据所需的时间。要测量代码的执行时间，代码将进入基准循环的主体。

```
for (auto _ : state) { ... }
```

在前面的示例中，此循环编写为：

```
while (state.KeepRunning()) { ... }
```

该循环做同样的事情，但效率稍低。

Google Benchmark 库可以测量每次迭代所需的时间，并决定要进行多少次迭代以积累足够的测量值，从而减少在测量一小段代码的运行时间时不可避免产生的随机噪声。只有基准测试循环内代码的运行时间被测量。

当测量足够准确（或达到某个时间限制）时，该循环退出。在循环之后，通常还有一些代码来清理之前初始化的数据。在本示例中，清理是由 std::unique_ptr 对象的析构函数执行的。

还可以调用 state 对象来影响基准测试报告的结果。Google Benchmark 库总是报告运行一次循环迭代所需的平均时间，但有时用其他方式表达程序速度会更方便。对于字符串比较示例，一种选择是报告代码每秒处理的字符数，这可以通过调用 state.

SetItemsProcessed()来实现，它使用我们在整个运行期间处理的字符数，每次迭代 N 个字符（如果要计算两个子串，则为 2*N）。这里所谓的项目（item）可以是被定义为处理单元的任何东西。

在定义了一个基准测试 fixture 之后，还需要将它注册到库中。这是使用 BENCHMARK 宏完成的，宏的参数是函数的名称。顺便说一下，函数名称没有什么特别之处，可以是任何有效的 C++标识符，本示例中以 BM_开头只是遵循本书中的命名约定。

BENCHMARK 宏也是指定要传递给基准测试 fixture 的任何参数的地方。影响基准测试的参数和其他选项将使用重载的箭头运算符传递，示例如下。

```
BENCHMARK(BM_loop_int)->Arg(1<<20);
```

上述代码行使用了一个参数 1<<20 注册基准测试 fixture BM_loop_int，该参数可以通过调用 state.range(0)在 fixture 内部检索。在本书中可以看到很多不同参数的示例，更多示例可以在库文档中找到。

注意，上述代码清单中没有 main()，而是使用另一个宏 BENCHMARK_MAIN()。这不是我们编写的，而是由 Google Benchmark 库提供的，它完成了设置基准测试环境、注册基准测试和执行它们的所有必要工作。

现在来看看我们想要测量的代码并更仔细地检查一下：

```
for (auto _ : state) {
    benchmark::DoNotOptimize(compare_int(s1, s2));
}
```

benchmark::DoNotOptimize(...)包装函数的作用类似于之前使用的 volatile sink，用于确保编译器不会优化对 compare_int()的整个调用。

请注意，实际上它并没有关闭任何优化，特别是括号里面的代码照常优化，这正是我们想要的。它所做的只是将表达式的结果告诉编译器（在本示例中，这个表达式的结果是比较函数的返回值），这应该被视为"使用"，就好像被打印出来一样，不能简单地丢弃。

现在可以编译和运行我们的第一个微基准测试，如图 2.27 所示。

编译行现在必须列出 Google Benchmark include 文件和库的路径；Google Benchmark 库 libbenchmark.a 还需要若干个额外的库。

一旦被调用，基准测试程序会打印一些关于正在运行的系统的信息，然后执行每个已注册的 fixture（使用它们的所有参数）。

```
$ clang++-11 -g -O3 -mavx2 -Wall -pedantic -I$GBENCH_DIR/include  benchmark.C \
> $GBENCH_DIR/lib/libbenchmark.a -pthread -lrt -lm -o benchmark
$ ./benchmark
2020-04-05 18:01:37
Running ./benchmark
Run on (4 X 3400 MHz CPU s)
CPU Caches:
  L1 Data 32K (x2)
  L1 Instruction 32K (x2)
  L2 Unified 256K (x2)
  L3 Unified 4096K (x1)
------------------------------------------------------------------------------
Benchmark                    Time              CPU   Iterations
------------------------------------------------------------------------------
BM_loop_int/1048576     430298 ns         430222 ns         1642    2.2699G items/s
```

图 2.27　运行微基准测试

　　每个基准测试 fixture 和一组参数都将得到一行输出；该报告包括基准测试循环主体单次执行的平均实时时间和平均 CPU 时间、循环执行的次数以及附加到报告中的任何其他统计信息（在本示例中是比较函数每秒处理的字符数，每秒超过 2 G 个字符）。

　　这些数字在每次运行中相差多少？如果使用正确的命令行参数启用统计信息收集，则基准测试库可以为我们计算出结果。例如，要重复基准测试 10 次并报告结果，则运行的基准测试将如图 2.28 所示。

```
$ ./benchmark --benchmark_repetitions=10 --benchmark_report_aggregates_only=true
2020-04-05 19:24:00
Running ./benchmark
Run on (4 X 3400 MHz CPU s)
CPU Caches:
  L1 Data 32K (x2)
  L1 Instruction 32K (x2)
  L2 Unified 256K (x2)
  L3 Unified 4096K (x1)
------------------------------------------------------------------------------
Benchmark                    Time              CPU   Iterations
------------------------------------------------------------------------------
BM_loop_int/1048576_mean       442234 ns        442108 ns         1574    2.21024G items/s
BM_loop_int/1048576_median     439175 ns        439163 ns         1574    2.22373G items/s
BM_loop_int/1048576_stddev      11899 ns         11832 ns         1574    58.0012M items/s
```

图 2.28　运行基准测试的结果

　　该测量看起来非常准确；标准偏差非常小。

　　现在我们可以对子串比较函数的不同变体进行基准测试，并找出哪个变体最快。但在此之前，我必须让你知道一个秘密。

2.5.4　微基准测试是谎言

　　当开始运行越来越多的微基准测试时，你很快就会发现：微基准测试是谎言。

　　开始的时候，微基准测试的结果是有道理的，可进行很好的优化，一切看起来都很棒，我们将这个结果记为 A；然后，对代码做出一些很小的修改，得到一个不同的结果，记为 B；之后，把之前的修改还原，按理说此时的结果应该为 A，但是你会惊讶地发现，相同的测试却给出了完全不同的数字，结果变成了 A'。这意味着，执行了两个几乎相同的测试，显示的结果却完全相反（A 和 A'），此时你应该意识到，不能相信微基准测试。

显然，这样的认识会摧毁你对微基准测试的信心，而本节要告诉你的是，微基准测试虽然是一艘沉船，但是你仍然可以从其残骸中打捞出一些东西。

微基准测试和任何其他详细性能测量的基本问题是它们强烈依赖于上下文环境。当你通读完本书的其余部分时，就会了解到，现代计算机的性能行为是非常复杂的，基准测试的结果不仅取决于代码在做什么，还取决于系统的其余部分同时在做什么，它之前在做什么，以及执行代码的路径等。这些内容在微基准测试中可能都是无法复制的。

相反，基准测试有其自身的上下文环境。基准测试库的作者并非不知道这个问题，他们试图尽其所能解决这个问题。例如，Google Benchmark 库会在每次测试中进行老化测试（burn-in）：前几次迭代可能具有与其余运行完全不同的性能特征，因此该库会忽略初始测量，直到结果"稳定下来"。但是，这种机制其实也定义了一个特定的上下文环境，而这可能与真实程序不同（在真实程序中，对函数的每次调用只重复一次）。

反过来讲，有时我们也可能会在整个程序的运行过程中多次使用相同的参数调用相同的函数，而这又是另一个不同的上下文环境。

因此，在运行基准测试之前，无法在每个细节中都忠实地再现大型程序的真实环境，但有些细节比其他细节更重要。特别是，到目前为止，上下文差异的最大来源是编译器，或者更具体地说，是它对真实程序与微基准测试所做的优化。

如前文所述，编译器顽固地认为，整个微基准测试基本上采用一种非常缓慢的执行方式（或至少没有任何可观察行为），因此会用更快的方式来代替它。我们之前使用的 DoNotOptimize 包装器解决了由编译器优化引起的一些问题。

当然，编译器也有可取之处。例如，它可以让代码对函数的每次调用都返回相同的结果。此外，由于函数定义与调用点位于同一文件中，因此编译器可以内联整个函数，并使用它可以收集的有关参数的任何信息来优化函数代码。当从另一个编译单元调用函数时，这种优化在一般情况下不可用。

为了在微基准测试中更准确地表示真实情况，可以将比较函数移动到自己的文件中并单独编译。现在我们有一个只有基准测试 fixture 的文件（编译单元）。

11_compare_mbm.C

```
#include "benchmark/benchmark.h"
extern bool compare_int(const char* s1, const char* s2);
```

```
extern bool compare_uint(const char* s1, const char* s2);
extern bool compare_uint_l(const char* s1, const char* s2,
    unsigned int l);
void BM_loop_int(benchmark::State& state) {
    const unsigned int N = state.range(0);
    unique_ptr<char[]> s(new char[2*N]);
    ::memset(s.get(), 'a', 2*N*sizeof(char));
    s[2*N-1] = 0;
    const char* s1 = s.get(), *s2 = s1 + N;
    for (auto _ : state) {
        benchmark::DoNotOptimize(compare_int(s1, s2));
    }
    state.SetItemsProcessed(N*state.iterations());
}
void BM_loop_uint(benchmark::State& state) {
    … compare_uint(s1, s2) …
}
void BM_loop_uint_l(benchmark::State& state) {
    … compare_uint_l(s1, s2, 2*N) …
}
BENCHMARK(BM_loop_int)->Arg(1<<20);
BENCHMARK(BM_loop_uint)->Arg(1<<20);
BENCHMARK(BM_loop_uint_l)->Arg(1<<20);
```

可以单独编译这些文件并将它们链接在一起（必须关闭任何完整程序优化）。现在我们有一个合理的预期，即编译器不会生成一些特殊的子串比较的简化版本，因为它对我们在基准测试中使用的参数有所了解。通过这种简单的预防措施，我们获得的结果与分析整个程序时观察到的结果更加一致，如图 2.29 所示。

```
$ clang++-11 -g -O3 -mavx2 -Wall -pedantic -I$GBENCH_DIR/include compare*.C benchmark.C \
> $GBENCH_DIR/lib/libbenchmark.a -pthread -lrt -lm -o benchmark
$ ./benchmark
-------------------------------------------------------------------
Benchmark                 Time          CPU Iterations
-------------------------------------------------------------------
BM_loop_int/1048576       370743 ns     370737 ns     1935    2.63411G items/s
BM_loop_uint/1048576      1029301 ns    1028771 ns     670     972.034M items/s
BM_loop_uint_l/1048576    700628 ns     700591 ns     1015    1.39391G items/s
```

图 2.29　单独编译文件的微基准测试结果

代码的初始版本使用了 unsigned int（无符号整数）索引和循环中的边界条件（见图 2.29 最后一行）；简单地舍弃边界条件检查，将它视为完全不必要的，会导致令人惊讶的性能下降（见图 2.29 倒数第 2 行）；最后，将索引更改为 signed int（有符号整数）

可以恢复丢失的性能，甚至还有改进（见图 2.29 倒数第 3 行）。

　　单独编译代码片段通常足以避免任何不需要的优化。但是，你也可能会发现，编译器可根据同一文件中的其他内容对特定的代码块进行不同的优化（虽然这并不常见），这可能只是编译器中的一个错误，但也可能是某种启发式的结果（这里所说的启发式，是指根据编译器作者的经验），后一种猜测的可能性更大。

　　如果你观察到结果依赖于某些代码，而这些代码却只有编译而根本没有被执行，那么这可能是原因。

　　出现这种问题时，解决方案之一是使用真实程序中的编译单元，并且仅调用要进行基准测试的函数。当然，必须满足编译和链接依赖，这是编写模块化代码和最小化依赖的另一个原因。

　　上下文的另一个来源是计算机本身的状态。显然，如果整个程序内存不足，并且循环页面进出交换，那么小内存基准测试将不能代表真正的问题。另一方面，现在的问题不在于"慢"代码，而在于其他地方消耗了太多内存。

　　当然，这种上下文依赖性还存在更微妙的版本，并且可能会影响基准测试。这种情况的一个明显迹象通常是结果取决于测试执行的顺序（在微基准测试中，它是 BENCHMARK 宏的顺序）。

　　如果重新排序测试或仅运行测试的一个子集会给出不同的结果，则称它们之间存在某种依赖性。可能是代码依赖性，这通常与某些全局数据结构中的数据积累一样简单；或者可能是对硬件状态的微妙依赖。这些依赖性很难弄清楚，但本书后面讨论了导致这种依赖性的一些情况。

　　最后，上下文依赖性的主要来源完全掌握在我们的手中，这个来源就是对程序状态的依赖（完全掌握它也许不容易，但却是可能的）。

　　必须处理这种依赖性的最明显的元素是要进行基准测试的代码的输入。有时，这些输入是已知的或可以重建的。一般来说，性能问题只发生在某些类型的输入上，我们并不知道它们有什么特别之处，直到使用这些特定输入分析代码的性能，而这正是我们进行基准测试要搞清楚的。

　　在这种情况下，最容易的做法是从真实程序的实际运行中捕获输入，将它们存储在一个文件中，并使用它们来重新创建正在测量的代码的状态。此输入可以很简单，就像数据集合一样；也可以很复杂，就像事件序列一样。事件序列可以记录并"回放"到事件处理程序以重现所需行为。

　　我们需要重新构建的状态越复杂，在部分基准测试中再现真实程序的性能行为就越困难。请注意，这个问题有点儿类似于编写单元测试（unit test）的问题：如果不能将程序分解为具有更简单状态的较小单元，那么编写单元测试也会困难得多。

这也让我们再次看到了设计良好的软件系统的优势：具有良好单元测试覆盖率的代码库通常更容易逐个进行微基准测试。

正如本小节开始时提示的那样，沉船也还有残骸，沙中也可以淘金，我们的主要目的在于部分恢复你对微基准测试的信心。它们可以是有用的工具，这在本书中将多次看到。当然，它们也可能将你引入歧途。

总之，我们的观念是：微基准测试"不可不信，也不可全信"。这就好比很多人在新购计算机时喜欢安装鲁大师软件跑分一样，虽然该软件常常被戏称为"娱乐大师"，但是它的部分测试结果仍具有一定的参考价值。

现在你应该能够准确理解"微基准测试是谎言"这句话的含义及其缘由，并且可以更好地尝试从其结果中获得一些有用的信息，而不是完全放弃小规模的基准测试。

本章介绍的任何工具都不能解决所有问题，但是，我们可以通过使用这些工具以各种方式收集信息来获得最佳结果，因此，它们是相互补充的。

2.6　小　　结

在本章中，你可能学到了整本书中最重要的一课：在不参考具体测量指标的情况下讨论和思考性能是没有意义的。剩下的主要是一些技巧，我们介绍了若干种衡量性能的方法，从整个程序开始，然后深入每一行代码。

在一个大型的高性能项目中，本章中介绍的每个工具和方法都会被多次使用。粗略的测量——对整个程序或其中的大部分进行基准测试和分析——将指向需要进一步调查的代码区域，这意味着通常还需要进行额外的基准测试或收集更详细的性能分析数据。

最终，你将确定需要优化的代码部分，此时，问题变成了如何更快地做到这一点。在该阶段，可以使用微基准测试或其他小规模基准测试来试验正在优化的代码。你甚至可能会发现，你对这段代码的理解并不像你想象的那么多，还需要对其性能进行更详细的分析。不要忘记可以执行微基准测试。

在小型基准测试之后，你将获得对性能至关重要的关键代码的新版本。不过，不要假设任何事情：现在必须通过优化或增强来衡量整个程序的性能。

有时，这些测量将确认你对问题的理解并验证其解决方案；其他时候，你会发现问题并不是你想象的那样，优化本身虽然有益，但对整个程序而言并没有达到预期的效果（甚至可能使事情变得更糟）。

现在你有了一个新的数据点，可以对旧解决方案和新解决方案的性能分析数据进行比较，并在此比较揭示的差异中寻找答案。

　　高性能程序的开发和优化不是线性的循序渐进的过程。相反，它是一个从高级概览到低级细节再返回到高级概览的多次迭代过程。在这个过程中，你的直觉可以发挥作用，但是要确保始终进行测试并确认结果，因为在性能方面，没有什么是真正显而易见的。

　　前文我们遇到过一个谜团：删除不必要的代码反而会使程序变慢（详见 2.2 节）。第 3 章将详细讨论这个问题，为此我们必须了解如何有效地使用 CPU 以获得最大性能，这也是第 3 章的重点主题。

2.7　思　考　题

　　（1）为什么需要性能测量？

　　（2）为什么我们需要这么多不同的方法来衡量性能？

　　（3）手动执行基准测试的优点和局限性分别是什么？

　　（4）如何使用性能分析来衡量性能？

　　（5）包括微基准测试在内的小规模基准测试有什么用途？

第 3 章 CPU 架构、资源和性能

本章将开始探索计算硬件：我们想要知道如何以最佳方式使用计算资源并从中获取最佳性能。程序员必须了解的第一个硬件组件是中央处理器（CPU）。CPU 执行所有计算，如果程序员不能有效地使用它，则开发出来的应用程序很可能运行缓慢、性能不佳。

本章致力于阐释 CPU 资源和功能、使用它们的最佳方法、未充分利用 CPU 资源的常见原因以及如何解决这些问题。

本章包含以下主题：
- ❑ 现代 CPU 的架构。
- ❑ 使用 CPU 的内部并发性以获得最佳性能。
- ❑ CPU 流水线和推测执行。
- ❑ 分支优化和无分支计算。
- ❑ 如何评估程序是否有效使用了 CPU 资源。

3.1 技 术 要 求

本章需要一个 C++编译器和一个微基准测试工具，例如在第 2 章中使用的 Google Benchmark 库，其网址如下。

https://github.com/google/benchmark

我们还将使用 LLVM 机器代码分析器（LLVM machine code analyzer，LLVM-MCA），其网址如下。

https://llvm.org/docs/CommandGuide/llvm-mca.html

如果要使用机器代码分析器（MCA），那么可选的编译器将受到限制：需要一个基于 LLVM 的编译器，如 Clang。

本章附带的代码可在以下网址找到。

https://github.com/PacktPublishing/The-Art-of-Writing-Efficient-Programs/tree/master/Chapter03

3.2　CPU 和性能

　　如前文所述，高效程序的特点是充分利用可用的硬件资源，而不是将它们浪费在不需要的任务上。但是，高性能程序不能简单地以是否高效为标准，因为性能只能针对特定目标来定义。尽管如此，在本书中，特别是在本章中，我们将主要关注计算性能或吞吐量，即使用既有的硬件资源，我们能以多快的速度解决给定的问题。

　　这种类型的性能与效率密切相关：如果程序执行的每一次计算都更接近结果，那么它将更快地提交结果，并且在每时每刻都将进行尽可能多的计算。

　　这带出了下一个问题：1 s 内可以完成多少计算？当然，答案将取决于硬件类型、硬件数量以及程序使用硬件的效率。

　　任何程序都需要多个硬件组件，最明显的是处理器和内存。除此之外，如果要处理大量外部数据，则还可能需要分布式程序的网络连接、存储器、输入/输出（I/O）通道，以及其他硬件等，具体取决于程序的功能。但这一切的源头仍然是处理器，因此，我们对高性能编程的探索也是如此。此外，本章的讨论将限制在单个执行线程中，并将在后面的章节中讨论。

　　在列出讨论重点之后，我们可以定义本章的内容：如何使用单个线程充分利用 CPU资源？要理解这一点，首先需要探索 CPU 拥有哪些资源。当然，不同产品世代和不同型号的处理器具有不同种类的硬件功能，但本书的目标有两层：首先，让你对该主题有一个大致的了解；其次，为你介绍获得细节和具体知识所必需的工具。

　　遗憾的是，任何现代 CPU 上可用的计算资源都可以用一个词概括：复杂。为了说明这一点，不妨来看看如图 3.1 所示的 Intel CPU 芯片图像。

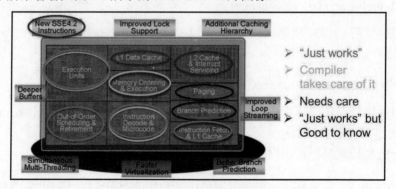

图 3.1　Pentium CPU 芯片图像，包含功能区域的标记

（来源：Intel 公司）

原　文	译　文
"Just works"	会用即可
Compiler takes care of it	编译器会搞定
Needs care	需要注意
"Just works" but Good to know	会用即可，能了解更好
New SSE4.2 Instructions	新 SSE4.2 指令
Improved Lock Support	改进的锁支持
Additional Caching Hierarchy	附加缓存层次结构
Deeper Buffers	更深的缓冲区
Simultaneous Multi-Threading	同时多线程
Faster Virtualization	更快的虚拟化
Better Branch Prediction	更好的分支预测
Improved Loop Streaming	改进的循环流
Execution Units	执行单元
Out-of-Order Scheduling & Retirement	乱序调度和指令引退
L1 Data Cache	L1 数据缓存
Memory Ordering & Execution	内存排序和执行
Instruction Decode & Microcode	指令解码和微码
L2 Cache & Interrupt Servicing	L2 缓存和中断服务
Paging	分页
Branch Prediction	分支预测
Instruction Fetch & L1 Cache	指令获取和 L1 缓存

图 3.1 中包含 CPU 主要功能区域的描述。如果是第一次看到这样的图像，则可能最惊讶的是执行单元（execution units），即进行实际加法、乘法等操作的部分，我们认为这应该是 CPU 的主要功能，但实际上它甚至未占到所有硅面积的四分之一。其余部分的目的是，使加法和乘法能够有效地工作。

第二个观察结果是：处理器有许多包含不同功能的组件。

❑ 一些组件主要靠自己工作，因此这一部分组件使用绿色椭圆标记为 Just works（会用即可）。

❑ 一些组件则需要程序员充分利用它们，这一部分组件使用红色椭圆标记为 Needs care（需要注意）。

❑ 有些组件需要仔细安排机器代码，幸运的是，这主要是由编译器完成的，所以这一部分组件使用黄色椭圆标记为 Compiler takes care of it（编译器会搞定）。

❑ 一些组件使用蓝色椭圆标记为"Just works" but Good to know（会用即可，能了解更好）。

ℹ️ **注意：**

　　在黑白印刷的纸版图书上可能不容易辨识彩色图像的效果，本书提供了一个 PDF 文件，其中包含本书使用的屏幕截图/图表的彩色图像。可以通过以下地址下载。

http://static.packt-cdn.com/downloads/9781800208117_ColorImages.pdf

　　由此可见，超过一半的硅面积用于不会优化自身的组件，为了从处理器中获得最大性能，程序员需要了解它们的工作原理，它们可以做什么和不能做什么，以及哪些东西会影响它们的操作效率（正面影响和负面影响）。如果需要真正出色的性能，关注和了解那些仅要求会用即可的绿色和蓝色椭圆标记的组件也是好事。

　　目前市面上有许多关于处理器架构的书籍，包括设计人员用来提高其创作性能的所有硬件技术。这些图书可以成为宝贵的知识和理解的来源，但本书无意成为其中之一。我们确实提供了一些硬件描述和解释，但这些将服务于不同的目标。

　　接下来，我们将从 CPU 开始，重点介绍可用于探索硬件性能的实用方法。

3.3　使用微基准测试性能

　　3.2 节的描述可能会让你有些望而却步：处理器非常复杂，显然，程序员需要大量的手动操作才能让处理器以最高效率运行。因此，让我们从小处着手，看看处理器执行一些基本操作的速度有多快。为此，可以使用第 2 章中用过的 Google Benchmark 工具。以下是两个数组的简单相加的基准测试。

01_superscalar.C

```cpp
#include "benchmark/benchmark.h"
void BM_add(benchmark::State& state) {
    srand(1);
    const unsigned int N = state.range(0);
    std::vector<unsigned long> v1(N), v2(N);
    for (size_t i = 0; i < N; ++i) {
        v1[i] = rand();
        v2[i] = rand();
    }
    unsigned long* p1 = v1.data();
    unsigned long* p2 = v2.data();
    for (auto _ : state) {
        unsigned long a1 = 0;
        for (size_t i = 0; i < N; ++i) {
```

```
        a1 += p1[i] + p2[i];
    }
    benchmark::DoNotOptimize(a1);
    benchmark::ClobberMemory();
}
    state.SetItemsProcessed(N*state.iterations());
}
BENCHMARK(BM_add)->Arg(1<<22);
BENCHMARK_MAIN();
```

在上述第一个示例中，详细展示了基准测试，包括输入生成。虽然大多数操作的速度不依赖于操作数的值，但我们将使用随机输入值，这样就不必担心对输入值敏感的操作。

值得一提的是，虽然将值存储在向量中，但我们并不想对向量索引的速度进行基准测试：编译器会优化表达式 v1[i] 以生成与 p1[i] 完全相同的代码，但为什么要冒险呢？我们将尽可能多地排除非必要的细节，直到剩下最基本的问题：在内存中有两个值数组，而我们想对这些数组的每个元素执行一些计算。

另一方面，我们必须关注不希望的编译器优化的可能性：编译器可能会发现整个程序什么都不做（至少就 C++ 标准而言是如此），因此会优化大块代码。如果编译器指示不优化计算结果并假设内存状态可以在基准测试迭代之间改变，应该会阻止这种优化。

同样重要的是，不要走到另一个极端。例如，将变量 a1 声明为 volatile 肯定会阻止大多数不需要的优化，但它也会阻止编译器优化循环本身，而这不是我们想要的，我们想看看 CPU 可以多有效地完成两个数组的相加，这也意味着生成最高效的代码。我们只是不希望编译器发现基准测试循环的第一次迭代与第二次完全相同。

请注意，这是微基准测试的一个有点儿不寻常的应用。正常情况下，有一段代码，我们想知道它有多快，以及如何让它更快。在本示例中，我们使用了微基准测试来了解处理器的性能，并设计了一种能够给出一些见解的代码。

应该在打开优化的情况下编译基准测试。运行此基准测试将产生如图 3.2 所示的结果（当然，确切数字取决于所使用的 CPU）。

```
$ clang++-11 -g -O3 -mavx2 -Wall -pedantic -I$GBENCH_DIR/include benchmark.C \
> $GBENCH_DIR/lib/libbenchmark.a -pthread -lrt -lm -o benchmark
$ ./benchmark
--------------------------------------------------------------------
Benchmark              Time           CPU Iterations
--------------------------------------------------------------------
BM_add/4194304      3324498 ns      3322876 ns      215   1.17556G items/s
```

图 3.2　基准测试运行结果

到目前为止，我们无法从这个测试中得出太多结论，唯一知道的就是现代 CPU 确实很快：它们可以在不到 1 ns 的时间内将两个数字相加。

　　如果你足够好奇，则此时还可以探索其他运算：减法和乘法所花费的时间与加法完全一样，而整数除法所花费的时间是加法的 3～4 倍。

　　为了分析代码的性能，我们必须从处理器的角度来看待它，除了简单的加法，还有很多东西值得研究。两个输入数组存储在内存中，但加法或乘法运算在寄存器中存储的值之间执行（某些操作可能在寄存器和内存位置之间执行）。这就是处理器看待循环的一次迭代的方式（逐步执行）。

　　在迭代开始时，索引变量 i 在 CPU 寄存器之一中，两个对应的数组元素 v1[i] 和 v2[i] 在内存中，如图 3.3 所示。

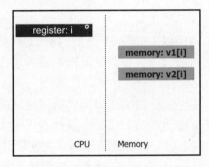

图 3.3　第 i 次循环迭代开始时的处理器状态

原　　文	译　　文
Memory	内存
register	寄存器

　　在执行任何操作之前，必须先将输入值移动到寄存器中。必须为每个输入分配一个寄存器，并为结果分配一个寄存器。在给定的循环迭代中，第一条指令会将其中一个输入加载到寄存器中，如图 3.4 所示。

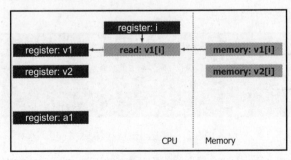

图 3.4　第 i 次迭代的第一条指令后的处理器状态

原　　文	译　　文	原　　文	译　　文
register	寄存器	read	读取
Memory	内存		

读取(或加载)指令使用包含索引 i 的寄存器和数组 v1 在内存中的位置来访问值 v1[i] 并将其复制到寄存器中。下一条指令可类似地加载第二个输入,如图 3.5 所示。

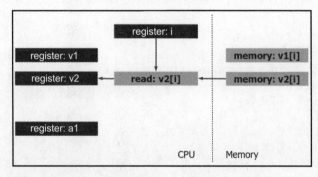

图 3.5　第 i 次迭代的第二条指令后的处理器状态

原　　文	译　　文	原　　文	译　　文
register	寄存器	read	读取
Memory	内存		

现在已经准备好,可以进行加法或乘法等运算了,如图 3.6 所示。

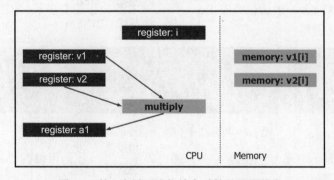

图 3.6　第 i 次循环迭代结束时的处理器状态

原　　文	译　　文	原　　文	译　　文
Memory	内存	multiply	乘
register	寄存器		

以下这行简单的代码在转换为硬件指令后即可生成所有步骤(加上进入下一次循环

迭代所需的操作）。

```
a1 += p1[i] + p2[i];
```

从效率的角度来看，我们关注的是最后一步：CPU 可以在 1 ns 内将两个数字相加或相乘，这固然没错，但是它还可以做更多的事情吗？答案是肯定的，许多晶体管专用于处理和执行指令，因此它们必须在其他方面也有更好的表现。现在让我们尝试对相同的值执行两个操作而不是一个。

01_superscalar.C

```
void BM_add_multiply(benchmark::State& state) {
    … 准备数据 …
    for (auto _ : state) {
        unsigned long a1 = 0, a2 = 0;
        for (size_t i = 0; i < N; ++i) {
            a1 += p1[i] + p2[i];
            a2 += p1[i] * p2[i];
        }
        benchmark::DoNotOptimize(a1);
        benchmark::DoNotOptimize(a2);
        benchmark::ClobberMemory();
    }
    state.SetItemsProcessed(N*state.iterations());
}
```

如果加法需要 1 ns，乘法也需要 1 ns，那么两者都执行需要多长时间？基准测试给出了答案，如图 3.7 所示。

```
--------------------------------------------------------------------------
Benchmark                         Time           CPU Iterations
--------------------------------------------------------------------------
BM_add/4194304                 3027530 ns     3024938 ns        457   1.29135G items/s
BM_multiply/4194304            3351629 ns     3350943 ns        409   1.16572G items/s
BM_add_multiply/4194304        3399739 ns     3399383 ns        402   1.14911G items/s
```

图 3.7　单条指令和两条指令的基准测试

令人惊讶的是，这里竟然实现了"一加一等于一"。我们可以在一次迭代中添加更多指令，示例如下。

```
for (size_t i = 0; i < N; ++i) {
    a1 += p1[i] + p2[i];
    a2 += p1[i] * p2[i];
    a3 += p1[i] << 2;
    a4 += p2[i] - p1[i];
}
```

如图 3.8 所示，每次迭代的时间仍然相同（虽然略有差异，但都在基准测量的精度范围内）。

```
Benchmark                            Time          CPU  Iterations
BM_add/4194304                    3027530 ns   3024938 ns       457   1.29135G items/s
BM_multiply/4194304               3351629 ns   3350943 ns       409   1.16572G items/s
BM_add_multiply/4194304           3399739 ns   3399383 ns       402   1.14911G items/s
BM_add2_multiply_sub_shift/4194304 3424051 ns  3423901 ns       394   1.14088G items/s
```

图 3.8　每次迭代最多 4 条指令的循环基准测试

看来我们对处理器一次执行一条指令的看法需要修改。图 3.9 显示了处理器在一个步骤中执行的操作。

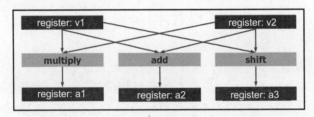

图 3.9　处理器在一个步骤中执行多个操作

原　　文	译　　文	原　　文	译　　文
register	寄存器	add	加
multiply	乘	shift	移位

只要操作数已经在寄存器中，处理器就可以一次执行若干个操作，这称为指令级并行（instruction-level parallelism，ILP）。当然，可以执行的操作数量是有限的，因为处理器能够进行整数计算的执行单元有限。尽管如此，通过在一次迭代中添加越来越多的指令来尝试将 CPU 推向极限是有益的。

```
for (size_t i = 0; i < N; ++i) {
    a1 += p1[i] + p2[i];
    a2 += p1[i] * p2[i];
    a3 += p1[i] << 2;
    a4 += p2[i] - p1[i];
    a5 += (p2[i] << 1)*p2[i];
    a6 += (p2[i] - 3)*p1[i];
}
```

处理器可以执行的确切指令数当然取决于 CPU 和指令，但与单次乘法相比，上述循环表现出明显的减速，至少在笔者使用的机器上是这样，如图 3.10 所示。

```
Benchmark                              Time          CPU Iterations
BM_instructions/4194304            4786780 ns    4786617 ns     296    835.663M items/s
```

图 3.10 每次迭代 8 条指令的基准测试

现在你应该可以理解,就硬件利用率而言,我们的原始代码是非常低效的:显然,
CPU 每次迭代可以执行 5～7 个不同的操作,因此单次乘法甚至占用不到其四分之一的能
力。事实上,现代处理器的能力是非常强大的,除了我们一直在试验的整数计算单元,
还有独立的浮点硬件,可以对 double(双精度)或 float(浮点)值执行指令,以及执行
MMX、SSE、AVX 和其他专业指令的向量处理单元,并且全部支持同时进行。

3.4 可视化指令级并行性

到目前为止,我们已经提供了一些强有力的证据来证明 CPU 并行执行多条指令的能
力,但是这些证据都是间接的,如果能直接证明和确认,那么无疑效果会更好。我们可
以通过作为 LLVM 工具链一部分的机器代码分析器(machine code analyzer,MCA)获得
此类确认。分析器可以将汇编代码作为输入,并报告大量关于指令执行方式、延迟和瓶
颈在哪里等信息。限于篇幅,本书无法详细介绍该高级工具的所有功能,如果对此感兴
趣,可访问该项目的主页,其网址如下。

https://llvm.org/docs/CommandGuide/llvm-mca.html

本节将使用 MCA 来查看 CPU 执行操作的方式。

第一步是用分析器标记对代码进行注释,以选择要分析的代码部分。

```cpp
#define MCA_START __asm volatile("# LLVM-MCA-BEGIN");
#define MCA_END __asm volatile("# LLVM-MCA-END");
    …
    for (size_t i = 0; i < N; ++i) {
MCA_START
        a1 += p1[i] + p2[i];
MCA_END
    }
```

不必对分析器标记使用#define,但这些命令比确切的汇编语法更容易记忆(可以将
#define 行保存在头文件中并根据需要包含)。

在上述示例中,使用 MCA_START 和 MCA_END 标记要分析的循环体,但并没有标
记整个循环,这是为什么?分析器实际上假定所选代码片段在循环中运行并重复执行一

定次数的迭代（默认为 10 次）。

也可以尝试标记整个循环以供分析，但是，根据编译器的优化，这可能会混淆分析器（它是一个强大的工具，但不易使用）。

现在可以运行该分析器，如图 3.11 所示。

```
$ clang++-11 benchmark.C -g -O3 -mavx2 --std=c++17 -mllvm -x86-asm-syntax=intel \
>  -S -o - | llvm-mca-11 -mcpu=btver2 -timeline
```

图 3.11　运行分析器

请注意，我们不会将代码编译为可执行文件，而是以 Intel 语法生成汇编输出（-S）。该输出通过流水线进入分析器。

分析器可以按多种方式报告结果，我们选择了时间线输出。时间线视图（timeline view）可基于执行过程中的移动显示每条指令。

让我们分析两个代码片段，一个代码片段只有一个操作（加法或乘法），另一个代码片段有两个操作。只有一次乘法的迭代时间线（已删除时间线中间的所有行）如图 3.12 所示。

```
Timeline view:
                    0123456789        0123456789         01234
Index     0123456789          0123456789          0123456789
[0,0]     DeeeER       .      .      .      .      .     mov rax, qword ptr [rbx + 8*rcx]
[0,1]     D=eeeeeeeeeER        .      .      .      .    imul     rax, qword ptr [r15 + 8*rcx]
[0,2]     .D=========eeeeeER   .      .      .      .    add qword ptr [rsp + 8], rax
[1,0]     .D=eeeE----------R   .      .      .      .    mov rax, qword ptr [rbx + 8*rcx]
...
[9,1]     .      .      .      D==================eeeeeeeeeE---R      imul     rax, qword ptr [r15 + 8*rcx]
[9,2]     .      .      .      D===================eeeeeeeER          add qword ptr [rsp + 8], rax
```

图 3.12　只有一次乘法的迭代时间线

横轴是以周期为单位的时间。分析器模拟运行所选代码片段 10 次迭代；每条指令由其在代码中的序号和迭代索引来标识，因此第 1 次迭代第 1 条指令的索引为[0,0]，最后一条指令的索引为[9,2]。最后一条指令也是第 10 次迭代的第 3 条指令（每次迭代只有 3 条指令）。根据该时间线，整个序列需要 55 个周期。

现在添加另一个操作，使用已经从内存中读取的相同值 p1[i] 和 p2[i]。

```
#define MCA_START __asm volatile("# LLVM-MCA-BEGIN");
#define MCA_END __asm volatile("# LLVM-MCA-END");

    …
    for (size_t i = 0; i < N; ++i) {
MCA_START
        a1 += p1[i] + p2[i];
        a2 += p1[i] * p2[i];
MCA_END
    }
```

现在再来看看代码的时间线，每次迭代两次操作，一次加法和一次乘法，如图 3.13
所示。

```
Timeline view:
                        0123456789        0123456789        012345
Index    0123456789              0123456789        0123456789
[0,0]    DeeeER             .         .         .         .      mov      rax, qword ptr [r15 + 8*rcx]
[0,1]    D=eeeER            .         .         .         .      mov      rdx, qword ptr [rbx + 8*rcx]
[0,2]    .D===eER           .         .         .         .      lea      rsi, [rdx + rax]
[0,3]    .D=====eeeeeER     .         .         .         .      add      qword ptr [rsp + 16], rsi
...
[9,4]    .         .         .      D===============eeeeeeE----R  imul     rdx, rax
[9,5]    .         .         .      D================eeeeeeER     add      qword ptr [rsp + 8], rdx
```

图 3.13　每次迭代两次操作的时间线

现在执行的指令更多，每次迭代 6 条指令（最后一条指令的索引为[9,5]）。但是，
时间线的持续时间仅增加了一个周期：在图 3.12 中，时间线在第 54 个周期结束，而在
图 3.13 中，时间线在第 55 个周期结束。这和我们猜测的结果是一致的，处理器设法在相
同的时间长度内执行了两倍多的指令。

你可能还注意到，到目前为止，对于所有的基准测试，我们都是增加了对相同输入
值执行的操作数量（加、减、乘等）。我们得出的结论是，就运行时而言，这些额外的
操作（在一定程度上）是无成本的。

这是一个重要的一般性经验：一旦在寄存器中有一些值，则在相同的值上添加计算
可能不会花费任何性能成本，除非程序已经非常高效并且将硬件性能压榨到了极限。

遗憾的是，该实验和结论的实用价值非常有限。一次只对少数几个输入执行所有计
算，下一次迭代使用其自己的输入，并且可以在相同的输入上找到一些更有用的计算，
这种情况多久发生一次？虽然不能说绝对没有，但肯定是少见的。

如果试图扩展上述对 CPU 计算能力的简单演示，那么你可能会遇到一个或多个复杂
问题。第一个问题是数据依赖：循环的顺序迭代通常不是独立的；相反，每次迭代都需
要来自上一次迭代的一些数据。我们将在 3.5 节探讨这种情况。

3.5　数据依赖和流水线

到目前为止，我们对 CPU 能力的分析表明，只要操作数已经在寄存器中，处理器就
可以一次执行多个操作：可以计算一个相当复杂的表达式（该表达式仅依赖两个值），
计算所需的时间几乎与执行这些值的加法所需的时间相同。

当然，表达式仅依赖两个值是一个非常严重的限制。所以，现在可以考虑一个更现
实的代码示例，并且不必对代码进行很多更改。

```
for (size_t i = 0; i < N; ++i) {
    a1 += (p1[i] + p2[i])*(p1[i] - p2[i]);
}
```

回想一下，3.4 节示例的代码具有相同的循环，但其主体更简单：a1 += (p1[i] + p2[i]);。p1[i]只是向量元素v1[i]的别名，p2[i]和v2[i]也是如此。

为什么这段代码更复杂？我们已经讨论过，处理器可以在一个周期内执行加法、减法和乘法，而表达式仍然只依赖于两个值：v1[i]和v2[i]。

但是，该表达式不能在一个周期中计算。为了搞清楚这一点，可以引入两个临时变量，它们实际上只是表达式评估期间中间结果的名称。

```
for (size_t i = 0; i < N; ++i) {
    s[i] = (p1[i] + p2[i]);
    d[i] = (p1[i] - p2[i]);
    a1[i] += s[i]*d[i];
}
```

正如我们之前所看到的，加法和减法的结果s[i]和d[i]可以同时计算。但是，在获得s[i]和d[i]的值之前，无法执行最后一行。

CPU 一次可以执行多少次加法和乘法并不重要：无法计算输入未知的运算结果，因此，CPU 必须等待乘法的输入准备就绪。

第 i 次迭代必须分两步执行：首先，必须执行加法和减法（可以同时进行）；其次，必须将结果相乘。迭代现在需要两个周期而不是一个周期，因为计算的第二步取决于第一步产生的数据，如图 3.14 所示。

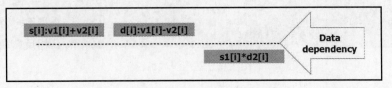

图 3.14　循环评估中的数据依赖性

原　　文	译　　文
Data dependency	数据依赖性

即使 CPU 有资源可以同时执行这 3 个操作，我们也无法利用此能力，因为在该计算中有内在的数据依赖性。当然，这严重限制了我们使用处理器的效率。

数据依赖性在程序中很常见，但幸运的是，硬件设计者想出了一个有效的解决方案。仔细考虑图 3.14，当计算 s[i] 和 d[i]的值时，乘法硬件单元处于空闲状态。虽然不能更早地开始计算它们的乘积，但是我们可以做其他一些事情：同时将上一次迭代的值$s[i-1]$和$d[i-1]$相乘。现在循环的两次迭代在时间上是交错的，如图 3.15 所示。

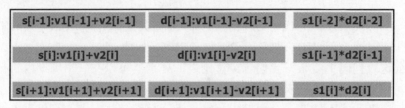

图 3.15　流水线：这些行对应于连续迭代，同一行中的所有操作同时执行

这种代码转换被称为流水线（pipeline）：一个复杂的表达式被分解成多个阶段（stage）并在一个流水线中执行，其中，上一个表达式的第二阶段与下一个表达式的第一阶段同时运行（更复杂的表达式会有更多阶段并需要更深的流水线）。

如果我们的预期是正确的，则只要有多次迭代，CPU 就能够像计算单次乘法一样快地计算两阶段加、减、乘法表达式：第一次迭代将需要两个周期（先加/减，然后乘），这没有办法解决。同样，最后一次迭代将以一次乘法结束，此时没有别的事情要做。但是，中间的所有迭代都将同时执行 3 个操作。

现在我们已经知道，CPU 可以同时进行加、减和乘法运算。虽然乘法属于循环的不同迭代，但这一事实根本不重要。

可以通过一个直接的基准测试来验证，将每次循环迭代执行一次乘法所需的时间与执行两步迭代所需的时间进行比较，如图 3.16 所示。

```
------------------------------------------------------------------------
Benchmark                        Time             CPU   Iterations
------------------------------------------------------------------------
BM_multiply/4194304           3808797 ns      3808122 ns          188   1050.39M items/s
BM_add_multiply_dep/4194304   3883045 ns      3882303 ns          173   1030.32M items/s
```

图 3.16　基准测试比较

正如我们所预期的那样，这两个循环基本上以相同的速度运行。由此可以得出结论，流水线已经完全消除了由数据依赖引起的性能损失。

请注意，流水线不会消除数据依赖性；每个循环迭代仍然必须分两个阶段执行，第二个阶段取决于第一个阶段的结果。但是，通过交叉不同阶段的计算，流水线确实消除了由这种依赖性引起的低效率（至少在理想情况下，这是我们目前所拥有的合理解决方案）。在机器代码分析器（MCA）的结果中可以得到更直接的确认。同样，时间线视图是最有指导意义的，如图 3.17 所示。

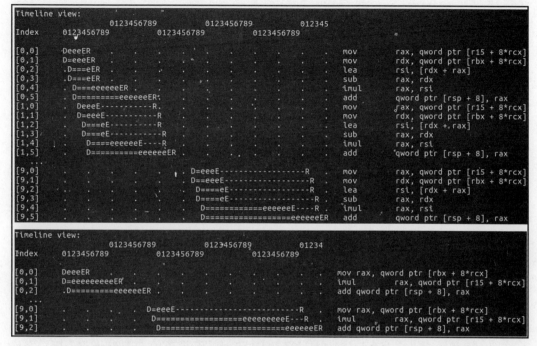

图 3.17　流水线加-减-乘循环（上图）与包含单次乘法的循环（下图）的时间线视图

可以看到，上述任意一个循环执行 10 次迭代需要 56 个周期。时间线中的关键步骤是执行指令的时间：e 表示执行开始，E 表示执行结束。

流水线的效果在时间线中清晰可见：循环的第一次迭代在指令[0,0]第二个周期中开始执行；第一次迭代的最后一条指令在周期 18 执行（水平轴为周期数）。第二次迭代在周期 4 开始执行，也就是说，两次迭代有明显的重叠。这是正在运行的流水线，可以看到它提高程序执行效率的方式，几乎在每个周期中，CPU 都使用其许多计算单元执行多次迭代的指令。

执行一个简单的循环和执行更复杂的循环所需的周期一样多，因此，额外的机器操作并不会花费更多的时间。

本章不是机器代码分析器（MCA）的学习手册，如果想要更好地理解时间线和它产生的其他信息，则应该研究相关文档。

当然，必须指出的是，循环的每次迭代不仅具有相同的C++代码，还具有完全相同的机器代码。这是有道理的：流水线是由硬件而不是编译器完成的；编译器只生成一次迭代的代码和进入下一次迭代所需的操作（或在完成时退出循环）。处理器并行执行多条指令，可以在时间线中看到这一点。

另外，有些事情深究是没有意义的。例如，图 3.17 中的指令[0,4]在周期 6 到 12 期间执行，并使用 CPU 寄存器 rax 和 rsi。而在周期 8 和 9 期间执行的指令[1,2]也使用相同的寄存器——写入寄存器 rsi，该寄存器同时也被其他指令使用。这样是不行的：虽然 CPU 可以使用其许多独立的计算单元同时执行多项操作，但它不能同时在同一个寄存器中存储两个不同的值。

这个矛盾实际上是存在的，尽管在图 3.15 中隐藏得很好：假设编译器为所有迭代只生成一份代码副本，则用来存储 s[i]值的寄存器将与需要读取 s[i-1]值的寄存器完全相同，并且两个动作同时发生。

重要的是要了解我们并没有用完寄存器，CPU 的寄存器比我们目前看到的要多得多。问题是一次迭代的代码与下一次迭代的代码完全一样，包括寄存器名称，但在每次迭代中，寄存器中必须存储不同的值。

看起来我们假设的和观察到的流水线实际上应该是不可能的：下一次迭代必须等待上一次迭代停止才能使用它需要的寄存器。但是，这样的矛盾并没有真正发生，解决这个明显矛盾的方法是称为寄存器重命名（register rename）的硬件技术。我们在程序中看到的寄存器名称，如 rsi，并不是真正的寄存器名称，它们是由 CPU 映射到实际物理寄存器的。相同的名称 rsi 可以映射到具有相同大小和功能的不同寄存器。

当处理器在流水线中执行代码时，第一次迭代中引用 rsi 的指令实际上将使用一个称为 rsi1 的内部寄存器（这不是它的真实名称，但寄存器的实际硬件名称是什么并不重要，除非你正在设计处理器，否则永远不必对这个名称较真）。第二次迭代也有引用 rsi 的指令，但需要在其中存储不同的值，因此处理器将使用另一个寄存器 rsi2。除非第一次迭代不再需要存储在 rsi 中的值，否则第 3 次迭代将不得不使用另一个寄存器，依此类推。

这种寄存器重命名是由硬件完成的，与编译器完成的寄存器分配完全不同。需要特别指出的是，这种机制对任何分析目标代码的工具（例如 LLVM-MCA 或性能分析器）来说都是完全不可见的。最终效果是循环的多次迭代作为线性代码序列执行，就好像 s[i]和 s[i+1]确实引用了不同的寄存器。

将循环转换为线性代码称为循环展开（loop unroll），这是一种流行的编译器优化技术，但这一次，它是在硬件中完成的，对于能够有效地处理数据依赖关系至关重要。

从编译器的角度来看，这更接近源代码的编写方式：单次迭代，一组机器指令，通过跳回到代码片段的开头进行迭代来一遍又一遍地执行。

从处理器的角度来看，这更像是我们在时间线中看到的，线性指令序列，其中每次迭代都有自己的代码副本，并且可以使用不同的寄存器。

我们可以进行另一项重要的观察：CPU 执行代码的顺序实际上与指令编写的顺序不同。这称为乱序执行（out-of-order execution，OOE），它对多线程程序有重要影响。

我们已经讨论了处理器如何避免数据依赖对执行效率的限制：数据依赖的解决方案就是流水线。当然，这并不是说有了该技术就万事大吉，迄今为止，我们为执行非常简单的循环而设计的精致复杂的方案仍缺少一些重要的东西：循环必须在某个时刻结束。因此，接下来，让我们看看这有多复杂以及解决方案是什么。

3.6　流水线和分支

到目前为止，我们对处理器的高效使用的理解是：首先，CPU 可以同时执行多项操作，例如同时执行加法和乘法。如果不能很好地利用这种能力，则无疑是将免费的计算能力弃之不顾，殊为可惜。其次，限制效率最大化能力的因素是生成数据以输入操作中的速度。具体来说，我们受到数据依赖性的约束——如果一个操作计算的值将用作下一个操作的输入，则这两个操作必须顺序执行。

这种数据依赖性的解决方法是流水线：在执行循环或长代码序列时，处理器会交错单独的计算（如循环迭代）。只要它们至少有一些可以独立执行的操作时，即可采用流水线技术。

当然，流水线也有一个重要的先决条件，即流水线计划提前（plan ahead）：为了从多个循环迭代中交错代码，必须知道将执行哪些代码。

在 3.5 节中我们了解到的是：为了并行执行指令，必须提前知道输入值是什么。而现在我们强调的是，为了通过流水线运行指令，必须知道指令是什么。

我们为什么会不知道？因为我们运行的代码通常取决于我们拥有的数据：每次遇到 if(condition)语句时，要么执行 true 分支，要么执行 false 分支，但在评估 condition 之前我们并不知道该执行哪个分支。因此，就像数据依赖是指令级并行的"烦恼"一样，条件执行或分支是流水线的"烦恼"。

当流水线中断时，可以预见程序的效率会显著降低。想要观察条件的这种有害影响，可以修改之前的基准测试。例如，可将以下语句：

```
a1 += p1[i] + p2[i];
```

修改为：

```
a1 += (p1[i]>p2[i]) ? p1[i] : p2[i];
```

现在又产生了数据依赖（作为代码依赖），如图 3.18 所示。

没有明显的方法可以将这段代码转换成线性的指令流来执行，并且条件跳转也无法避免。

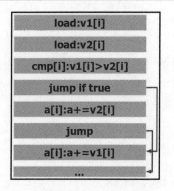

图 3.18　分支指令对流水线的影响

实际情况稍微复杂一些：我们刚刚建议的基准测试可能会也可能不会显示性能的显著下降。原因是许多处理器都有某种条件移动（conditional move）甚至条件添加（conditional add）指令，编译器可能会决定使用它们。如果发生这种情况，则代码将完全连续，没有跳转或分支，并且可以完美地流水线化，如图 3.19 所示。

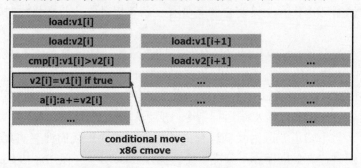

图 3.19　使用 cmove 流水线化的条件代码

x86 CPU 具有条件移动指令 cmove（尽管并非所有编译器都会使用它来实现图 3.19 中的?:运算符）。带有 AVX 或 AVX2 指令集的处理器具有一组强大的掩码加法和乘法指令，也可用于实现一些条件代码。

这就是为什么在使用分支对代码进行基准测试和优化时，检查生成的目标代码并确认代码确实包含分支并且它们确实影响性能非常重要。也有性能分析器工具可用于此目的，稍后将讨论一个这样的工具。

虽然分支和条件在大多数现实程序中随处可见，但当程序被简化为仅有几行（用于基准测试）时，分支和条件可能会消失。一个理由是编译器可能决定使用我们之前提到的条件指令之一。在构造不佳的基准测试中，还有另一个常见的原因是，编译器也许能够在编译时确定条件的评估结果。例如，大多数编译器会完全优化掉任何类似 if (true)或

if (false)的代码：在生成的代码中没有这条语句的踪迹，任何永远不会被执行的代码也会被删除。

为了观察分支对循环流水线的有害影响，我们必须构建一个测试，其中编译器无法预测条件检查的结果。在现实基准测试中，可能有一个从真实程序中提取的数据集。对于以下演示，我们将使用随机值。

02_branch.C

```cpp
std::vector<unsigned long> v1(N), v2(N);
std::vector<int> c1(N);
for (size_t i = 0; i < N; ++i) {
    v1[i] = rand();
    v2[i] = rand();
    c1[i] = rand() & 1;
}
unsigned long* p1 = v1.data();
unsigned long* p2 = v2.data();
int* b1 = c1.data();
for (auto _ : state) {
    unsigned long a1 = 0, a2 = 0;
    for (size_t i = 0; i < N; ++i) {
        if (b1[i]) {
            a1 += p1[i];
        } else {
            a1 *= p2[i];
        }
    }
    benchmark::DoNotOptimize(a1);
    benchmark::DoNotOptimize(a2);
    benchmark::ClobberMemory();
}
```

在上述示例中，有两个输入向量 v1 和 v2，加上一个控制向量 c1，它的随机值是 0 和 1（这里避免使用 vector<bool>，它不是字节数组，而是位的压缩数组，因此访问它是相当昂贵的，我们目前对基准测试位操作指令不感兴趣）。在这种情况下，编译器无法预测下一个随机数是奇数还是偶数，因此无法进行优化。

此外，我们还检查了已生成的机器代码并确认我们的编译器（x86 上的 Clang-11）使用简单的条件跳转实现了该循环。

为了执行基准测试，可以将这个循环的性能与在每次迭代中进行无条件加法和乘法（a1 += p1[i]*p2[i]）的循环进行比较。这个更简单的循环将在每次迭代中执行加法和乘

法；当然，由于采用了流水线技术，可以免费执行加法，它将与下一次迭代的乘法同时
执行。而条件分支则不是免费的。

图 3.20 显示了它们的比较结果。

```
Benchmark                              Time              CPU   Iterations
BM_add_multiply/4194304            3677239 ns       3676988 ns          191   1087.85M items/s
BM_branch_not_predicted/4194304   19593896 ns      19593047 ns           34   204.154M items/s
```

图 3.20　简单循环和条件分支的运行结果比较

可以看到，条件代码的执行时间是顺序代码的 5 倍多。这证实了我们的预测，即当
下一条指令取决于上一条指令的结果时，代码将无法有效地流水线化。

3.6.1　分支预测

当然，一些有经验的读者可能会指出，图 3.20 不可能是完整的，甚至不可能是真实
的。那么，让我们暂时回到表面上的线性代码，例如前面广泛使用的循环，如下所示。

```
for (size_t i = 0; i < N; ++i) {
    a1 += v1[i] + v2[i];    // s[i] = v1[i] + v2[i]
}
```

从处理器的角度来看，此循环的主体如图 3.21 所示。

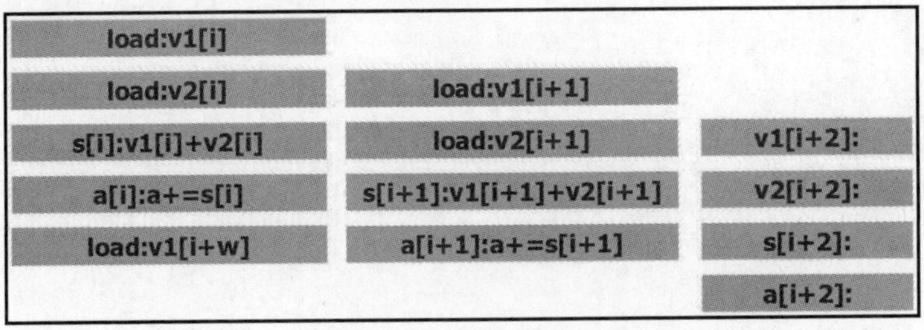

load:v1[i]		
load:v2[i]	load:v1[i+1]	
s[i]:v1[i]+v2[i]	load:v2[i+1]	v1[i+2]:
a[i]:a+=s[i]	s[i+1]:v1[i+1]+v2[i+1]	v2[i+2]:
load:v1[i+w]	a[i+1]:a+=s[i+1]	s[i+2]:
		a[i+2]:

图 3.21　在宽度为 w 的流水线中执行的循环

在图 3.21 中，显示了 3 个交错迭代，但可能还有更多，流水线的总宽度为 w，理想
情况下，w 足够大，以至于在每个周期中，CPU 都将让尽可能多的指令同时执行（这种
峰值效率在实践中不太可能实现）。

当然，要注意的是，在对 p1[i] 和 p2[i] 求和的同时访问 v[i+2] 也许是不可能的，因为
不能保证循环还有两次迭代，如果元素 v[i+2] 不存在，则访问它会导致未定义的行为。

上述代码有一个隐藏条件：每次迭代都要检查 i 是否小于 N，然后才能执行第 i 次迭

代的指令。因此，图 3.20 所示的比较是一个谎言：我们没有将流水线顺序执行与不可预测条件的执行进行比较。事实上，这两个基准测试都是条件代码的例子，它们都有分支。

完整的真相介于两者之间。要理解它，必须了解条件执行的解决方案，它妨碍了流水线，但本身又是数据依赖的解方。在存在分支的情况下，保存流水线的方法是尝试将条件代码转换为顺序代码。

如果我们事先知道分支将采用哪条路径，即可完成这种转换，因为这只需要消除分支并继续执行下一条指令。

当然，如果事先知道条件是什么，我们甚至不需要编写这样的代码。不过，也可以考虑循环终止条件。假设循环执行多次，则条件 i < N 评估为 true 就是一个很好的赌注（我们只会在 N 次中赌输一次）。

处理器使用称为分支预测（branch prediction）的技术进行相同的博弈。它将分析代码中每个分支的历史，并假设行为在未来不会改变。对于循环结束条件，处理器将很快了解到大多数情况下，它必须进行下一次迭代。因此，正确的做法是将下一次迭代流水线化，就好像我们确信它会发生一样。当然，我们必须推迟将结果实际写入内存，直到评估条件并确认迭代确实发生；处理器有一定数量的写缓冲区，可以在将这些未确认的结果提交到内存之前将它们保存在不确定状态（limbo）。

因此，仅一个加法的循环的流水线确实如图 3.21 所示。唯一的问题是，当在第 i 次迭代完成之前开始执行迭代 i+2 时，处理器会根据其是否要采用条件分支的预测进行下注。在确定该代码确实存在之前执行该代码称为推测执行（speculative execution）。如果赌赢了，当我们发现需要计算时，已经有了结果，一切都很好；但是，如果赌输了，则处理器必须放弃一些计算以避免产生错误的结果。

如果结果被写入内存，则会覆盖之前存在的内容，并且在大多数硬件平台上这都是无法撤销的，但是，对于处理器来说，计算结果并将其存储在寄存器上是完全可逆的，当然，这不可避免地要浪费一定时间。

现在，我们对流水线的实际工作有了更完整的画像。

❑　为了找到更多并行执行的指令，处理器将查看循环下一次迭代的代码，并开始与当前迭代同时执行。

❑　如果代码包含条件分支，会使处理器无法确定将执行哪条指令，在这种情况下，处理器会根据过去检查相同条件的结果进行有根据的猜测，并继续推测性地执行代码。

➢　如果预测被证明是正确的，则流水线可以和无条件代码一样好。

➢　如果预测是错误的，则处理器必须丢弃每条不应该被评估的指令的结果，获取它之前认为不需要的指令，并转而评估它们。此事件称为流水线冲刷（pipeline flush），它确实是一个代价高昂的事件。如果流水线冲刷经常发生，则会对 CPU 的执行效率造成较大影响。

现在我们对图 3.20 中的基准测试有了更好的理解：两个循环都有一个条件来检查循环结束。然而，它几乎被完美地预测了。流水线冲刷仅在循环结束时发生一次。

条件基准测试也有一个基于随机数的分支：if(b1[i])，其中，b1[i]在 50%的时间内为真（因为它是随机取值的）。在这种情况下，处理器无法预测结果，并且有一半的时间流水线会中断。

我们应该能够通过直接实验来验证上述理解：我们所需要的只是将随机条件更改为始终为真。唯一的问题是必须以编译器无法解决的方式来做。

一种常见的方法是修改条件向量的初始化，示例如下。

```
c1[i] = rand() >= 0;
```

编译器不知道函数 rand()总是返回非负随机数并且不会消除条件，而 CPU 的分支预测器（branch predictor）电路将很快了解到条件if(b1[i])总是评估为真，并且会推测性地执行相应的代码。可预测分支的性能与不可预测分支的性能比较如图 3.22 所示。

```
Benchmark                          Time           CPU Iterations
BM_add_multiply/4194304          3677239 ns      3676988 ns         191   1087.85M items/s
BM_branch_predicted/4194304      3886131 ns      3885688 ns         194   1029.42M items/s
BM_branch_not_predicted/4194304  19593896 ns     19593047 ns         34    204.154M items/s
```

图 3.22　可预测分支的性能与不可预测分支的性能比较

可以看到，预测良好的分支的成本是很小的，而预测不佳的分支（虽然其他代码完全相同）则要慢得多。

3.6.2　分支预测错误的性能分析

既然我们已经看到单个错误预测的分支对代码性能的影响有多严重，那么，如何找到这样的代码并优化它？当然，包含此代码的函数将花费比你的预期更长的时间，但是，如何知道这是因为预测错误的分支还是由于其他一些原因而导致的低效率？

到目前为止，你应该已经具备了足够知识以避免对性能进行笼统的猜测，而推测分支预测器的效率尤其是徒劳的。幸运的是，大多数性能分析器不仅可以分析执行时间，还可以分析决定效率的各种因素，包括分支预测失败。

本节将再次使用 perf 性能分析器。第一步可以运行该性能分析器来收集整个基准测试程序的整体性能指标。

```
$ perf stat ./benchmark
```

如图 3.23 所示是仅运行 BM_branch_not_predicted 基准测试的程序的 perf 结果（此测试已注释掉其他基准）。

```
Performance counter stats for './benchmark':

      1304.600033      task-clock (msec)       #     0.986 CPUs utilized
                5      context-switches        #     0.004 K/sec
                0      cpu-migrations          #     0.000 K/sec
           57,485      page-faults             #     0.044 M/sec
    4,101,247,728      cycles                  #     3.144 GHz
    3,080,033,927      instructions            #     0.75  insn per cycle
      941,095,176      branches                #   721.367 M/sec
      105,075,735      branch-misses           #    11.17% of all branches
```

图 3.23　具有较差预测分支的基准测试的性能分析

可以看到，所有分支中有 11% 被错误预测（图 3.23 所示报告的最后一行）。请注意，此数字是所有分支的累积值，包括完全可预测的循环结束条件，因此，总计 11% 算是相当糟糕的结果。我们可以将它与另一个基准测试 BM_branch_predicted 进行比较，二者相似，唯一的区别在于它的条件始终为真。其结果如图 3.24 所示。

```
Performance counter stats for './benchmark':

      1634.017318      task-clock (msec)       #     0.989 CPUs utilized
                6      context-switches        #     0.004 K/sec
                0      cpu-migrations          #     0.000 K/sec
           73,873      page-faults             #     0.045 M/sec
    5,046,431,373      cycles                  #     3.088 GHz
    8,959,491,458      instructions            #     1.78  insn per cycle
    2,845,841,144      branches                #  1741.622 M/sec
        2,544,221      branch-misses           #     0.09% of all branches
```

图 3.24　具有良好可预测分支的基准测试的性能分析

这一次，只有不到 0.1% 的分支没有被正确预测。

整体性能报告非常有用，不要忽视它的潜在作用：它可以用来快速凸显或消除一些可能导致性能不佳的原因。在本示例中，可以立即得出结论——程序存在一个或多个错误预测的分支。现在要做的是找到究竟是哪些分支。

在这方面，性能分析器也可以提供帮助。在第 2 章中，我们使用了性能分析器找出程序在代码中的哪个位置花费的时间最多，所以，同样地，也可以使用性能分析器生成详细的分支预测的逐行分析，只需要为性能分析器指定正确的性能计数器即可。

```
$ perf record -e branches,branch-misses ./benchmark
```

在本示例中，可以从 perf stat 的输出中复制计数器的名称，因为它恰好是默认测量的计数器之一，当然，也可以通过运行 perf --list 获得完整列表。

性能分析器可运行程序并收集指标。可以通过生成性能分析报告来查看它们。

```
$ perf report
```

该报告分析器是交互式的，它允许导航到每个函数的分支错误预测计数器，如图 3.25 所示。

```
Samples: 4K of event 'branch-misses', Event count (approx.): 104204630
Overhead  Command    Shared Object        Symbol
          benchmark  benchmark            [.] BM_branch_not_predicted
  0.45%   benchmark  libc-2.23.so         [.] rand
  0.22%   benchmark  libc-2.23.so         [.] __random
  0.04%   benchmark  libc-2.23.so         [.] __random_r
```

图 3.25　错误预测分支的详细性能分析报告

在图 3.25 中可以看到，超过 99%的错误预测分支仅出现在一个函数中。由于函数很小，因此找到相应的条件操作应该不难。在更大的函数中，则必须查看逐行性能分析。

现代处理器的分支预测硬件相当复杂。例如，如果一个函数从两个不同的地方被调用，当从第一个地方调用时，条件通常评估为真，而当从第二个地方调用时，相同的条件评估为假，预测器将学习该模式并根据函数调用的来源正确预测分支。

同样，预测器可以检测数据中相当复杂的模式。例如，可以初始化随机条件变量，使值始终交替，第一个是随机的，但下一个与第一个相反，依此类推。

```
for (size_t i = 0; i < N; ++i) {
    if (i == 0) c1[i] = rand() >= 0;
    else c1[i] = !c1[i - 1];
}
```

性能分析器确认此数据的分支预测率非常好，如图 3.26 所示。

```
Performance counter stats for './benchmark':

    1595.209506      task-clock (msec)      #    0.988 CPUs utilized
              4      context-switches       #    0.003 K/sec
              0      cpu-migrations         #    0.000 K/sec
         73,871      page-faults            #    0.046 M/sec
  5,042,158,637      cycles                 #    3.161 GHz
  7,680,558,959      instructions           #    1.52  insn per cycle
  2,812,228,352      branches               # 1762.921 M/sec
      1,692,285      branch-misses          #    0.06% of all branches
```

图 3.26　true-false 模式的分支预测率

有关如何高效使用处理器的知识已经介绍得差不多了。但是，还有一个潜在问题被忽略了，接下来就让我们看看这个问题。

3.7　推 测 执 行

现在我们已经理解了流水线如何使 CPU 保持忙碌，以及如何通过预测条件分支的结果来推测性地执行预期代码，这样就可以在确定必须执行它之前，允许条件代码被流水线化。

图 3.21 说明了这种方法：假设循环结束条件不会在当前迭代后发生，我们可以将下一次迭代的指令与当前迭代的指令交错，因此就有更多的指令可以并行执行。当预测错误时，我们要做的就是丢弃一些本来就不应该计算的结果，并使它们看起来确实从未被计算过。这固然需要花费一些时间，但是如果分支预测正确的次数足够多，则流水线带来的加速收益完全可以弥补时间花费并带来更大的性能提升。

那是否有必要掩盖我们试图执行一些实际上并不存在的代码的事实？

再次考虑图 3.21：如果第 i 次迭代是循环中的最后一次迭代，那么下一次迭代就不应该发生。当然，我们可以丢弃值 a[i+1]而不将其写入内存。但是，为了执行任何流水线操作，必须读取 v1[i+1]的值。这里不能掩盖读取它的事实：在检查迭代 i 是不是最后一次迭代之前访问 v1[i+1]，并且无法否认我们确实访问了它。但是元素 v1[i+1]在为向量分配的有效内存区域之外，即使读取它也会导致未定义的行为。

要了解推测执行（speculative execution）的隐患，可以来看看下面这个常见代码，它是一个更有说服力的示例。

```
int f(int* p) {
    if (p) {
        return *p;
    } else {
        return 0;
    }
}
```

假设指针 p 很少为 NULL，因此分支预测器了解到，if(p)语句通常采用 true 分支。当最终以 p == NULL 调用该函数时，分支预测器将像往常一样假设相反的情况，并推测性地执行 true 分支。它做的第一件事是解引用（dereference）一个 NULL 指针，接下来程序会崩溃。后来我们会发现，一开始就不应该采用那个分支，但是程序崩溃怎么撤销？

像函数 f()这样的代码是很常见的，并且不会遭遇意外的随机崩溃，从这一事实来看，我们可以得出结论，要么推测执行并不真正存在，要么有一种方法可以撤销崩溃。前文我们已经提供了一些证据，表明推测执行确实发生了，并且对于提高性能非常有效。在第 4 章中还将看到更直接的证据。那么，当我们推测性地尝试做一些不可能的事情时，它如何处理这种情况？难道真的是解引用 NULL 指针？答案是，这种潜在的灾难性响应必须保持挂起，在实际评估分支条件之前，既不能将其丢弃，也不能使其成为现实，并且处理器知道推测执行是否应该被视为真正的执行。

在这方面，故障和其他无效条件与普通的内存写入没有什么不同：任何无法撤销的动作都被视为潜在的动作，只要导致该动作的指令仍然是推测性的。CPU 必须具有特殊的硬件电路（如缓冲区）来临时存储这些事件。

最终结果是，处理器确实在推测执行期间解引用了 NULL 指针或读取了不存在的向量元素 v[i+1]，然后假装它从未发生过。

现在我们已经理解了分支预测和推测执行如何让处理器高效运行，而无视数据和代码依赖性产生的不确定性。接下来，让我们看看如何优化程序。

3.8　复杂条件的优化

当涉及有很多条件语句的程序时，通常使用if()语句，分支预测的有效性往往决定了整体性能。如果分支预测准确，则几乎没有成本。如果分支有一半被错误预测，那么代价可能相当于 10 个或更多的常规算术指令。

硬件分支预测基于处理器执行的条件指令，理解这一点非常重要。因此，处理器对条件的理解可能与我们的理解不同。以下示例有力地说明了这一点。

02_branch.C

```
std::vector<unsigned long> v1(N), v2(N);
std::vector<int> c1(N), c2(N);
for (size_t i = 0; i < N; ++i) {
    v1[i] = rand();
    v2[i] = rand();
    c1[i] = rand() & 0x1;
    c2[j] = !c1[i];
}
unsigned long* p1 = v1.data();
unsigned long* p2 = v2.data();
int* b1 = c1.data();
int* b2 = c2.data();
for (auto _ : state) {
```

```
unsigned long a1 = 0, a2 = 0;
for (size_t i = 0; i < N; ++i) {
    if (b1[i] || b2[i]) { // !!!
        a1 += p1[i];
    } else {
        a1 *= p2[i];
    }
}
benchmark::DoNotOptimize(a1);
benchmark::DoNotOptimize(a2);
benchmark::ClobberMemory();
}
```

这里有趣的是条件 if (b1[i] || b2[i])，通过构造，该条件总是评估为 true，所以我们可以期待处理器的完美预测率。当然，如果它这么简单，那么我们就不会展示这个例子了。从逻辑上讲，我们很容易理解它始终为 true，但是，对于 CPU 来说，这是两个独立的条件分支：一半时间，第一个分支使总体结果为 true，而另一半时间，第二个分支使总体结果为 true。总体结果总是 true，但 CPU 无法预测是哪个分支使其为 true，因此，结果是很糟糕的，如图 3.27 所示。

```
Performance counter stats for './benchmark':

    1318.198035      task-clock (msec)        #    0.987 CPUs utilized
             13      context-switches         #    0.010 K/sec
              0      cpu-migrations           #    0.000 K/sec
         73,839      page-faults              #    0.056 M/sec
  4,160,526,236      cycles                   #    3.156 GHz
  3,307,515,459      instructions             #    0.79  insn per cycle
  1,017,715,284      branches                 #  772.050 M/sec
    102,456,244      branch-misses            #   10.07% of all branches
```

图 3.27　"假"分支的分支预测性能分析

从图 3.27 可以看到，性能分析器显示的分支预测率与真正随机分支的预测率一样差。性能基准测试证实了我们的期望，如图 3.28 所示。

```
Benchmark                              Time          CPU  Iterations
----------------------------------------------------------------------
BM_branch_predicted/4194304         3886131 ns   3885688 ns    194   1029.42M items/s
BM_branch_not_predicted/4194304    19593896 ns  19593047 ns     34    204.154M items/s
BM_false_branch/4194304            20405436 ns  20403759 ns     36    196.042M items/s
```

图 3.28　性能基准测试结果

可以看到，假分支（根本不是真正的分支）的性能与真正随机的、不可预测的分支的性能一样糟糕，并且远比预测良好的分支的性能差。

在实际程序中，应该不会遇到这种不必要的条件语句。当然，很常见的是一个复杂的条件表达式，它几乎总是计算为相同的值，但出于不同的原因。例如，我们可能有一个很少为假的条件。

```
if ((c1 && c2) || c3) {
    … true 分支 …
} else {
    … false 分支 …
}
```

当然，几乎一半的时间，c3 为 true。当 c3 为 false 时，c1 和 c2 通常都为 true。整体情况应该很容易预测，并采用 true 分支。但是，从处理器的角度来看，它不是单个条件，而是 3 个独立的条件跳转：如果 c1 为 true，则必须检查 c2。如果 c2 也为 true，则执行跳转到 true 分支的第一条指令。如果 c1 或 c2 之一为 false，则检查 c3，如果为 true，则执行再次跳转到 true 分支。

必须按特定顺序逐步完成此评估的原因是 C++标准（及其之前的 C 标准）规定了诸如&&和||之类的逻辑运算短路（short-circuit）：一旦知道整个表达式的结果，就应该停止对表达式其余部分的评估。当条件有副作用时，这一点尤为重要。

```
if (f1() || f2()) {
    … true 分支 …
} else {
    … false 分支 …
}
```

现在函数 f2()只有在 f1()返回 false 时才会被调用。在前面的示例中，条件只是布尔变量 c1、c2 和 c3。编译器可能已经检测到没有副作用，并且将整个表达式计算到不会改变可观察到的行为为止。

一些编译器会执行这种优化；如果假分支基准测试是用这样的编译器编译的，那么它就会显示出一个预测良好的分支的性能。遗憾的是，大多数编译器并没有意识到这是一个潜在的问题（事实上，编译器无法知道整个表达式的计算结果通常为 true，即使它的部分并不是）。因此，这通常是程序员必须手动进行的优化。

假设程序员知道 if()语句的两个分支之一被使用得更频繁（例如，else 分支可能对应于错误情况或某些其他必须正确处理但在正常操作下不应出现的异常情况），我们还假设我们做的是对的，并使用性能分析器验证了构成复杂布尔表达式的各个条件指令没有被很好地预测。那么，如何优化代码呢？

第一个念头可能是将条件评估移出 if()语句。

```
const bool c = c1 && c2) || c3;
if (c) { … } else { … }
```

当然，这几乎不起作用，原因有两个：首先，条件表达式仍然使用逻辑&&和 || 操作，因此评估仍然必须是短路的，并且需要单独且不可预测的分支。其次，编译器可能会通过删除不必要的临时变量 c 来优化此代码，因此生成的目标代码可能根本不会改变。

在对条件变量数组进行循环的情况下，类似的转换可能是有效的。例如，以下代码很可能会出现分支预测不佳的情况。

```
for (size_i i = 0; i < N; ++i) {
    if ((c1[i] && c2[i]) || c3[i]) { … } else { … }
}
```

但是，如果我们预先评估所有条件表达式并将它们存储在一个新数组中，则大多数编译器不会消除该临时数组。

```
for (size_i i = 0; i < N; ++i) {
    c[i] = (c1[i] && c2[i]) || c3[i];
}
…
for (size_i i = 0; i < N; ++i) {
    if (c[i]) { … } else { … }
}
```

当然，用于初始化 c[i] 的布尔表达式现在受到分支预测错误的影响，因此只有当第二个循环比初始化循环执行的次数多得多时，这种转换才有效。

另一个通常有效的优化是使用加法和乘法或按位&和 | 操作替换逻辑&&和 || 操作。在执行此操作之前，必须确定&&和 || 的参数操作是布尔值（值为 0 或 1）而不是整数：即使值为其他（如 2）也会被解释为 true。表达式 2 & 1 的结果与 bool(2) & bool(1) 的结果不同，前者评估为 0（或 false），而后者将给出我们预期的正确答案 1（或 true）。

可以在基准测试中比较所有优化的性能，如图 3.29 所示。

```
Benchmark                       Time            CPU Iterations
--------------------------------------------------------------------------
BM_branch_predicted/4194304     3886131 ns      3885688 ns       194   1029.42M items/s
BM_false_branch/4194304        18755115 ns     18754258 ns        37   213.285M items/s
BM_false_branch_temp/4194304   19114049 ns     19103177 ns        37   209.389M items/s
BM_false_branch_vtemp/4194304   3921198 ns      3920970 ns       173   1020.16M items/s
BM_false_branch_sum/4194304     3868711 ns      3866509 ns       181   1034.52M items/s
BM_false_branch_bitwise/4194304 3863400 ns      3863178 ns       181   1035.42M items/s
```

图 3.29　在基准测试中比较优化的性能

可以看到，通过引入临时变量 BM_false_branch_temp 来优化假分支的简单尝试完全无效。使用临时向量为我们提供了完美预测分支的预期性能，因为临时向量的所有元素都等于 true，这就是分支预测器学习的东西（BM_false_branch_vtemp）。将逻辑 || 替换为算术加法（+）或按位 | 操作也将产生类似的结果。

应该记住的是，上述两个转换（使用算术或按位运算而不是逻辑运算）会更改代码的含义，特别是表达式中操作的所有参数（包括它们的副作用）都将始终被评估，你需要确定此更改是否会影响程序的正确性。如果这些副作用也很昂贵，那么整体性能变化可能最终对你不利。例如，如果评估 f1() 和 f2() 非常耗时，则使用等效算术加法（f1() + f2()）替换表达式 f1() || f2() 中的逻辑 || 可能会降低性能，即使它改进了分支预测。

总的来说，在假分支中没有优化分支预测的标准方法，这就是为什么编译器也很难做任何有效的优化。程序员必须使用与问题相关的知识（例如特定条件是否可能发生），并将其与性能分析测量相结合，以得出最佳解决方案。

本章详细介绍了 CPU 操作如何影响性能，然后进一步介绍了将这些知识应用于代码优化，并提供了具体示例。在结束本章之前，让我们再来看看这样的优化。

3.9　无分支计算

到目前为止，我们了解到的是：

（1）为了有效地使用处理器，必须给它足够的代码来并行执行许多指令。

（2）我们可能没有足够的指令来让 CPU 保持忙碌，主要原因是数据依赖性：有代码，但是无法运行，因为输入还没有准备好。

（3）可以通过流水线代码来解决这个问题，但是为了做到这一点，必须提前知道将要执行哪些指令。如果事先不知道执行将采用哪条路径，就无法做到这一点。

（4）处理这个问题的方法是根据评估该条件的历史，对是否采用条件分支进行有根据的猜测。猜测越可靠，性能就越好。如果没有办法可靠地猜测，则性能会受到影响。

由此可见，所有这些性能问题的根源是条件分支，而在条件分支中，要执行哪一条指令需要到运行时才能知道。该问题的一个根本解决方案是重写代码，使其不使用分支或至少使用更少的分支。这称为无分支计算（branchless computing）。

3.9.1　循环展开

事实上，无分支计算的思路并不是特别新颖。我们已经理解了分支影响性能的机制，所以可将众所周知的循环展开（loop unrolling）技术视为转换代码以减少分支数量的示例。

让我们回过头来看看最初的代码示例。

```
for (size_t i = 0; i < N; ++i) {
    a1 += p1[i] + p2[i];
}
```

我们现在明白，虽然循环体可以是完美的流水线，但在这段代码中有一个隐藏的分支：循环结束检查。此检查在每次循环迭代中执行一次。如果我们有先验知识，比如说，迭代次数 N 总是偶数，则不需要在奇数迭代后执行检查。可以显式地省略此检查，如下所示。

```
for (size_t i = 0; i < N; i += 2) {
    a1 += p1[i] + p2[i]
        + p1[i+1] + p2[i+1];
}
```

上述代码展开了这个循环，将两次迭代转换为一次更大的迭代。

在上述示例和其他类似示例中，由于以下几个原因，手动展开循环不太可能提高性能。

首先，如果 N 很大，则几乎可以完美地预测循环分支直至结束。

其次，编译器可能会以任何方式进行展开作为优化。

更有可能的是，向量化编译器将使用 SSE 或 AVX 指令来实现此循环，实际上，由于向量指令一次处理多个数组元素，因此会展开其主体。

所有这些结论都需要通过基准测试或性能分析来确认。如果你发现手动展开循环对性能没有影响，请不要惊讶：这并不意味着我们对分支的了解是不正确的，这也可能意味着我们的原始代码已经获得了循环展开的好处，这要归功于最有可能的编译器优化。

3.9.2　无分支选择

循环展开是编译器被要求执行的一项非常具体的优化。将这个思路推广到无分支计算是最近的一项进展，可以产生惊人的性能提升。

让我们从一个非常简单的例子开始。

```
unsigned long* p1 = ...;      // 数据
bool* b1 = ...;               // 不可预测的条件
unsigned long a1 = 0, a2 = 0;
for (size_t i = 0; i < N; ++i) {
    if (b1[i]) {
        a1 += p1[i];
    } else {
```

```
        a2 += p1[i];
    }
}
```

假设条件变量 b1[i]无法被处理器预测，则如前文所述，这段代码的运行速度将比具有良好预测分支的循环慢得多。但是，我们还可以做得更好，可以完全消除分支并通过索引来替换它，这个索引指向两个目标变量的指针数组。

```
unsigned long* p1 = ...;        // 数据
bool* b1 = ...;                 // 不可预测的条件
unsigned long a1 = 0, a2 = 0;
unsigned long* a[2] = { &a2, &a1 };
for (size_t i = 0; i < N; ++i) {
    a[b1[i]] += p1[i];
}
```

在该转换中，我们利用了布尔变量只有两个值 0（false）和 1（true）的事实，并且可以隐式转换为整数（如果使用了其他类型而不是 bool，则必须确保所有 true 值确实由 1 表示，因为任何非零值都被认为是 true 值，但只有 1 的值在无分支代码中有效）。

上述转换将两个可能的指令之一的条件跳转替换为对两个可能的内存位置之一的条件访问。由于此类条件内存访问可以流水线化，因此无分支版本可显著提高性能，如图 3.30 所示。

图 3.30　转换后的结果

在上述示例中，代码的无分支版本快了近 2.5 倍。

值得一提的是，某些编译器会尽可能使用查找数组而不是条件分支来实现?:运算符。使用这样的编译器时，可以通过重写循环体来获得相同的性能优势。

```
for (size_t i = 0; i < N; ++i) {
    (b1[i] ? a1 : a2) += p1[i];
}
```

和以前一样，确定这种优化是否有效或其效果如何的唯一方法是进行测量。

上述示例涵盖了无分支计算的所有基本要素：我们不是有条件地执行这段代码或那段代码，而是对程序进行改造，使所有情况下的代码都相同，并且通过索引操作来实现条件逻辑。

接下来，我们将通过更多示例来强调一些注意事项和限制。

3.9.3　无分支计算示例

大多数时候，依赖条件的代码并不是一个"将结果写到哪里"这样简单的问题。通常而言，我们还必须根据一些中间值进行不同的计算。

```cpp
unsigned long *p1 = ..., *p2 = ...;         // 数据
bool* b1 = ...;                             // 不可预测的条件
unsigned long a1 = 0, a2 = 0;
for (size_t i = 0; i < N; ++i) {
    if (b1[i]) {
        a1 += p1[i] - p2[i];
    } else {
        a2 += p1[i] * p2[i];
    }
}
```

这里的条件影响我们计算的表达式以及结果的存储位置。两个分支唯一的共同点是输入，而且通常情况下也不一定如此。

为了在没有分支的情况下计算相同的结果，我们必须从由条件变量索引的内存位置获取正确表达式的结果。这意味着两个表达式都将被评估，因为我们决定不根据条件更改执行的代码。有了这个理解，向无分支形式的转换就很简单了。

```cpp
unsigned long a1 = 0, a2 = 0;
unsigned long* a[2] = { &a2, &a1 };
for (size_t i = 0; i < N; ++i) {
    unsigned long s[2] = { p1[i] * p2[i], p1[i] - p2[i] };
    a[b1[i]] += s[b1[i]];
}
```

两个表达式都被评估，结果存储在一个数组中。另一个数组用于索引计算的目标，即递增的变量。总体而言，我们显著增加了循环体必须执行的计算量；而另一方面，这是没有跳转的顺序代码，所以只要 CPU 有资源做更多的操作而不花费任何额外的周期，该代码在性能上就更有优势。基准测试证实这种无分支转换确实有效，如图 3.31 所示。

```
--------------------------------------------------------------
Benchmark                    Time           CPU Iterations
--------------------------------------------------------------
BM_branched/4194304      21685238 ns     21681601 ns       31    184.488M items/s
BM_branchless/4194304     7927224 ns      7926665 ns       85    504.626M items/s
```

图 3.31　有分支和无分支代码基准测试结果比较

必须强调的是，可以执行的额外计算是有限制的，对于此类代码和条件代码的性能差异，并没有一个很好的一般经验法则可以用来进行有根据的猜测（无论如何都不应该猜测性能）。此类优化的有效性必须通过测量来确定：它高度依赖于代码和数据。

例如，如果分支预测器非常有效（针对的是可预测条件而不是随机条件），则条件代码将优于无分支版本，如图 3.32 所示。

```
Benchmark                            Time           CPU Iterations
----------------------------------------------------------------------
BM_branched2_predicted/4194304   5128844 ns    5128139 ns        132   780.01M items/s
```

图 3.32　可预测条件的有分支版本基准测试结果

从图 3.31 和图 3.32 的比较中可以看到流水线冲刷（一个错误预测的分支）的成本有多高，以及 CPU 在指令级并行性下可以一次完成多少计算。后者可以从完美预测的分支（见图 3.32）和无分支实现（见图 3.31）之间相对较小的性能差异中推导出来。这种隐藏且大部分未使用的计算能力储备是无分支计算所依赖的，在我们的示例中，可能还没有用尽这个储备能力。

现在来看看相同代码的无分支变换的另一个变体，它也许能给我们一些启示。如果不想实际更改结果，可以将两者始终递增 0，而不是使用数组来选择正确的结果变量。

```
unsigned long a1 = 0, a2 = 0;
for (size_t i = 0; i < N; ++i) {
    unsigned long s1[2] = { 0, p1[i] - p2[i] };
    unsigned long s2[2] = { p1[i] * p2[i], 0 };
    a1 += s1[b1[i]];
    a2 += s2[b1[i]];
}
```

现在我们有两个中间值数组，而不是一个目标值数组。此版本将无条件地执行更多计算，但可以提供与之前的无分支代码相同的性能，如图 3.33 所示。

```
Benchmark                     Time           CPU Iterations
----------------------------------------------------------------------
BM_branched/4194304      21685238 ns   21681601 ns         31   184.488M items/s
BM_branchless/4194304     7927224 ns    7926665 ns         85   504.626M items/s
BM_branchless1/4194304    7917393 ns    7916615 ns         93   505.266M items/s
```

图 3.33　无分支代码变体的基准测试比较

重要的是要了解无分支转换的局限性并且不要被误导。我们已经看到了第一个限制：无分支代码通常执行更多的指令。因此，如果分支预测器最终运行良好，则少量的流水线冲刷可能不足以证明该优化是合理的。

　　无分支转换未按预期执行的第二个原因与编译器有关：在某些情况下，编译器可以进行等效甚至更好的优化。例如，考虑以下所谓的限定循环（clamp loop）。

```
unsigned char *c = ...;                    // 从 0 到 255 的随机值
for (size_t i = 0; i < N; ++i) {
    c[i] = (c[i] < 128) ? c[i] : 128;
}
```

　　这个循环将 unsigned char 数组 c 中的值的极限限制在 128。假设初始值是随机的，循环体中的条件不能以任何程度的确定性预测，可以想象会有非常高的分支错误预测率。

　　另一种无分支实现使用具有 256 个元素的查找表（lookup table，LUT），每个可能的 unsigned char 值对应一个元素。索引 i 从 0 到 127 的表条目 LUT[i]包含索引值本身，更高索引的条目 LUT[i]包含的都是 128。

```
unsigned char *c = ...;                    // 从 0 到 255 的随机值
unsigned char LUT[256] = { 0, 1, …, 127, 128, 128, … 128 };
for (size_t i = 0; i < N; ++i) {
    c[i] = LUT[c[i]];
}
```

　　对于大多数现代编译器，这不是优化：编译器会对原始代码做得更好，最有可能使用 SSE 或 AVX 向量指令一次复制和限定多个字符，根本无须任何分支。

　　如果我们对原始代码执行性能分析而不是假设分支肯定会被错误预测，则会发现该程序根本不会受到糟糕的分支预测的影响。

　　还有一种情况是：无分支转换可能没有回报，这出现在循环体比分支更昂贵的情况下。在这种情况下，即使错误预测也比无分支代码的性能更好。这种情况值得注意，因为它经常出现在函数调用的循环中。

```
unsigned long f1(unsigned long x, unsigned long y);
unsigned long f2(unsigned long x, unsigned long y);
unsigned long *p1 = ..., *p2 = ...;      // 数据
bool* b1 = ...;                          // 不可预测的条件
unsigned long a = 0;
for (size_t i = 0; i < N; ++i) {
    if (b1[i]) {
        a += f1(p1[i], p2[i]);
    } else {
        a += f2(p1[i], p2[i]);
    }
}
```

上述代码将根据条件 b1 调用两个函数之一（f1()或 f2()）。如果使用函数指针数组，则可以消除 if-else 语句，并且可以使代码无分支。

```
decltype(f1)* f[] = { f1, f2 };
for (size_t i = 0; i < N; ++i) {
    a += f[b1[i]](p1[i], p2[i]);
}
```

这是一个值得执行的优化吗？一般来说，不值得。首先，如果函数 f1()或 f2()可以被内联（inline），则函数指针调用将阻止这种情况。内联通常是一个主要的优化；放弃内联以摆脱分支，就好像为了捡芝麻而丢掉西瓜，没有理由这样做。当函数没有内联时，函数调用本身会中断流水线（这就是内联能高效优化的一个原因）。与函数调用的成本相比，即使是错误预测分支的成本也没有那么高。

尽管如此，有时函数查找表是值得优化的：如果只有两个可选项，那么它不会有收益，但是，如果必须基于单个条件从多个函数中进行选择，则函数指针表比链式 if-else 语句更有效。值得注意的是，这个例子与所有现代编译器用来实现虚函数调用的实现方式非常相似；此类调用也使用函数指针数组而不是比较链进行调度。当需要优化基于运行时条件调用多个函数之一的代码时，应该考虑使用多态对象重新设计是否值得。

另外，还应该记住无分支转换对代码可读性的影响：函数指针的查找表不那么容易阅读，并且比 switch 或 if-else 语句更难调试。鉴于影响最终结果的许多因素（编译器优化、硬件资源可用性、程序操作的数据的性质），任何优化都必须通过基准和性能分析等测量来验证，并权衡给程序员带来的时间、可读性和复杂性方面的额外成本。

3.10　小　　结

本章解释了主处理器的计算能力以及如何有效地使用它们。高性能的关键是最大限度地利用所有可用的计算资源：同时计算两个结果的程序比稍后计算第二个结果的程序要快（假设计算能力可用）。

正如我们所了解的，CPU 有很多计算单元用于各种类型的计算，除非程序高度优化，否则大多数计算单元在任何给定时刻都处于空闲状态。

我们已经看到，有效使用 CPU 指令级并行性的主要限制通常是数据依赖性：根本没有足够的工作可以并行完成以保持 CPU 忙碌。这个问题的硬件解决方案是流水线：CPU 不只是执行程序当前点的代码，而且会推测执行一些未来的计算，它们没有数据依赖性，因此可以并行执行。只要未来的计算是可以预测的，那么这种机制的效果会很好；如果

CPU 无法确定这些计算是什么（例如使用了随机值），那么它就无法执行未来的计算。每当 CPU 必须等待以确定接下来要执行哪些机器指令时，流水线就会停止。

为了减少这种停顿的频率，CPU 有特殊的硬件来预测最可能的未来，可能采用通过条件代码的路径，并推测性地执行该代码。因此，此类程序的性能关键取决于该预测的效果如何。

本章介绍了一些特殊工具的使用，这些工具可以帮助衡量代码的效率并识别限制性能的瓶颈。在测量的指导下，我们研究了若干种优化技术，可以使程序利用更多的 CPU 资源，减少等待，增加计算量，最终有助于提高性能。

本章忽略了每个计算最终必须执行的一个步骤：访问内存。任何表达式的输入都驻留在内存中，并且必须在其余计算发生之前放入寄存器。中间结果可以存储在寄存器中，但最终仍必须将某些内容写回内存中，否则整个代码将没有持久效果。事实证明，内存操作（读取和写入）对性能有显著影响，并且在许多程序中，它是妨碍进一步优化的限制因素。第 4 章将专门研究 CPU 内存交互。

3.11　思　考　题

（1）高效利用 CPU 资源的关键是什么？

（2）如何使用指令级并行来提高性能？

（3）如果后一个计算需要前一个计算的结果，CPU 如何并行执行计算？

（4）为什么条件分支比简单地评估条件表达式的成本要昂贵得多？

（5）什么是推测执行？

（6）有哪些优化技术可以提高包含条件计算的代码流水线的有效性？

第 4 章　内存架构和性能

计算机硬件对程序整体性能有很大的影响，如果 CPU 的影响排第一，那么内存就可能排第二。本章首先阐释了现代内存架构、它们固有的弱点，以及消除或至少隐藏这些弱点的方法。对于许多程序来说，性能完全取决于程序员是否利用了硬件特性以提高内存性能，本章将介绍这方面的技能。

本章包含以下主题：

- ❑　内存子系统概述。
- ❑　内存访问的性能。
- ❑　访问模式以及对算法和数据结构设计的影响。
- ❑　内存带宽和延迟。

4.1　技　术　要　求

本章需要一个 C++编译器和一个微基准测试工具，例如在第 3 章中使用的 Google Benchmark 库，其网址如下。

https://github.com/google/benchmark

我们还将使用 LLVM 机器代码分析器（LLVM machine code analyzer，LLVM-MCA），其网址如下。

https://llvm.org/docs/CommandGuide/llvm-mca.html

如果要使用机器代码分析器（MCA），那么可选的编译器将受到限制：需要一个基于 LLVM 的编译器，如 Clang。

本章附带的代码可在以下网址找到。

https://github.com/PacktPublishing/The-Art-of-Writing-Efficient-Programs/tree/master/Chapter04

4.2　影响性能的不止CPU

在第3章中,我们研究了CPU资源以及使用它们以获得最佳性能的方法。特别是,我们观察到CPU具有并行执行大量计算的能力（指令级并行性）,并且在多个基准测试中演示了这一特性,这表明CPU可以在每个周期执行许多操作而不会造成任何性能损失。例如,对两个数字进行加法和减法运算所花费的时间与仅对它们执行加法所花费的时间一样长。

但是,你可能已经注意到,这些基准测试和示例具有一个相当不寻常的特性。考虑以下代码示例。

```
for (size_t i = 0; i < N; ++i) {
    a1 += p1[i] + p2[i];
    a2 += p1[i] * p2[i];
    a3 += p1[i] << 2;
    a4 += p2[i] - p1[i];
    a5 += (p2[i] << 1)*p2[i];
    a6 += (p2[i] - 3)*p1[i];
}
```

这段代码演示了CPU可以对p1[i]和p2[i]这两个值进行8次运算,与仅进行一次运算相比,几乎没有额外的成本。但是我们总是非常小心地添加更多操作,而不是添加更多输入。

前文多次提到过,只要值已经在寄存器中,CPU的内部并行性就适用。在上述示例中,在添加第2个、第3个直到第8个操作时,都是小心地保持只有两个输入。这样产生的其实是一些刻意为之和不切实际的代码。在现实生活中,对于给定的输入集,通常需要计算多少东西? 大多数情况下不到8个。

这并不意味着除非像上述示例一样运行有点古怪的代码,否则CPU的整个计算潜力就都被浪费了。实际上,指令级并行才是流水线的计算基础,在流水线中,我们将同时执行循环的不同迭代的操作。此外,无分支计算也可以无条件计算条件指令,这些技术都依赖于一个事实——我们通常可以免费获得更多计算。

当然,问题仍然存在:为什么要以这种方式限制CPU基准测试? 毕竟,如果可以添加更多输入,那么之前的示例就会容易得多,例如:

```
for (size_t i = 0; i < N; ++i) {
    a1 += p1[i] + p2[i];
```

```
a2 += p3[i] * p4[i];
a3 += p1[i] << 2;
a4 += p2[i] - p3[i];
a5 += (p4[i] << 1)*p2[i];
a6 += (p3[i] - 3)*p1[i];
}
```

这与之前的代码大致相同，只是现在每次迭代将对 4 个不同的输入值进行操作，而不是两个。该代码确实继承了上一个示例的笨拙之处，但这仅仅是因为我们在衡量某些更改对性能的影响时，希望尽可能少地更改代码。

如图 4.1 所示，将 2 个输入值更改为 4 个输入值产生了较大的性能影响。

```
----------------------------------------------------------------------
Benchmark                        Time          CPU  Iterations
----------------------------------------------------------------------
BM_instructions2/4194304    5194374 ns    5194171 ns         138   770.094M items/s
BM_instructions4/4194304    8058566 ns    8054515 ns          91   496.616M items/s
```

图 4.1　基准测试性能比较

可以看到，在 4 个输入值的代码上执行相同的计算所需的时间大约要长 36%。也就是说，当需要访问更多的内存数据时，计算多多少少会有延迟。

应该注意的是，添加更多自变量、输入或输出会影响性能的另一个原因是：CPU 可能会耗尽用于存储这些变量以进行计算的寄存器。虽然这在许多实际程序中是一个重要的问题，但在本示例中并非如此，因为本示例的代码不够复杂，无法用完现代 CPU 的所有寄存器（糟糕的是，确认这一点的最简单方法是检查机器代码）。

显然，访问更多数据似乎会降低代码速度。这是为什么？站在一个非常高的层次上来说，原因就是内存根本跟不上 CPU。

有多种方法可以估计此 CPU 和内存速度差距（memory gap）的大小。最简单的方法就是比较现代 CPU 和内存的硬件性能规格。今天的 CPU 大致以 3 GHz 和 4 GHz 之间的时钟频率运行，这意味着一个周期大约是 0.3 ns。如前文所述，在适当的情况下，CPU 每秒可以执行多次操作，因此每纳秒执行 10 次操作并不是不可能的（尽管在实践中很难实现，并且这也是非常高效的程序的一个明确标志）。

另一方面，内存则要慢得多。例如，DDR4 内存时钟以 400 MHz 运行。有些内存厂家标称高达 3200 MHz 的值，然而这不是内存时钟而是数据速率（data rate），要将其转换为类似于内存速度（memory speed）的数值，还必须考虑列访问选通延迟（column access strobe latency），通常称为 CAS 延迟（CAS latency）或 CL。粗略地说，这是 RAM 接收数据请求、处理数据并返回值所需的周期数。没有在所有情况下都有意义的内存速度的单一定义（本章后面将介绍其中的一些原因），但是，如果要计算近似值，数据速率为

3.2 GHz 并且 CAS 延迟为 15 的 DDR4 模块的内存速度约为 107 MHz 或每次访问为 9.4 ns。

无论怎么看，CPU 每秒可以执行的操作都比内存可以为这些操作提供输入值或存储结果的操作要多得多。

所有程序都需要以某种方式使用内存，而内存访问方式的细节将对性能产生重大影响，有时甚至会限制性能。

当然，细节非常重要：内存速度差距对性能的影响有时可能是微不足道的，有时可能会让内存成为程序的性能瓶颈。程序员必须了解内存在不同条件下对程序性能的影响方式以及原因，并且可以使用这些知识来设计和实现代码，以获得最佳性能。

4.3　测量内存访问速度

有充分的证据表明，与内存中的数据相比，CPU 对寄存器中已有数据的运行速度要快得多，仅仅是处理器和内存速度的硬件规格就表明它们至少有一个数量级的差异。当然，不要在没有通过直接测量进行验证的情况下对性能进行任何猜测或假设，但这并不意味着任何关于系统架构的先验知识以及基于这些知识做出的任何假设都是没有用的，此类假设可用于指导实验并设计正确的测量方法。

本章将会告诉你，偶然发现的过程走不远，甚至会导致你犯错误。测量本身可能是正确的，但通常很难确定测量的究竟是什么，以及我们可以从结果中得出什么结论。

测量内存访问速度看起来应该相当简单，我们所需要的只是一些要读取的内存和一种对读取进行计时的方法，如下所示。

```
volatile int* p = new int;
*p = 42;
for (auto _ : state) {
    benchmark::DoNotOptimize(*p);
}
delete p;
```

该基准测试运行并进行测量（我们也不知道它究竟测量的是什么，所以只能含糊地说是"某些东西"）。

你可以期望将一次迭代的时间报告为 0 ns。这可能是不需要的编译器优化结果：如果编译器发现整个程序没有可观察到的结果，它可能确实会将其优化为无。

不过，我们对此类事件采取了预防措施：我们读取的内存是 volatile 的，访问 volatile 内存被认为是一种可观察到的结果，无法优化掉。

反过来说，0 ns 的结果在一定程度上是基准测试本身的一个缺陷：它表明单次读取快于 1 ns。虽然这与我们基于内存速度的预期不完全相同，但我们无法从一个不清楚的数字中了解到任何内容，包括我们自己的错误。

为了修复基准测试的测量方面，我们所要做的就是在一次基准测试迭代中执行多次读取，示例如下。

```
volatile int* p = new int;
*p = 42;
for (auto _ : state) {
    benchmark::DoNotOptimize(*p);
    … 重复 32 次 …
    benchmark::DoNotOptimize(*p);
}
state.SetItemsProcessed(32*state.iterations());
delete p;
```

在本示例中，每次迭代执行 32 次读取。虽然可以通过报告的迭代时间计算出单个读取的时间，但让 Google Benchmark 库为我们进行计算并报告每秒读取次数会很方便，这是通过设置在基准测试结束时处理的项目数来实现的。

该基准测试在中档 CPU 上应该报告大约 5 ns 的迭代时间，确认单次读取是该时间的 1/32 并且远小于 1 ns（因此我们猜测这就是单次读取报告为 0 的原因）。

另一方面，这个测量值与我们对内存缓慢的预期不符。我们之前关于造成性能瓶颈的原因的假设可能是不正确的，这样的怀疑不会是第一次。或者，我们还需要测量内存速度以外的其他数据。

4.3.1　内存架构

要理解如何正确测量内存性能，必须更多地了解现代处理器的内存架构。就我们的目的而言，内存系统最重要的特征是分层。CPU 不直接访问主内存，而是通过缓存的分层结构，如图 4.2 所示。

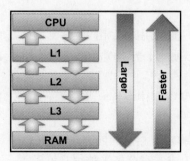

图 4.2　内存分层示意图

原　　文	译　　文
Larger	越向下容量越大
Faster	越向上速度越快

图 4.2 中的 RAM 是主内存，即主板上的 DRAM。购买或装配计算机时，通常要选购内存条，例如 8 GB、16 GB、32 GB 等，这指的就是 DRAM 的容量。

如图 4.2 所示，CPU 不直接访问主内存，而是通过缓存层次结构的几个级别（L1～L3）。这些缓存也是内存电路，但它们位于 CPU 芯片上，并使用不同的技术来存储数据：它们是不同速度的 SRAM。

从我们的角度来看，DRAM 和 SRAM 之间的主要区别在于，SRAM 的访问速度要快得多，但消耗的功率也要高得多。

当通过内存分层结构靠近 CPU 时，内存访问的速度会增加：1 级（L1）缓存与 CPU 寄存器的访问时间几乎相同，但它消耗的功率如此之大，以至于我们只能拥有一个几千字节的此类内存，最常见的是每个 CPU 内核 32 KB。

下一级是 L2 缓存，其容量更大但速度更慢，再下面是三级（L3）缓存，其容量又比 L2 缓存更大，但速度也更慢（通常在 CPU 的多个内核之间共享），上述分层结构的最后一级就是主内存本身。

当 CPU 第一次从主内存读取数据值时，该值会通过所有缓存级别传播，并且它的副本保留在缓存中。当 CPU 再次读取相同的值时，不需要等待从主内存中获取该值，因为相同值的副本已经存在于快速 L1 缓存中。只要我们要读取的数据适合 L1 缓存，就是所有需要发生的事情：所有数据将在第一次访问时加载到缓存中，之后，CPU 只需要访问 L1 缓存。

但是，如果我们尝试访问当前不在缓存中的值并且缓存已满，则必须从缓存中逐出某些内容为新值腾出空间。这个过程完全由硬件控制，它有一些基于我们最近访问的值的启发式方法，可以确定我们最不可能再次需要哪个值（例如，最长时间未使用的数据可能不会很快再次被需要）。

下一级缓存更大，但它们的使用方式相同：只要数据在缓存中，就在缓存中读取（越靠近 CPU 越好）。否则，必须从下一级缓存中获取（如果 L3 缓存中仍然没有，则只能从主内存中获取）。

如果缓存已满，则必须从缓存中驱逐一些数据（即它们被缓存遗忘，因为原始数据仍保留在主内存中）。

现在我们可以更好地理解之前测量的内容：因为我们一遍又一遍地读取相同的值，高达数万次，所以初始读取的成本完全被平摊得几近于无，平均读取时间变成了 L1 缓存读取的成本，而 L1 缓存的速度确实相当快，因此，如果整个数据都适合 32 KB，则无须担心内存速度差距的问题。否则，必须学习如何正确测量内存性能，以便得出适用于所用程序的结论。

4.3.2 测量内存和缓存速度

现在我们已经知道，内存速度的测量非常复杂，并不是测量单次读取的时间就可以，因此，我们需要设计一个更合适的基准测试。

如前文所述，缓存大小会显著影响结果，因此在测试中必须访问不同大小的数据，从几千字节（适合 32 KB L1 缓存）到数十兆字节或更多（L3 缓存大小各不相同，但通常为 8~12 MB）。

在数据量较大的情况下，内存系统必须从缓存中驱逐旧数据，因此，此时程序的性能将取决于预测的效果，或者更一般地说，取决于访问模式。顺序访问（sequential access）通常会复制一定范围的内存，而随机访问则会以随机顺序访问相同范围，它们的执行结果可能有很大的不同。

最后，性能结果还可能取决于内存访问的粒度。例如，访问 64 位 long 值是否比访问单个 char 慢？

顺序读取大型数组的简单基准测试如下所示。

01c_cache_sequential_read.C

```
template <class Word>
void BM_read_seq(benchmark::State& state) {
    const size_t size = state.range(0);
    void* memory = ::malloc(size);
    void* const end = static_cast<char*>(memory) + size;
    volatile Word* const p0 = static_cast<Word*>(memory);
    Word* const p1 = static_cast<Word*>(end);
    for (auto _ : state) {
        for (volatile Word* p = p0; p != p1; ) {
            REPEAT(benchmark::DoNotOptimize(*p++);)
        }
        benchmark::ClobberMemory();
    }
    ::free(memory);
    state.SetBytesProcessed(size*state.iterations());
    state.SetItemsProcessed((p1 - p0)*state.iterations());
}
```

写入的基准测试看起来非常相似，仅在主循环中有一行更改，如下所示。

01d_cache_sequential_write.C

```
Word fill = {}; // 默认构造
for (auto _ : state) {
    for (volatile Word* p = p0; p != p1; ) {
        REPEAT(benchmark::DoNotOptimize(*p++ = fill);)
    }
    benchmark::ClobberMemory();
}
```

写入数组的值应该是无关紧要的，如果担心 0 值在某种程度上很特殊，则可以使用任何其他值初始化 fill 变量。

宏 REPEAT 用于避免多次手动复制基准测试代码。我们仍然希望每次迭代执行若干次内存读取：在开始报告每秒读取次数之后，避免"每次迭代 0 ns"这样的报告就不那么重要了。循环本身的开销对于低成本的迭代来说并不是不重要，所以最好手动展开这个循环。宏 REPEAT 将展开该循环 32 次。

```
#define REPEAT2(x) x x
#define REPEAT4(x) REPEAT2(x) REPEAT2(x)
#define REPEAT8(x) REPEAT4(x) REPEAT4(x)
#define REPEAT16(x) REPEAT8(x) REPEAT8(x)
#define REPEAT32(x) REPEAT16(x) REPEAT16(x)
#define REPEAT(x) REPEAT32(x)
```

当然，我们必须确保请求的内存大小足够容纳 Word 类型的 32 个值，并且总数组大小可以被 32 整除。这两项对于基准测试代码来说都不是什么重大限制。

说到 Word 类型，这是我们第一次使用 TEMPLATE 基准测试。它用于生成多种类型的基准测试，而无须复制代码。调用这样的基准测试有一点不同，如下所示。

```
#define ARGS ->RangeMultiplier(2)->Range(1<<10, 1<<30)
BENCHMARK_TEMPLATE1(BM_read_seq, unsigned int) ARGS;
BENCHMARK_TEMPLATE1(BM_read_seq, unsigned long) ARGS;
```

如果 CPU 支持，则可以按更大的块读取和写入数据。例如，使用 SSE 和 AVX 指令在 x86 CPU 上一次移动 16 或 32 个字节。在 GCC 或 Clang 中，有这些较大类型的库的头文件。

```
#include <emmintrin.h>
#include <immintrin.h>
...
```

```
BENCHMARK_TEMPLATE1(BM_read_seq, __m128i) ARGS;
BENCHMARK_TEMPLATE1(BM_read_seq, __m256i) ARGS;
```

类型__m128i 和__m256i 没有内置在语言中（至少在 C/C++中没有内置），但是 C++允许轻松地声明新类型：这些是值类型的类（表示单个值的类），它们有一组为其定义的算术运算，如加法和乘法。编译器可使用适当的 SIMD 指令来实现。

上述基准测试按顺序访问内存范围，从头到尾，一次一个字（word）。内存大小各不相同，由基准测试参数指定（在本示例中，从 1 KB 到 1 GB，每次都翻倍）。

在复制内存范围后，基准测试再次执行，从头开始，直到累积足够的测量值。

在测量以随机顺序访问内存的速度时必须更加小心。简单实现的基准测试代码看起来如下所示。

```
benchmark::DoNotOptimize(p[rand() % size]);
```

糟糕的是，该基准测试测量了调用rand()函数所需的时间：它的计算成本比读取单个整数要昂贵得多，以至于我们不会注意到后者的成本。即使是模运算符%也要比单次读取或写入昂贵得多。

获得准确结果的唯一方法是预先计算随机索引并将它们存储在另一个数组中。当然，我们必须面对这样一个事实，即我们正在读取索引值和索引数据，因此测量的成本是两次读取（或读取和写入）的成本。

随机写入内存的附加代码示例如下。

01b_cache_random_write.C

```
const size_t N = size/sizeof(Word);
std::vector<int> v_index(N);
for (size_t i = 0; i < N; ++i) v_index[i] = i;
std::random_shuffle(v_index.begin(), v_index.end());
int* const index = v_index.data();
int* const i1 = index + N;
Word fill; memset(&fill, 0x0f, sizeof(fill));

for (auto _ : state) {
    for (const int* ind = index; ind < i1; ) {
        REPEAT(*(p0 + *ind++) = fill;)
    }
    benchmark::ClobberMemory();
}
```

在本示例中，使用 STL 算法 random_shuffle 生成索引的随机顺序（可以使用随机数代替，二者不完全相同，因为某些索引会出现不止一次而其他索引则可能从不出现，但应该不会对结果产生太大影响）。

写入的值应该无关紧要：写任何数字都需要相同的时间，但编译器有时可以做特殊的优化（如果它能发现代码写了很多 0），所以最好避免这种情况并写入其他内容。

另外要注意的是，较长的 AVX 类型不能用整数初始化，因此可使用 memset() 将任意位模式写入 fill 值。

读取的基准测试当然非常相似，只是内部循环必须改变。

```
REPEAT(benchmark::DoNotOptimize(*(p0 + *ind++)););
```

现在我们已经有了主要测量内存访问成本的基准测试代码。推进索引所需的算术运算是不可避免的，但这些加法最多只需要一个周期，而且我们已经看到 CPU 可以一次执行若干次，所以数学计算不会成为瓶颈（而且在这种情况下，任何访问数组中内存的程序都必须进行相同的计算，因此这在实践中是重要的访问速度）。

接下来，让我们看看上述努力的结果。

4.4　内存的速度：数字

现在我们已经有了用于测量内存读写速度的基准测试代码，可以开始收集结果，看看在访问内存中的数据时如何获得最佳性能。我们从随机访问开始，其中读取或写入的每个值的位置是不可预测的。

4.4.1　随机内存访问速度

除非多次运行此基准测试并平均结果（可由基准测试库完成），否则测量结果可能会有很大的噪声。对于合理的运行时间（以分钟计），可能会看到如图 4.3 所示的结果。

图 4.3 中的基准测试结果显示了每秒从内存中读取的字（word）数（以 10 亿为单位，在今天可以找到的任何普通 PC 或工作站上），其中的字是 64 位整数或 256 位整数（分别对应 long 或 __m256i）。相同的测量值也可以表示为读取所选大小的单个字所需的时间，如图 4.4 所示。

这些图表有几个可以观察到的有趣特征。首先，正如我们所预期的那样，没有单一的内存速度。在笔者使用的机器上，读取单个 64 位整数所需的时间从 0.3 ns 到 7 ns 不等。按值读取少量数据比读取大量数据要快得多。

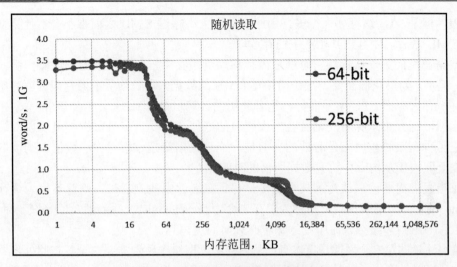

图 4.3　内存大小函数的随机读取速度

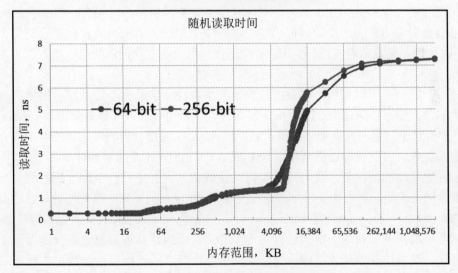

图 4.4　一个数组元素的读取时间与数组大小

在这些图表中可以看到缓存大小的影响：32 KB 的 L1 缓存很快，读取速度不取决于数据量，只要能够全部放入 L1 缓存即可。一旦数据超过 32 KB，读取速度就会开始下降。数据现在可以放入 L2 缓存，它更大（256 KB）但速度更慢。数组越大，任何时候可放入快速 L1 缓存的部分就越小，访问速度也就越慢。

如果数据从 L2 缓存溢出，则读取时间会增加更多，因为必须使用 L3 缓存，它的速度更慢。但是，L3 缓存要大得多，因此在数据大小超过 8 MB 之前都不会有什么变化。超过 8 MB 之后，才真正开始从主内存读取。

数据在我们第一次接触它时就从内存移动到缓存中，所有后续的读取操作都只使用缓存。但是，如果我们需要一次访问超过 8 MB 的数据，则必须从主内存中读取其中一些数据（缓存大小因 CPU 型号而异，笔者使用的计算机是 8 MB）。

当然，这并不意味着立刻就会失去缓存的好处：只要大多数数据都可以放入缓存，那么它至少在某种程度上是有效的。但是，一旦数据量超过缓存大小数倍，则读取时间几乎完全取决于从内存中检索数据所需的时间。

每当我们需要读取或写入某个变量，并且在缓存中找到它时，则将其称为缓存命中（cache hit）。如果未找到，则称为缓存未命中（cache miss）。当然，L1 缓存未命中可能是 L2 命中。L3 缓存未命中则意味着必须访问主内存。

值得注意的第二个属性是值本身：从内存中读取单个整数需要 7 ns。按照处理器的标准，这已经是一个很长的时间，因为如前文所述，同一个 CPU 每纳秒可以执行多个操作。

让我们来梳理一下：CPU 从内存中读取单个整数值所需的时间大约相当于它执行 50 次算术运算所需的时间（排除该值已经在缓存中的情况）。很少有程序需要对每个值执行 50 次操作，这意味着 CPU 很可能未被充分利用，除非我们能找出一些方法来加速内存访问。

最后，我们还可以看到，字数的读取速度不取决于字的大小。从实用的角度来看，最相关的含义是：如果使用 256 位指令读取内存，则可以读取 4 倍的数据。

当然，这个问题并没有那么简单：SSE 和 AVX 加载指令可将值读入不同的寄存器而不是常规加载，因此我们还必须使用 SSE 或 AVX SIMD 指令来进行计算。

一种更简单的情况是，我们只需要将大量数据从内存中的一个位置复制到另一个位置。测量结果表明，复制 256 位字的速度是使用 64 位字的 4 倍。当然，目前已经有复制内存的库函数——memcpy()或 std::memcpy()，并且优化了最佳效率。

速度不取决于字长这一事实还有另一个含义，即这意味着读取速度受延迟而不是带宽的限制。这里所说的延迟（latency）是发出数据请求的时间与检索数据的时间之间的延迟。带宽则是内存总线在给定时间内可以传输的数据总量。

从 64 位字转到使用 256 位字时，可同时传输 4 倍的数据，这意味着我们还没有达到带宽限制。虽然这看起来像是一个纯粹的理论区别，但它确实对编写高效程序具有重要的影响，本章后面将对此展开讨论。

最后，可以测量写入内存的速度，如图 4.5 所示。

在我们的例子中，随机读取和写入的性能非常相似，但这可能因硬件不同而有所不同：有时读取速度更快。我们之前观察到的有关读取内存速度的所有内容也适用于写入：

在图 4.5 中可以看到缓存大小的影响，如果涉及主内存，则写入的整体等待时间非常长，写入大字的效率更高。

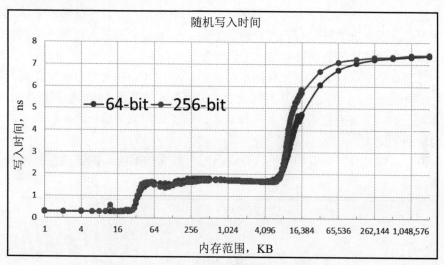

图 4.5　一个数组元素的写入时间与数组大小

关于内存访问对性能的影响，我们可以得出什么结论？

一方面，如果需要重复访问少量数据（小于32 KB），则不必太担心。当然，"重复"是关键：第一次访问任何内存位置都必须接触主内存，无论我们计划访问多少内存（计算机不知道你的数组很小，直到你读取整个数组然后回到开头——第一次读取很小的数组的第一个元素与读取很大的数组的第一个元素看起来完全一样）。

另一方面，如果必须访问大量数据，则内存速度可能会成为我们的首要考虑因素：每个数字都需要 7 ns，显然速度快不起来。

本章将讨论若干种提高内存性能的技术。在研究如何改进代码之前，让我们看看可以从硬件本身获得什么帮助。

4.4.2　顺序内存访问速度

到目前为止，我们已经测量了在随机位置访问内存的速度。这样做时，每次内存访问实际上都是新的。我们要读取的整个数组都被加载到它可以容纳的最小的缓存中，然后读取和写入随机访问该缓存中的不同位置。如果数组无法放入任何缓存，则随机访问内存中的不同位置，每次访问都会产生 7 ns 的延迟（对于笔者使用的硬件是如此）。

随机内存访问在程序中经常发生，而顺序内存访问同样经常发生，我们需要从第一个元素到最后一个元素处理一个大数组。

需要指出的是，这里的随机访问和顺序访问是由内存地址的顺序决定的。有一个潜在的误解是：列表（list）是一种不支持随机访问的数据结构（这意味着不能跳到列表的中间）并且必须从头元素开始按顺序访问。但是，如果每个列表元素是在不同时间单独分配的，那么顺序遍历列表很可能会以随机顺序访问内存。

另一方面，数组（array）是一种随机访问数据结构（意味着可以访问任何元素而无须访问它之前的元素）。但是，从头到尾读取数组会按地址单调递增的顺序依次访问内存。

在本章中，除非另有说明，否则当我们谈论顺序访问或随机访问时，关心的都是访问内存地址的顺序。

顺序内存访问的性能图表和随机内存访问的有很大的不同。如图 4.6 所示是顺序写入的结果。

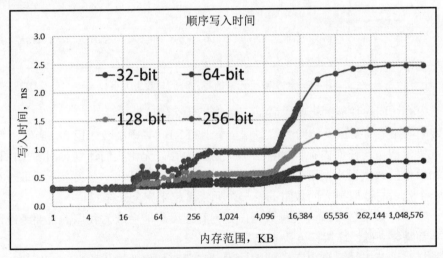

图 4.6　一个数组元素的写入时间与数组大小（顺序访问）

该图的整体形状与图 4.5 大致相同，但它们之间的差异与相似性同样重要。我们应该注意的第一个区别是纵轴的刻度：其时间值比图 4.5 中小得多。写入 256 位值仅需 2.5 ns，写入 64 位整数仅需 0.8 ns。第二个区别是不同字长的曲线不再相同。

这里有一个重要的注意事项是，此结果高度依赖于硬件：在许多系统上，结果与随机内存访问更相似。

在笔者所使用的硬件上，不同字长的顺序写入时间对于 L1 缓存是相同的，但对于其他缓存和主内存则是不同的。查看主内存值可以观察到，写入 64 位整数所需的时间并不是写入 32 位整数所需时间的两倍，而对于更大的字长，字长每翻一倍，写入时间都会增

加一倍。这意味着该限制不是每秒可以写入多少字，而是每秒可以写入多少字节：所有
字长（最小的除外）的每秒字节速度都相同。所以，访问速度不再受延迟而是受带宽的
限制：我们以总线可以传输它们的速度将位推送到内存中，并且将它们分组为 64 位块还
是 256 位块（也就是所谓的字长）并不重要，因为已经达到了内存的带宽限制。

同样，这一结果比我们在本章中所做的任何其他观察都更依赖于硬件：在许多机器
上，内存足够快，并且单个 CPU 无法使其带宽饱和。

我们可以做的最后一个观察是，虽然与缓存大小相对应的曲线中的阶梯仍然可见，
但它们不那么明显，也没有那么陡峭。

现在我们有测试结果，也有观察结果。但这究竟意味着什么呢？

4.4.3　硬件中的内存性能优化

上述 3 个观察结果结合起来，指向了硬件本身采用的某种延迟隐藏技术（除了改变
内存访问顺序，我们没有做任何事情来提高代码的性能，所以其变化都应归结于硬件执
行不同操作所产生的差异）。

当随机访问主内存时，每次访问在笔者所使用的机器上需要 7 ns，这是从请求特定
地址的数据到将其传送到 CPU 寄存器所需的时间，这个时间完全由延迟决定（无论请求
的字节是多少，都必须等待 7 ns）。

当按顺序访问内存时，硬件可以立即开始传输数组的下一个元素：访问第一个元素
仍然需要 7 ns，但在此之后，硬件将按内存总线可以处理的最快速度，将整个数组从内
存传输到 CPU，或者反过来，从 CPU 到内存。甚至在 CPU 发出数据请求之前，数组的
第二个和后续元素的传输就开始了。因此，延迟不再是限制因素，带宽才是。

当然，前提是硬件知道我们要顺序访问整个数组以及数组有多大。实际上，硬件对
此一无所知，但是，就像在第 3 章中介绍的条件指令一样，内存系统中也有学习电路可
以进行有根据的猜测。这种硬件技术称为预取（prefetch）。一旦内存控制器注意到 CPU
已经依次访问了多个地址，它就会假设该模式将继续，并将数据传输到 L1 缓存（用于读
取）或腾出 L1 缓存中的空间（用于写入）。

理想情况下，预取技术将允许 CPU 始终以 L1 缓存速度访问内存，因为当 CPU 需要
每个数组元素时，它已经在 L1 缓存中。

现实程序是否符合这种理想情况取决于 CPU 在访问相邻元素之间需要执行多少操
作。在我们的基准测试中，CPU 几乎不执行任何操作，因此预取技术发挥不了作用。即
使预期到了线性顺序访问，也无法在内存和 L1 缓存之间足够快地传输数据。当然，预取
技术在隐藏内存访问延迟方面是非常有效的。

预取并不是基于任何内存访问方式的先验知识（有一些与特定平台相关的系统调用允许程序通知硬件将要按顺序访问一定范围的内存，但是它们不可移植，因此实际上用途不大）。相反，预取会尝试检测访问内存的模式。因此，预取的有效性取决于它确定模式和猜测下一次访问的位置的有效性。

有很多关于预取模式检测的局限性的信息，但其中大部分已经过时。例如，在较早的文献中，有一种说法是按前向顺序访问内存（前向访问指的是对于数组 a，从 a[0]到 a[N-1]）比后向访问更有效，但是任何现代 CPU 都不再如此。

如果我们也开始准确描述哪些模式在预取方面是有效的，哪些模式是无效的，那么本书就有落入同样的陷阱的风险。因此，如果你的算法需要特定的内存访问模式并且你想知道预取技术是否可以很好地处理它，则最可靠的方法是使用类似于本章中用于随机内存访问的基准测试代码来进行衡量。

一般而言，预取技术对于以递增和递减顺序访问内存同样有效。但是，在预取调整到新模式之前，反转方向会有一些代价。

使用步幅（stride）访问内存（例如，按每 4 个元素访问数组），将与密集的顺序访问一样，可被有效地检测和预测。预取还可以检测多个并发步幅（即访问每 3 个和每 7 个元素），但是当硬件功能从一个处理器更改为另一个处理器时，必须收集自己的数据。

除了预取，硬件还可以采用另一种很成功的性能优化技术，并且也是我们熟悉的技术：流水线（pipeline）或硬件循环展开（hardware loop unrolling）。这在第 3 章已经讨论过，它可用于隐藏由条件指令引起的延迟。

类似地，流水线也可用于隐藏内存访问的延迟。考虑以下循环：

```
for (size_t i = 0; i < N; ++i) {
    b[i] = func(a[i]);
}
```

在每次迭代中，从数组中读取一个值 a[i]，执行一些计算，并将结果 b[i]存储到另一个数组中。由于读取和写入都需要时间，因此，可以预期该循环执行的时间线将如图 4.7 所示。

| Load a[1] | Compute | Store b[1] | Load a[2] | Compute | Store b[2] |

图 4.7 非流水线循环的时间线

原　　文	译　　文	原　　文	译　　文
Load	载入	Compute	计算
Store	存储		

在该操作顺序中，CPU 的大部分时间都在等待内存操作完成。相反，如果采用流水线技术，则硬件将提前读入指令流并叠加不存在依赖关系的指令序列，如图 4.8 所示。

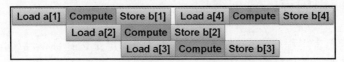

图 4.8 流水线（展开）循环的时间线

假设有足够的寄存器，则可以在读取第一个数组元素后立即开始加载第二个数组元素。为简单起见，我们假设 CPU 不能一次加载两个值；但是大多数真实的 CPU 都可以同时进行多个内存访问，这只是意味着流水线可以更宽，并没有改变主要思想。

一旦输入值可用，第二组计算就会开始。在前几步之后，流水线被加载，CPU 花费大部分时间进行计算（如果不同迭代的计算步骤重叠，CPU 甚至可能一次执行多次迭代，前提是它有足够的计算单元来这样做）。

流水线可以隐藏内存访问的延迟，但这显然是有限制的。例如，如果读取一个值需要 7 ns，而我们需要读取一百万个这样的值，最多需要 7 ms，这是无法解决的（再次假设 CPU 一次只能读取一个值）。

流水线可以通过用内存操作叠加计算来帮助我们，因此，在理想情况下，所有计算都在 7 ms 内完成。预取操作可以在我们需要它之前开始读取下一个值，从而减少平均读取时间，但前提是它正确猜测了该值是什么。无论采用哪种方式，本章中完成的测量都显示了以不同方式访问内存的最佳情况。

通过测量内存速度和解释其结果，我们已经讨论了有关内存架构的基础知识，并了解了内存系统的一般属性。如果想要获得更详细或特定的测量示例，则不妨作为一项练习，你现在应该有能力收集所需的数据，以便对特定应用程序的性能做出明智的决定。

接下来，让我们将注意力转向下一步：在理解了内存的工作方式以及其性能表现之后，要如何做才能提高具体程序的性能？

4.5 优化内存性能

许多程序员在学习了本章前面的内容之后的第一反应是这样的："谢谢，我现在明白了为什么我的程序很慢，但是没办法啊，我拥有的数据量本就很大，不可能按照理想的 32 KB 来处理，并且算法本身包括的就是复杂的数据访问模式，所以我无能为力。"

如果我们不了解如何为需要解决的问题获得更好的内存性能，那么学习本章就没有多大价值。因此，本节将介绍可用于提高内存性能的技术。

4.5.1　高效使用内存的数据结构

就内存性能而言，程序员需要做出的最重要的决定是选择数据结构，或者用更直白的话来说，就是选择数据的组织方式。

了解能做什么和不能做什么很重要。图 4.5 和图 4.6 中显示的内存性能很明确，我们无法绕过它（严格来说，这只有99%正确，还有一些罕见的内存访问技术，但是很少会超过这两幅图中的限制）。但是，我们可以选择这些图表上与自己的程序相对应的点的位置。我们首先考虑一个简单的例子：若需要按顺序存储和处理 1 MB 个 64 位整数，可以将这些值存储在一个数组中，数组的大小为 8 MB。根据我们的测量结果，每个值的访问时间约为 0.6 ns，如图 4.9 所示。

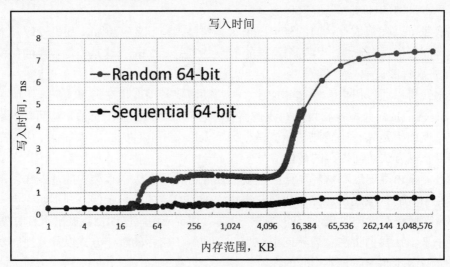

图 4.9　数组（A）与列表（L）元素的写入时间

或者，我们也可以使用列表来存储相同的数字。std::list 是一个节点的集合，每个节点都有值和两个指针，分别指向下一个节点和上一个节点。因此，整个列表使用 24 MB 内存。此外，每个节点都是通过单独调用 operator new 分配的，因此不同的节点可能位于完全不同的地址，特别是如果程序同时还要进行其他内存分配和释放则更是如此。

遍历列表时，我们需要访问的地址中不会有任何模式，因此要找到列表的性能，我们需要做的就是在随机内存访问曲线上找到与 24 MB 内存范围对应的点。可以看到，其每个值的访问时间超过了 5 ns，或者说，比访问数组中的相同数据慢了几乎一个数量级。

如果想要证明这一点，则第 3 章的内容可带来一些有益的启发。我们可以轻松构建一个微基准测试，将数据写入相同大小的列表和向量中，以此来进行比较。以下是向量的基准测试代码。

03_list_vector.C

```
template <class Word>
void BM_write_vector(benchmark::State& state) {
    const size_t size = state.range(0);
    std::vector<Word> c(size);
    Word x = {};
    for (auto _ : state) {
        for (auto it = c.begin(), it0 = c.end(); it !=
            it0;) {
                REPEAT(benchmark::DoNotOptimize(*it++ = x);)
        }
        benchmark::ClobberMemory();
    }
}
BENCHMARK_TEMPLATE1(BM_write_vector, unsigned long)-
>Arg(1<<20);
```

将 std::vector 更改为 std::list 即可创建列表的基准测试。请注意，与之前的基准测试相比，大小的含义发生了变化：现在它是容器中元素的数量，因此内存的大小将取决于元素类型和容器本身。如图 4.10 所示，对于 1 MB 个元素，其结果完全符合预期。

Benchmark	Time	CPU	Iterations		
BM_write_vector<unsigned long>/1048576	706319 ns	705699 ns	984	11.0706GB/s	1.48587G items/s
BM_write_list<unsigned long>/1048576	4194274 ns	4190841 ns	139	1.86418GB/s	250.207M items/s

图 4.10　列表和向量的基准测试对比

既然性能差距如此之大，为什么还有人会选择列表而不是数组（或 std::vector）？最常见的原因是，在创建时，我们不知道将有多少数据，并且向量在处理数据增长时的效率极低（这涉及复制的问题）。

有若干种方法可以解决这个问题。有时可以预先计算数据的最终大小。例如，我们可能需要对输入数据进行一次扫描，以确定为结果分配多少空间。如果输入被有效地组织，那么对输入进行两次扫描可能是值得的：第一次为计数，第二次为处理。

如果无法提前知道数据的最终大小，则可能需要一种更智能的数据结构，将向量的内存效率与列表的大小调整效率结合起来。这可以使用块分配数组（block-allocated array）来实现，如图 4.11 所示。

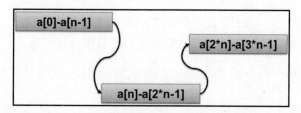

图 4.11　一个块分配的数组（deque）可以就地增长

　　这种数据结构以固定容量的块分配内存，往往小到足以放入 L1 缓存（常使用 2～16 KB 的任何大小）。每个块都用作一个数组，因此，在每个块内，元素是按顺序访问的。块本身被组织在一个列表中。

　　如果需要延长这个数据结构，则只需分配另一个块并将其添加到列表中。访问每个块的第一个元素可能会导致缓存未命中（cache miss），但是，一旦预取检测到顺序访问模式，即可有效地访问块中的其余元素。

　　随机访问的成本按每个块中的元素数量分摊，就可以变得非常小，并且由此产生的数据结构几乎可以与数组或向量相同。

　　在 STL 中，已经有这样一个数据结构：std::deque（遗憾的是，在大多数 STL 版本中的实现并不是特别高效，对 deque 的顺序访问通常比对相同大小的 vector 要慢一些）。有些程序员更喜欢列表而不是数组（包括单个数组和块分配数组）的另一个原因是：列表允许在任何位置快速插入，而不仅仅是在末尾。如果需要该功能，那么必须使用一个列表或另一个节点分配的容器（node-allocated container）。在这种情况下，通常最好的解决方案是不要尝试选择适用于所有需求的单一数据结构，而是将数据从一种数据结构迁移到另一种数据结构。例如，如果我们要使用列表来存储数据元素，在保持排序顺序的情况下一次一个，那么我们是否需要在所有元素都插入后仍一直保持排序？还是仅在构建过程中排序而不是一直排序？

　　如果算法中存在数据访问模式发生变化的点，那么在该点更改数据结构通常是有利的，即使需要以一些内存复制为代价。例如，我们可以构造一个列表，并在添加最后一个元素后，将其复制到一个数组中以加快顺序访问速度（假设不需要添加更多元素）。

　　如果我们可以确定数据的某些部分是完整的，则可以将该部分转换为数组，这可能是块分配数组中的一个或多个块，并将仍然可变的数据保留在列表或树数据结构中。

　　另一方面，如果我们很少需要按排序的顺序处理数据，或者需要按多个顺序处理，那么将顺序与存储分离往往是最好的解决方案。数据存储在向量（vector）或双端队列（deque）中，顺序由按所需顺序排序的指针数组来表示。由于所有有序的数据访问现在都是间接的（通过中间指针），因此在此类访问很少时，这是非常高效的，并且大多数情况下，我们都可以按照数据在数组中的存储顺序处理数据。

最基本的要求是，如果我们经常访问一些数据，则应该选择一种能够使该特定访问模式达到最佳性能的数据结构。如果访问模式随时间变化，则数据结构也应该发生变化。如果我们不需要花太多时间访问数据，则从一种数据结构转换到另一种数据结构的开销可能是不合理的。当然，在这种情况下，我们应该确认低效的数据访问不会导致性能瓶颈。这也给我们带来了下一个问题：如何确定哪些数据访问的效率较低，或者换个说法，如何确定哪些数据访问的成本很高？

4.5.2　分析内存性能

一般来说，特定数据结构或数据组织方式的效率是相当明显的。例如，如果我们有一个包含数组或向量的类，而这个类的接口只允许一种访问数据的方式——从头到尾顺序迭代（在 STL 语言中，这称为前向迭代器 Forward Iterator），那么我们可以非常肯定地说，无论如何，在内存级别，该数据都将被尽可能有效地访问。

我们无法确定的是算法的效率。例如，对数组中特定元素的线性搜索效率非常低（当然，每次的内存读取都是高效的，但是在数量很多的情况下，就需要更好的组织数据的方式，以提高搜索的性能）。因此，仅仅知道哪些数据结构的内存效率很高是不够的，还需要知道程序在处理一组特定数据上花费了多少时间。有时，这样的成本一目了然，尤其是在封装良好的情况下。如果我们有一个函数，根据性能分析数据发现它花了很多时间，但是函数内部的代码并没有执行大量的计算，而是移动了大量数据，那么改善其数据访问效率，无疑将提高整体性能。遗憾的是，大多数时候事情不会这么简单，不是优化一下某个函数就能解决问题。有可能是消除了函数或代码片段的问题，但程序仍然效率低下。那么，这是怎么回事呢？

注意，当代码没有问题时，数据还可能有问题。在整个程序中，我们可能访问了一个或多个数据结构，花费在这些数据上的累积时间很长，但它并没有变成任何函数或循环的局部数据。此时，传统的性能分析已经没什么用了：它会表明运行时在整个程序中均匀分布，优化任何一个代码片段都不会产生哪怕很小的改进。这时我们需要的是一种更有效的方式，能够找到在整个程序中访问效率低下的数据。仅使用时间测量工具很难收集这些信息。但是，有一种性能分析工具能够利用硬件事件计数器，它可以相当容易地收集这些信息。

大多数 CPU 可以统计内存访问次数，或者更具体地说，可以计算缓存命中和未命中。因此，本章将再次使用 perf 性能分析器。有了它，我们就可以通过以下命令衡量 L1 缓存的使用效果。

```
$ perf stat -e \
  cycles,instructions,L1-dcache-load-misses,L1-dcache-loads \
  ./program
```

缓存测量计数器不是默认计数器集的一部分，因此必须明确指定。可用计数器的确切集合因 CPU 而异，但始终可以通过运行 perf list 命令查看它们。

在上述示例中，我们测量了在读取数据时的 L1 缓存未命中情况（L1-dcache-load-misses）。这里的术语 dcache 代表的就是数据缓存（data cache）。CPU 还有单独的 icache，代表指令缓存（instruction cache），用于从内存加载指令。

可以使用该命令行来分析读取随机地址内存的基准测试。当内存范围较小时（如 16 KB），则整个数组都可以放入 L1 缓存，此时几乎没有缓存未命中的情况，如图 4.12 所示。

```
14,815,453,406      cycles
29,626,413,077      instructions              #      2.00   insn per cycle
       761,897      L1-dcache-load-misses     #      0.00%  of all L1-dcache hits
27,472,431,319      L1-dcache-loads
```

图 4.12　充分利用 L1 缓存的程序性能分析

但是，将内存大小增加到 128 MB 之后，即可看到缓存未命中的情况非常频繁，如图 4.13 所示。

```
34,290,504,068      cycles
10,796,170,032      instructions              #      0.31   insn per cycle
   454,055,558      L1-dcache-load-misses     #     15.79%  of all L1-dcache hits
 2,875,385,952      L1-dcache-loads

 10.906316378 seconds time elapsed
```

图 4.13　L1 缓存使用效率较低的程序性能分析

请注意，perf stat 收集的是整个程序的总体值，可能其中一些内存访问高效利用了缓存，而另一些则不是。

一旦我们知道某个地方的内存访问处理得比较糟糕，即可使用 perf record 和 perf report 获得详细的性能分析数据。它们的使用方法在第 2 章中已经介绍过（当时使用了不同的计数器，但对于我们要收集的任何计数器来说，其使用过程都是相同的）。

当然，如果原始计时性能分析没有检测到任何有问题的代码，则缓存性能分析也会显示相同的内容。代码中有许多位置缓存未命中的比例很大。每个位置对总执行时间的贡献很小，但它们加起来很可观。

现在我们注意到这些代码位置有一个共同点：它们操作的内存。例如，如果有几十个不同的函数，它们总共有15%的缓存未命中率，但它们都在同一个列表上操作，则该列表就是有问题的数据结构，我们必须以其他方式组织该数据。

　　现在我们已经了解了如何检测和识别有问题的数据结构，它们低效的内存访问模式会对性能产生负面影响，我们还学习了一些替代方案。遗憾的是，替代数据结构通常不具有相同的特性或性能。例如，如果在整个生命周期中，元素必须在数据结构的任意位置插入，则不能用向量替换列表。

　　一般来说，导致低效内存访问的不是数据结构，而是算法本身。在这种情况下，我们可能不得不更改算法。

4.5.3　优化内存性能的算法

　　算法的内存性能是一个经常被忽视的主题。最常见的选择算法的原因是算法性能（algorithmic performance）或它们执行的操作/步骤的数量。

　　内存优化通常需要一个违反直觉的选择：执行更多的操作，甚至是一些不必要的操作，以提高内存性能。这里的诀窍是用一些计算换取更快的内存操作。因为内存操作很慢，所以额外操作的预算相当大。

　　要更快地使用内存，还有一种方法是使用更少的内存。这种方法通常会导致重新计算一些本可以从内存中存储和检索的值。在最坏的情况下，如果此检索导致随机访问，则读取每个值将需要几纳秒的时间（在我们的测量中为 7 ns）。如果重新计算值所需的时间少于此时间，则最好不要存储这些值。这是空间与内存的传统权衡。

　　这种优化有一个有趣的变体：我们不是简单地使用更少的内存，而是尝试在任何给定时间使用更少的内存。这里的思路是尝试将当前工作数据集放入其中一个缓存中，如L2 缓存，并在移动到数据的下一部分之前对其执行尽可能多的操作。

　　根据定义，将新数据集加载到缓存中会导致每个内存地址的缓存未命中。但是最好仅接受这一次缓存未命中，然后在一段时间内都可以高效地对数据进行操作，而不是一次处理所有数据并在每次需要此数据元素时都冒着缓存未命中的风险。

　　本节将展示一种更有趣的技术，即执行更多的内存访问以节省一些其他内存的访问。这里的权衡又是不同的：我们希望减少慢速随机访问的数量，但付出了增加快速顺序访问数量的代价。由于顺序内存流比随机访问大约快一个数量级，因此，我们同样有可观的预算来支付额外操作，以减少缓慢的内存访问。

　　让我们来看一个更详细的例子。假设有一个数据记录（如字符串）的集合，程序需要对其中一些记录应用一组更改，然后得到另一组更改，依此类推。每一组更改都会对某些记录进行修改，而其他记录则保持不变。通常而言，这些更改确实会改变记录的大小及其内容。每一组中更改的记录子集是完全随机且不可预测的，如图 4.14 所示。

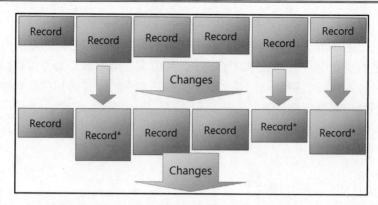

图 4.14　记录编辑问题（在每个变更集中，*标记的记录被编辑，其余保持不变）

原　　文	译　　文	原　　文	译　　文
Record	记录	Changes	修改

　　解决这个问题的最简单的方法是将记录存储在它们自己的内存分配中，并将其组织成某种数据结构，允许每条记录被一个新记录替换（旧记录被释放，因为新记录通常大小不同）。这样的数据结构可以是树（C++中的集合）或列表。

　　为了使该示例更加具体，我们使用字符串作为记录。此外，我们还必须更具体地说明变更集的指定方式。假设它不指向需要更改的特定记录；相反，对于任何记录，我们只要指定它是否要更改即可。

　　此类字符串更改集的最简单示例是一组查找和替换模式。其实现代码如下所示。

```cpp
std::list<std::string> data;
… 初始化记录 …
for (auto it = data.begin(), it0 = --data.end(), it1 = it;
    true; it = it1) {
    it1 = it;
    ++it1;
    const bool done = it == it0;
    if (must_change(*it)) {
        std::string new_str = change(*it);
        data.insert(it, new_str);
        data.erase(it);
    }
    if (done) break;
}
```

　　在每个变更集中，我们将遍历整个记录集合，以确定是否需要更改记录，并在需要时进行更改（变更集隐藏在函数 must_change()和 change()中）。上述代码只显示了一个变更集，因此可根据需要多次运行此循环。

这个算法的弱点是我们使用了一个列表，而且我们不断地在内存中移动字符串，对新字符串的每次访问都是缓存未命中。如果字符串很长，那么初始缓存未命中无关紧要，并且可使用快速顺序访问读取字符串的其余部分，结果类似于我们之前看到的块分配数组，内存性能很好。但是如果字符串很短，则整个字符串可能会在单个加载操作中读取，并且每次加载都在随机地址处完成。整个算法除了在随机地址加载和存储外什么都不做。如前文所述，这几乎是访问内存的最糟糕的方式。但是我们还能做什么呢？我们不能将字符串存储在一个巨大的数组中：如果数组中间的一个字符串需要增长，那么内存从哪里来？在该字符串之后是下一个字符串，因此没有增长的空间。

提出替代方案需要范式转变。本示例中的算法按其字面意思执行所需操作，它也对内存的组织方式施加了限制：更改记录需要将它们移动到内存中，并且即使只要修改其中一条记录而不用修改其他记录，也同样避免不了内存中记录的随机分布。因此，我们必须从侧面解决问题并从该限制开始。

我们确实想按顺序访问所有记录。在这种约束条件下能做什么呢？我们可以非常快地读取所有记录，可以决定是否必须更改记录，这一步和以前一样。但是，如果记录必须增长，那该怎么办呢？我们必须将它移到其他地方，因为原地没有增长的空间。但我们也同意记录将按顺序分配，一条接一条。这样上一条记录和下一条记录也必须移动，因此它们将保持存储在我们的新记录之前和之后。这是替代算法的关键：所有记录都随每个更改集一起移动，无论它们是否更改。

现在可以考虑将所有记录存储在一个巨大的连续缓冲区中（假设我们知道总记录大小的上限），如图 4.15 所示。

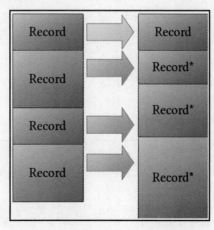

图 4.15　顺序处理所有记录

原　文	译　文
Record	记录

该算法需要在复制期间分配相同大小的第二个缓冲区，因此峰值内存消耗是数据大小的两倍。

```
char* buffer = get_huge_buffer();
… 初始化 N 条记录 …
char* new_buffer = get_huge_buffer();
const char* s = buffer;
char* s1 = new_buffer;
for (size_t i = 0; i < N; ++i) {
    if (must_change(s)) {
        s1 = change(s, s1);
    } else {
        const size_t ls = strlen(s) + 1;
        memcpy(s1, s, ls);
        s1 += ls;
    }
    s += ls;
}
release(buffer);
buffer = new_buffer;
```

在每个变更集中，我们将旧缓冲区中的每个字符串（记录）复制到新缓冲区。如果需要更改记录，则将新版本写入新缓冲区。否则，原记录将被简单地复制。对于每个新的更改集，我们将创建一个新缓冲区，并在操作结束时释放旧缓冲区（实际实现将避免重复调用分配和释放内存并简单地交换两个缓冲区）。这种实现的明显缺点是使用了巨大的缓冲区：我们必须从宽选择它的大小，以便为可能遇到的最大记录分配足够的内存。峰值内存消耗是数据大小的两倍，这一点也令人不够满意。因此，可以通过将这种方法与我们之前讨论的可增长数组（growable array）数据结构相结合来解决该问题。

我们可以将记录存储在一系列固定大小的块中，而不是为其分配一个连续的缓冲区，如图 4.16 所示。

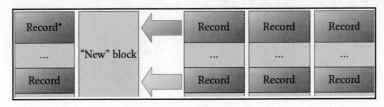

图 4.16　使用块缓冲区编辑记录

原　文	译　文	原　文	译　文
Record	记录	"New" block	"新" 块

为了简化示意图，我们将所有记录绘制为相同大小，但这个限制并不是必需的：记录可以跨越多个块（我们将块视为连续的字节序列，仅此而已）。在编辑记录时，需要为编辑的记录分配一个新块；编辑完成后，可以释放包含旧记录的块（或多个块），这样就不必等待读取整个缓冲区。

但是我们还可以做得更好：不必将最近释放的块返回给操作系统，而是将它放在空块列表中，因为我们很快就要编辑下一条记录，而其结果需要一个空的新块。我们刚好有一个，它就是用于包含我们编辑的最近一条记录的块，它位于我们最近发布的块列表的头部，最重要的是，该块是我们访问的最近内存，因此它可能仍在缓存中。乍一看，这个算法似乎非常糟糕：每次都要复制所有记录。但是不妨更仔细地分析一下这两个算法。

首先，读取量是一样的。两个算法都必须读取每个字符串来判断是否必须改变。第二个算法在性能上领先：它将在一次顺序扫描中读取所有数据，而第一个算法则会在内存中来回跳跃。

其次，如果字符串被编辑，则两个算法都必须将一个新的字符串写入新的内存区域。由于其顺序内存访问模式，第二个算法再次领先（而且，它不需要为每个字符串进行内存分配）。当然，如果字符串无须被编辑，则第一个算法领先，因为它什么都不用做，而第二个算法则需要制作副本。

根据上述分析，我们可以为每个算法定义它们的好坏情况。如果字符串很短，并且在每个变更集中将更改其中的很大一部分，则顺序访问算法将获胜；如果字符串很长或其中很少被更改，则随机访问算法将获胜。当然，要确定什么样的字符串是长的以及有多少字符串被修改算是大部分，唯一方法是测量。

性能必须通过测量而不是猜测来确定，但是这并不一定意味着必须始终编写完整程序的两个版本。很多时候，我们可以在一个对简化数据进行操作的小型模拟（mock）程序中模拟行为的特定方面。我们只需要知道记录的大致大小、更改了多少，另外，还需要对单个记录进行更改的代码，以便可以测量内存访问对性能的影响（如果每次更改的计算成本都非常高，则读取或写入记录需要多长时间都无关紧要）。通过这种模拟或原型实现，可以进行近似测量并做出正确的设计决策。

那么，在现实生活中，顺序字符串复制算法值得采用吗？我们已经完成了使用正则表达式模式编辑中等长度字符串（128B）的测试，其结果如下。

❑　如果在每个变更集中编辑了所有字符串的 99%，则顺序算法大约比随机算法快 4 倍（结果在某种程度上也与特定的计算机相关，因此，必须在类似于你期望使用的硬件上进行测量）。

- ❑ 如果所有记录的 50%被编辑，则顺序访问仍然更快，但优势只剩下大约 12%（这很可能落在不同 CPU 模型和内存类型之间差异的范围内，所以可以称为平局）。
- ❑ 如果所有记录中只有 1%被更改，则这两种算法在速度上几乎并列：不进行随机读取所节省的时间为几乎完全不必要的复制操作付出了代价。
- ❑ 对于较长的字符串，如果更改很少的字符串，则随机访问算法会轻松获胜。
- ❑ 对于很长的字符串，即使所有字符串都更改，也只是一个平局：两种算法都按顺序读取和写入所有字符串（随机访问一个长字符串的开头增加的时间可以忽略不计）。

我们现在已经了解了为应用程序确定更好算法所需的一切。以下就是性能设计经常采用的方式。

（1）确定性能问题的根源。

（2）想出一种方法来消除问题，代价可能是执行其他操作。

（3）制作出一个原型，测量一下改进的设计是否真的能获得性能上的收益。

在结束本章之前，我们想向你展示一下缓存和其他硬件提供的性能改进的完全不同的"用途"。

4.6　机器里的"幽灵"

在第 2 章和第 3 章中，我们已经了解了在现代计算机上从初始数据到最终结果的路径有多复杂。有时机器完全按照代码的规定执行：从内存中读取数据，按编写的代码执行计算，将结果保存回内存。然而，在更多情况下，它会经历一些我们完全不知道的奇怪的中间状态。从内存中读取并不总是从内存中读取，CPU 可能会推测性地决定执行其他指令而不是执行写入的指令，因为它认为你将需要它，如此等等。我们要做的，就是通过直接的性能测量来确认所有这些操作确实存在。不可避免地，这些测量总是间接的：硬件优化和代码转换都旨在提供正确的结果，毕竟更快才是目的。

本节将展示更多可观察的证据，证明确实存在本应隐藏的硬件操作，并且它们是可能被恶意利用的。近年来频频爆出的一些重大数据泄露事件，引发了极大的网络安全恐慌，很多硬件和软件供应商因此推出了大量补丁。接下来，我们要谈论的是 Spectre 和 Meltdown 系列的安全漏洞。

4.6.1 关于 Spectre

本小节将详细展示 Spectre 攻击的早期版本，即 Spectre version 1。本书并不是一本关于网络安全的书，然而，Spectre 攻击是通过仔细测量程序的性能来进行的，它依赖于本书研究的两种增强性能的硬件技术：推测执行和内存缓存。这使得该攻击在致力于提高软件性能的图书中也具有了讲解的意义。

Spectre 背后的思路如下：如前文所述，当 CPU 遇到条件跳转指令时，它会尝试预测结果并在假设预测正确的情况下继续执行指令。这被称为推测执行（speculative execution），没有推测执行，就无法在任何实际有用的代码中进行流水线操作。

推测执行的棘手部分是错误处理，错误经常出现在推测执行的代码中，但在证明预测正确之前，这些错误必须保持不可见。最明显的例子是空指针解引用：如果处理器预测某个指针不为空并执行相应的分支，那么当指针实际上是空的时，每次错误预测分支都会发生致命错误。因此，我们需要正确编写代码以避免解引用空指针，而且该代码必须正确执行：潜在错误必须保持潜在。

另一个常见的推测错误是数组边界读取或写入，如下所示。

```
int a[N];
    …
if (i < N) a[i] = …
```

如果索引 i 通常小于数组大小 N，那么这将成为预测，并且每次都会推测性地执行，并读取 a[i]。如果预测错误会怎样？结果将被丢弃，所以不会产生什么问题，对吗？实际上没那么简单：内存位置 a[i]不在原始数组中，它甚至不必是数组之后的元素。该索引可以是任意大的，因此被索引的内存位置可以属于不同的程序，甚至属于操作系统。我们没有读取此内存的访问权限。操作系统确实会强制执行访问控制，因此一般来说，尝试从另一个程序读取一些内存会触发错误。但这一次，我们不确定错误是否真实：执行仍处于推测阶段，分支预测可能是错误的。在我们知道预测是否正确之前，该错误一直是推测性错误（speculative error）。到目前为止，这此内容我们早些时候已经讨论过。

然而，潜在的非法读取操作有一个微妙的副作用：值 a[i]被加载到缓存中。下次我们尝试从同一位置读取时，读取速度会更快。

无论读取是真实的还是推测的，这都是成立的：推测执行期间的内存操作就像真实执行一样。从主内存读取需要更长的时间，而从缓存读取速度则更快。内存加载的速度是我们可以观察和测量的。

无论如何，这都不是该程序想要的结果，而是一个可测量的副作用。实际上，程序在其预期输出之外还具有额外的输出机制，这称为边信道（side-channel）。Spectre 攻击就利用了边信道，如图 4.17 所示。

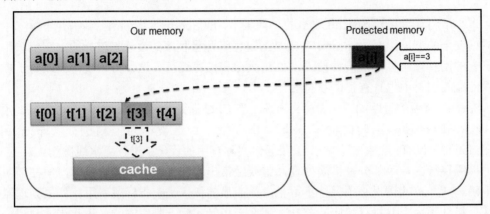

图 4.17　设置 Spectre 攻击

原　　文	译　　文	原　　文	译　　文
Our memory	我们的内存	cache	缓存
Protected memory	受保护的内存		

Spectre 攻击使用在推测执行期间获得的位置 a[i] 处的值来索引另一个数组 t。完成此操作后，一个数组元素 t[a[i]] 将被加载到缓存中。数组 t 的其余部分从未被访问过并且仍在内存中。请注意，与元素 a[i] 不同，它并非真的是数组 a 的元素，而是我们无法通过任何合法方式获得的内存位置中的某个值。现在，数组 t 完全在我们的控制之下。当我们读取值 a[i] 然后读取值 t[a[i]] 时，分支保持不可预测的时间对于攻击的成功至关重要。否则，一旦 CPU 检测到分支被错误预测并且实际上不需要这些内存访问，推测执行就会结束。

在推测执行完成之后，最终会检测到错误预测，并回滚推测操作的所有后果，包括可能的内存访问错误。但是，在这些"所有后果"中有一个例外，即数组元素 t[a[i]] 的值仍在缓存中。这本身并没有错：访问这个值是合法的，我们可以随时进行，而且无论如何，硬件一直在将数据移入和移出缓存；它永远不会改变该结果或让你访问任何不应该访问的内存。

当然，在这整个系列事件中，有一个可观察到的影响：数组 t 的一个元素的访问速度比其余元素快得多，如图 4.18 所示。

如果可以测量读取数组 t 的每个元素需要的时间，即可找出由值 a[i] 索引的，我们本不应该知道的秘密值！

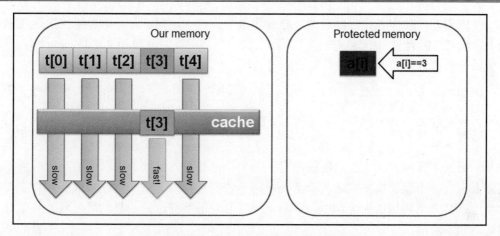

图 4.18　Spectre 攻击后的内存和缓存状态

原　　文	译　　文	原　　文	译　　文
Our memory	我们的内存	slow	慢
Protected memory	受保护的内存	fast!	快！
cache	缓存		

4.6.2　Spectre 攻击示例

Spectre 攻击需要将若干个部分组合在一起，下面将一一介绍。总的来说，这是一个相当大的编码示例。本小节的特定实现是 Chandler Carruth 在 2018 年 CppCon（C++社区的线下聚会活动，每年一次）上给出的示例的变体。

我们需要的组件之一是一个准确的计时器，可以尝试使用 C++高分辨率计时器。

```
using std::chrono::duration_cast;
using std::chrono::nanoseconds;
using std::chrono::high_resolution_clock;
long get_time() {
    return duration_cast< nanoseconds>(
        high_resolution_clock::now().time_since_epoch()
    ).count();
}
```

这个计时器的开销和分辨率取决于实现；该标准不要求任何特定的性能保证。在 x86 CPU 上，可以尝试使用时间戳计数器（time-stamp counter，TSC），它是一种硬件计数器，用于计算过去某个时间点以来的周期数。

使用周期计数作为计时器通常会导致测量噪声更大，但计时器本身更快，这在本示例中很重要，因为我们将尝试测量从内存加载单个值所需的时间。GCC、Clang 和许多其他编译器都具有用于访问此计数器的内置函数。

```
long get_time() {
    unsigned int i;
    return __rdtscp(&i); // GCC/Clang 内置函数
}
```

无论采用哪种方式，我们现在都有了一个快速计时器。接下来需要的是计时数组。实际上，它并不像我们在前面的示意图中暗示的整数数组那么简单：整数在内存中彼此太接近；将一个值加载到缓存中会影响访问其邻居所需的时间。我们需要将这些值分开很远，如下所示。

```
constexpr const size_t num_val = 256;
struct timing_element { char s[1024]; };
static timing_element timing_array[num_val];
::memset(timing_array, 1, sizeof(timing_array));
```

这里我们将只使用 timing_element 的第一个字节，其余字节用于强制保持内存中的距离。1024 B 的距离并没有什么神奇之处，只需要足够大即可。但"足够大"究竟要多大，必须通过实验来确定：如果距离太小，则攻击就会变得不可靠。

计时数组中有 256 个元素，这是因为我们将一次读取一个字节的秘密内存。所以，在上述例子中，数组a[i]是一个字符数组（即使真正的数据类型不是 char，我们仍然可以逐字节读取）。

严格来说，计时数组并不必须要初始化，因为没有什么是取决于这个数组的内容的。

现在可以来看看该代码的核心。下面是一个简化的实现，它缺少一些必要的细节（下文将会添加），这里只是为了首先关注关键部分，以使代码解释更容易。

我们需要将越界读取的数组。

```
size_t size = …;
const char* data = …;
size_t evil_index = …;
```

其中，size 是数据的实际大小；evil_index 应该大于 size，它是正确数据数组之外的秘密值的索引。

接下来，我们将训练分支预测器。我们需要它学习更有可能的分支是执行访问数组操作的分支。为此，可以生成一个始终指向数组的有效索引（稍后将介绍具体如何做）。以下是我们的 ok_index。

```
const size_t ok_index = …; // 小于 size
constexpr const size_t n_read = 100;
for (size_t i_read = 0; i_read < n_read; ++i_read) {
    const size_t i = (i_read & 0xf) ? ok_index : evil_index;
    if (i < size) {
        access_memory(timing_array + data[i]);
    }
}
```

然后读取在 timing_array + data[i]位置的内存，其中，i 要么是 ok_index，要么是 evil_index，但前者比后者更频繁（我们将尝试仅在 16 次读取中读取一次秘密数据，以保证分支预测器的训练能够成功）。

请注意，实际的内存访问由有效的边界检查保护，这是最重要的：我们从来没有真正读过我们不应该读的内存；此代码是 100%正确的。

从概念上讲，访问内存的函数只进行了内存读取。因此，在实践中，我们将不得不与聪明的优化编译器抗衡，它会试图消除冗余操作或不必要的内存操作。

以下方法使用了内部汇编功能（读取指令实际上是由编译器生成的，因为位置*p被标记为输入）。

```
void access_memory(const void* p) {
    __asm__ __volatile__ ( "" : :
        "r"(*static_cast<const uint8_t*>(p)) : "memory" );
}
```

我们可以多次运行这个故意同时包含正确预测和错误预测的循环（在本示例中为 100）。

现在可以预计 timing_array 的一个元素在缓存中，所以只需要测量访问每个元素需要多长时间即可。需要注意的是，顺序访问整个数组是行不通的，因为预取技术将快速启动并将我们要访问的元素移动到缓存中。大多数时候这非常有效，但它恰恰不是我们现在所需要的。因此，我们必须以随机顺序访问数组的元素，并存储访问数组中每个元素所花费的时间。

```
std::array<long, num_val> latencies = {};
for (size_t i = 0; i < num_val; ++i) {
    const size_t i_rand = (i*167 + 13) & 0xff; // 随机化
    const timing_element* const p = timing_array + i_rand;
    const long t0 = get_time();
    access_memory(p);
    latencies[i_rand] = get_time() - t0;
}
```

你可能会问，为什么不简单地寻找一种快速访问方式呢？这有两个原因：首先，我们不知道对于任何特定硬件而言，究竟多快算作快？我们只知道它应该比正常速度快，所以必须测量正常速度。其次，任何单独的测量都不会是100%可靠的。有时，计算会被另一个进程或操作系统中断；整个操作序列的确切计时取决于当时 CPU 正在做什么，如此等等。这个过程很有可能会泄露秘密内存位置的值，但不能 100%保证，所以必须尝试若干次并平均结果。

在开始这样做之前，我们介绍的上述代码中还有几处遗漏。首先，它假设计时数组值不在缓存中。即使开始时确实如此，但在我们成功偷看到第一个秘密字节之后就应该不是这样了。因此，在每次开始攻击我们想要读取的下一个字节之前，还必须从缓存中清除已有的计时数组。

```
for (size_t i = 0; i < num_val; ++i) {
    _mm_clflush(timing_array + i);                // 从缓存中清除计时数组
}
```

同样，我们使用了 GCC/Clang 内置函数。大多数编译器都有类似的函数，只不过函数名称可能会有所不同。

其次，只有当推测执行持续足够长的时间时，攻击才会起作用。也就是说，在 CPU 确定它应该采取哪个分支之前，应该有发生两次内存访问（数据和计时数组）的时间。在实际程序中，我们所编写的代码在推测执行上下文中并不会占用很长的时间，因此，必须让 CPU 更难计算出正确的分支是什么。有不止一种方法可以做到这一点。在本示例中，我们将使分支条件依赖于从内存中读取一些值。可以将数组大小复制到另一个访问缓慢的变量中。

```
std::unique_ptr<size_t> data_size(new size_t(size));
```

现在我们必须确保这个值在被读取之前从缓存中被逐出，并使用存储在*data_size 中的数组大小值而不是原始大小值。

```
_mm_clflush(&*data_size);
for (volatile int z = 0; z < 1000; ++z) {}        // 延迟
const size_t i = (i_read & 0xf) ? ok_index : evil_index;
if (i < *data_size) {
    access_memory(timing_array + data[i]);
}
```

在上述代码中还有一个神奇的延迟，一些无用的计算将缓存冲刷与对数据大小的访问分开（它会使可能的指令重新排序失败，而指令重新排序将使 CPU 更快地访问数组大小）。

　　现在条件 i < *data_size 需要一些时间来计算：CPU 在知道结果之前需要从内存中读取值。该分支是根据更可能的结果预测的，它是一个有效的索引，因此可以推测性地访问数组。

4.6.3　释放"幽灵"

　　我们要做的最后一步是将前面介绍的代码放在一起并多次运行该过程以累积统计上可靠的测量值（考虑到计时器本身的时间与我们尝试测量的时间一样长，因此，单个指令的计时测量值将会有很大的噪声）。

💡 提示：

　　本小节的标题并不是想讲述一个灵异故事。实际上，Spectre 本身就含有"幽灵"之意，因此这里的释放"幽灵"是一语双关，意指使用 Spectre 进行攻击。

　　以下函数将攻击数据数组之外的单个字节。

spectre.C

```
char spectre_attack(const char* data,
                    size_t size, size_t evil_index) {
    constexpr const size_t num_val = 256;
    struct timing_element { char s[1024]; };
    static timing_element timing_array[num_val];
    ::memset(timing_array, 1, sizeof(timing_array));

    std::array<long, num_val> latencies = {};
    std::array<int, num_val> scores = {};
    size_t i1 = 0, i2 = 0;                      // 两个最高分
    std::unique_ptr<size_t> data_size(new size_t(size));

    constexpr const size_t n_iter = 1000;
    for (size_t i_iter = 0; i_iter < n_iter; ++i_iter) {
        for (size_t i = 0; i < num_val; ++i) {
            _mm_clflush(timing_array + i); // 从缓存中清除计时数组
        }

        const size_t ok_index = i_iter % size;
        constexpr const size_t n_read = 100;
        for (size_t i_read = 0; i_read < n_read; ++i_read) {
```

```
        _mm_clflush(&*data_size);
        for (volatile int z = 0; z < 1000; ++z) {} // 延迟
        const size_t i = (i_read & 0xf) ? ok_index : evil_index;
        if (i < *data_size) {
            access_memory(timing_array + data[i]);
        }
    }
    for (size_t i = 0; i < num_val; ++i) {
        const size_t i_rand = (i*167 + 13) & 0xff;
        // 随机化
        const timing_element* const p = timing_array + i_rand;
        const long t0 = get_time();
        access_memory(p);
        latencies[i_rand] = get_time() - t0;
    }

    score_latencies(latencies, scores, ok_index);
    std::tie(i1, i2) = best_scores(scores);
    constexpr const int threshold1 = 2, threshold2 = 100;
    if (scores[i1] >
        scores[i2]*threshold1 + threshold2) return i1;
    }
    return i1;
}
```

对于计时数组的每个元素，我们将计算一个分数，即该元素被最快访问的次数。我们还将跟踪第二快的元素，它应该只是常规的、访问速度较慢的数组元素之一。该过程可以不断地进行多次迭代。理想情况下，可以直至得到结果才停止，但在实践中，可能不得不在某个时候中止。

一旦最好的分数和第二好的分数之间出现足够大的差距，则意味着我们已经可靠地检测到计时数组的快速元素，它就是由秘密字节的值索引的元素。如果达到最大迭代次数但是没有获得可靠的答案，则表明攻击失败。当然，也可以尝试使用迄今为止获得的最佳猜测值。

有两个实用函数来计算延迟的平均分数并找到两个最好的分数，它们可以按我们想要的任何方式实现，只要提供正确的结果即可。

第一个函数将计算平均延迟并增加延迟略低于平均值的计时元素的分数（这里的"略低于"的阈值究竟是多少必须通过实验调整，但不是很敏感）。请注意，我们期望有一个数组元素的访问速度明显更快，因此可以在计算平均延迟时跳过它（理想情况下，应该有一个元素的延迟比其余元素低得多，其余元素都相同）。

spectre.C

```cpp
template <typename T>
double average(const T& a, size_t skip_index) {
    double res = 0;
    for (size_t i = 0; i < a.size(); ++i) {
        if (1 != skip_index) res += a[i];
    }
    return res/a.size();
}

template <typename L, typename S>
void score_latencies(const L& latencies, S& scores, size_t ok_index) {
    const double average_latency = average(latencies, ok_index);
    constexpr const double latency_threshold = 0.5;
    for (size_t i = 0; i < latencies.size(); ++i) {
        if (ok_index != 1 && latencies[i] <
            average_latency*latency_threshold) ++scores[i];
    }
}
```

第二个函数的作用只是在数组中找到两个最好的分数。

spectre.C

```cpp
template<typename S>
std::pair<size_t, size_t> best_scores(const S& scores) {
    size_t i1 = -1, i2 = -1;
    for (size_t i = 0; i < scores.size(); ++i) {
        if (scores[i] > scores[i1]) {
            i2 = i1;
            i1 = i;
        } else
        if (i != i1 && scores[i] > scores[i2]) {
            i2 = i;
        }
    }
    return { i1, i2 };
}
```

现在有一个函数，它将返回指定数组之外的单个字节的值，而无须直接读取该字节。我们将使用它来访问一些秘密数据。为了演示，我们将分配一个非常大的数组，但通过指定一个小的值作为数组大小来指定其中的大部分在界限之外。实际上，这是目前可以演示这种攻击的唯一方法，因为自发现 Spectre 攻击以来，大多数计算机都已针对 Spectre 漏洞打上了补丁，因此，除非有一台从废旧仓库里面淘出来的古董机器，否则该攻击不会对确实不允许访问的任何内存起作用。现有补丁不会阻止我们对允许访问的任何数据使用 Spectre，但是我们必须检查代码并证明它确实在不直接访问内存的情况下返回了值。spectre_attack()函数不会读取指定大小的数据数组之外的任何内存，因此我们可以创建一个两倍于指定大小的数组，并在上半部分隐藏一条秘密消息。

spectre.C

```cpp
int main() {
    constexpr const size_t size = 4096;
    char* const data = new char[2*size];
    strcpy(data, "Innocuous data");
    strcpy(data + size, "Top-secret information");
    for (size_t i = 0; i < size; ++i) {
        const char c =
            spectre_attack(data, strlen(data) + 1, size + i);
        std::cout << c << std::flush;
        if (!c) break;
    }
    std::cout << std::endl;
    delete [] data;
}
```

现在再次检查一下我们给 spectre_attack()函数的值：数组大小就是数组中存储的字符串的长度，除了在推测执行上下文中，代码不会访问其他内存。所有内存访问都由正确的边界检查保护。然而，该程序仍然可以逐字节地揭示第二个字符串（即永远不会被直接读取的字符串）的内容。

总而言之，我们使用了推测执行上下文来查看不允许访问的内存。因为访问这个内存的分支条件是正确的，无效访问错误仍然只是一个潜在的错误，它从未真正发生过。错误预测分支的所有结果都被撤销，除了一个：访问的值保留在缓存中。因此，下一次访问该相同值的速度更快。通过仔细测量内存访问时间，即可搞清楚该值是多少。

你可能会问，我们感兴趣的是程序性能提升而不是黑客技术，为什么要讲述这些内容？这主要是为了证明处理器和内存确实是在按照我们描述的方式运行：推测执行确实发生了，并且缓存确实有效并可使数据访问速度更快。

4.7　小　　结

本章学习了内存系统的工作原理。简单一句话，就是内存比 CPU 慢得多。CPU 和内存的性能差异造成了内存差距，即快速 CPU 会被内存的低性能所拖累。但是，内存速度差距也包含了潜在解决方案的种子：我们可以用多次 CPU 操作换取一次内存访问。

进一步深入了解可知，内存系统非常复杂，并且是分层的，它没有单一的速度。如果最终陷入了最坏的情况，则可能会严重损害程序性能。

同样地，我们也可以反过来理解这种复杂结构，将其视为机会而不是负担：优化内存访问将获得很大的收益。

正如我们所见，硬件本身提供了多种工具来提高内存性能。除此之外，我们还必须选择内存高效的数据结构，如果仅靠这一点还不够，则还可以选择内存高效的算法来提高性能。如前文所述，所有性能决策都必须以测量为指导和支撑。

到目前为止，我们所执行的和测量的一切操作都仅使用了一个 CPU。但是，当今几乎每台计算机都有多个 CPU 内核，而且通常有多个物理处理器。本书之所以这样安排，是因为需要学会如何有效使用单 CPU 之后，才能继续解决更复杂的多 CPU 问题。从第 5 章开始，我们会将注意力转向并发问题以及高效使用大型多核和多处理器系统的问题。

4.8　思　考　题

（1）什么是内存速度差距？

（2）哪些因素会影响观察到的内存速度？

（3）如何才能找到程序中因为访问内存而导致性能不佳的地方？

（4）优化程序以获得更好的内存性能的主要方法有哪些？

第 5 章 线程、内存和并发

到目前为止，我们已经研究了单个 CPU 执行一个程序、一个指令序列的性能，讨论了在一个 CPU 上运行的单线程程序性能的各个方面。在理解了关于一个线程的性能所需的所有知识之后，接下来我们可以研究一下并发程序的性能。

本章包含以下主题：

- ❑ 线程概述。
- ❑ 多线程和多核内存访问。
- ❑ 数据竞争和内存访问同步。
- ❑ 锁和原子操作。
- ❑ 内存模型。
- ❑ 内存顺序和内存屏障。

5.1 技 术 要 求

本章需要一个 C++编译器和一个微基准测试工具，例如我们在第 4 章中使用的 Google Benchmark 库，其网址如下。

https://github.com/google/benchmark

本章代码可在以下网址找到。

https://github.com/PacktPublishing/The-Art-of-Writing-Efficient-Programs/tree/master/Chapter05

5.2 理解线程和并发

今天所有的高性能计算机都有多个 CPU 或多个 CPU 内核（单个封装中的独立处理器），即使是大多数笔记本电脑也至少有两个（通常是 4 个）内核。正如我们多次说过的，在性能这个语境中，效率就是不让任何硬件闲置；如果程序只使用一小部分计算能力（例如许多 CPU 内核中的一个），那么它就不可能是高效或高性能的。

对于程序来说，一次使用多个处理器只有一种方法——用户运行多个线程或进程。附带说明一下，这并不是使用多个处理器来造福用户的唯一方法。例如，很少有笔记本电脑用于高性能计算。相反，它们使用多个 CPU 来更好地同时运行不同的独立程序。这是一个非常好的使用模型，但是，在高性能计算的语境中，这不是我们感兴趣的模型。

高性能计算（high performance computing，HPC）系统通常是在每台计算机上运行一个程序，在分布式计算的情况下甚至可以在多台计算机上运行一个程序。那么，一个程序如何使用多个 CPU？一般来说，就是程序运行多个线程。

5.2.1　关于线程

线程（thread）是可以独立于其他线程执行的指令序列。多个线程在同一个程序中同时运行，所有线程共享相同的内存。因此，根据定义，同一进程（process）的线程将运行在同一台机器上。

前文已经提到，一个高性能计算（HPC）程序可以由多个进程组成。因此，分布式程序可以在多台机器上运行并利用许多独立的进程。

有关高性能分布式计算的主题超出了本书的讨论范围，我们感兴趣的是如何最大限度地提高每个进程的性能。

那么，对于多线程的性能，我们要说什么呢？

首先，只有当系统实际上拥有足够多的资源来同时执行多个指令序列时，同时执行多个指令序列才是有收益的。否则，操作系统只是在不同线程之间切换，以允许每个线程执行一个时间片（time slice）。

在单个处理器上，一个计算繁忙的线程将为处理器提供尽可能多的工作，以最大化利用该处理器的处理能力。即使该线程没有使用所有计算单元或正在等待内存访问也是如此：处理器一次只能执行一个指令序列，它有一个程序计数器。

如果该线程正在等待某些事情，例如用户输入或网络流量，则 CPU 空闲并且可以执行另一个线程而不会影响第一个线程的性能。

操作系统将处理线程之间的切换。请注意，在这种意义上，等待内存不算作等待：当线程正在等待内存时，它只是占用了更长的时间来执行一条指令。

当一个线程正在等待输入/输出（I/O）时，它必须进行操作系统调用，然后被操作系统阻塞，并且在操作系统唤醒它以处理数据之前根本不执行任何操作。

如果我们的目标是使程序的整体效率更高，那么所有执行繁重计算的线程都需要足够的资源。一般来说，当我们考虑线程的资源时，会想到多个处理器或处理器核心。但是，正如我们即将看到的，还有其他方法可以通过并发来提高资源利用率。

5.2.2 对称多线程

前文多次提到，处理器有很多计算硬件，而且大多数程序很少会使用到所有的计算硬件（也许只有专业的 CPU 性能测试软件才会这么做）：程序中的数据依赖性限制了处理器在任何时候可以执行的计算量。

如果处理器有空闲的计算单元，那么为什么不能同时执行另一个线程来提高效率呢？这就是对称多线程（symmetric multi-threading，SMT）背后的想法，它也称为超线程（hyper-threading）。

一个支持 SMT 的处理器有一组寄存器和计算单元，但有两个（或更多）程序计数器和一个任何附加硬件的额外副本，用于维护正在运行的线程的状态，确切的实现将因处理器而异。最终结果是：单个处理器对操作系统和程序来说像是两个（通常如此）或多个独立的处理器，每个处理器都能够运行一个线程。

实际上，在一个 CPU 上运行的所有线程都在争夺共享的内部资源，如寄存器。如果每个线程没有充分利用这些共享资源，则使用 SMT 可以显著提升性能。换句话说，SMT可以通过运行多个这样的线程来补偿一个线程的低效率。

在实践中，大多数支持 SMT 的处理器都可以运行两个线程，并且性能增益差异很大。100%加速（两个线程都全速运行）的情况比较少见。一般来说，实际的加速在 25%和 50%之间（第二个线程有效地以四分之一速到半速运行），但有些程序则根本没有加速。

就本书而言，我们不会以任何特殊方式看待 SMT：对于程序来说，一个 SMT 处理器表现为两个处理器，我们所说的关于运行在不同核心上的两个真实线程的性能的任何内容，都同样适用于在同一个核心上运行的两个线程的性能。也就是说，单处理器上的两个线程和两个处理器上的两个线程将被同等看待。

归根结底，我们必须测量运行比物理核心更多的线程是否可以为程序提供任何加速，并在此基础上决定要运行多少线程。

无论是共享整个物理核心还是由 SMT 硬件创建的逻辑内核，并发程序的性能在很大程度上取决于线程可以独立工作的程度。这首先由算法和线程之间的工作分配决定，关于这两项内容，都有数百本图书专门介绍，但不在本书的讨论范围内。我们现在要关注的是影响线程交互和决定特定实现成功或失败的基本因素。

5.2.3 线程和内存

由于在多个计算线程之间对 CPU 进行时间切片没有性能优势，因此可以为本章的其余部分做一个假设：我们仅在每个处理器内核上运行一个 HPC 线程（或在 SMT 处理器提供的每个逻辑内核上运行一个线程）。只要这些线程不竞争任何资源，那么它们就可以完全独立地运行，我们将获得完美加速：两个线程在同一时间内完成的工作将是一个线程完成的工作的两倍。如果工作可以在两个线程之间以不需要它们之间发生任何交互的方式完美划分，则两个线程将只需要一半时间即可解决问题。

这种理想情况确实会发生，但并不经常发生；更重要的是，如果发生这种情况，则说明你已经准备好从程序中获得最佳性能：你知道如何优化单个线程的性能。

当不同线程完成的工作不是完全独立的，并且线程开始争夺资源时，编写高效并发程序的困难部分就开始了。但是，如果每个线程都充分利用了它的 CPU，那么还有什么可以竞争的呢？剩下的就是内存。内存在所有线程之间共享，因此是公共资源。这就是为什么我们对多线程程序性能的探索几乎都集中在线程之间通过内存进行交互所产生的问题上。

编写高性能并发程序还有另一个问题，那就是在共同构成程序的线程和进程之间划分工作。要了解这一点，必须找到一本关于并行编程的书。

内存原本就已经是性能问题的重灾区，当加入并发时，问题就更大了。虽然硬件强加的基本限制无法克服，但大多数程序的执行都无法达到甚至接近不了这些限制，熟练的程序员仍有很大的空间来提高其代码的效率。本章为读者提供了必要的知识和工具。

我们首先来看看内存系统在线程存在的情况下的性能。和第 4 章一样，我们将通过测量读取或写入内存的速度来进行性能分析，只是现在会使用多个线程同时读取或写入。

我们将从每个线程都有自己的可访问内存区域这一情形开始。在线程之间不共享任何数据，而是共享硬件资源，如内存带宽。

内存基准测试与我们之前使用的测试几乎相同。事实上，基准测试函数是完全一样的。例如，为了对顺序阅读进行基准测试，可使用以下函数。

01c_cache_sequential_read.C

```
template <class Word>
void BM_read_seq(benchmark::State& state) {
    const size_t size = state.range(0);
    void* memory = ::malloc(size);
    void* const end = static_cast<char*>(memory) + size;
    volatile Word* const p0 = static_cast<Word*>(memory);
    Word* const p1 = static_cast<Word*>(end);
    for (auto _ : state) {
        for (volatile Word* p = p0; p != p1; ) {
            REPEAT(benchmark::DoNotOptimize(*p++);)
```

```
        }
        benchmark::ClobberMemory();
    }
    ::free(memory);
    state.SetBytesProcessed(size*state.iterations());
    state.SetItemsProcessed((p1 - p0)*state.iterations());
}
```

请注意，内存是在基准测试函数内部分配的。如果从多个线程调用此函数，则每个线程都有自己的内存区域可读取。这正是 Google Benchmark 库在运行多线程基准测试时所做的。要在多个线程上运行基准测试，要注意使用正确的参数。

```
#define ARGS ->RangeMultiplier(2)->Range(1<<10, 1<<30) \
->Threads(1)->Threads(2)
BENCHMARK_TEMPLATE1(BM_read_seq, unsigned long) ARGS;
```

你可以根据需要为不同的线程计数指定任意数量的运行，或者使用 ThreadRange()参数生成 1、2、4、8……线程的范围。

你必须决定要使用多少线程。对于 HPC 基准测试，一般来说，不能超过所拥有的 CPU 数量（考虑到 SMT）。

其他内存访问模式的基准测试（如随机访问）也是一样的。在第 4 章中已经讨论过该代码了。

在测试写入时需要写入一些东西，任何值都可以。

01d_cache_sequential_write.C

```
Word fill; ::memset(&fill, 0xab, sizeof(fill));
for (auto _ : state) {
    for (volatile Word* p = p0; p != p1; ) {
        REPEAT(benchmark::DoNotOptimize(*p++ = fill);)
    }
    benchmark::ClobberMemory();
}
```

现在是展示结果的时候了。如图 5.1 所示是 1～16 个线程的内存范围的函数顺序写入的内存吞吐量。

这样的总体趋势我们已经很熟悉了，它是与缓存大小相对应的速度跳跃。

现在我们关注的是不同线程数的曲线之间的差异。我们获得的是 1～16 个线程的结果（用于收集这些测量值的机器确实至少有 16 个物理 CPU 核心）。

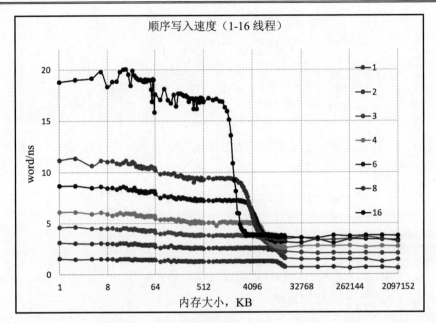

图 5.1　64 位整数顺序写入的内存吞吐量

　　让我们从图表的左侧开始研究。在这里，速度受 L1 缓存（最高 32 KB）和 L2 缓存（256 KB）的限制。该处理器的每个内核都有单独的 L1 和 L2 缓存，因此，只要数据可放入 L2 缓存，线程之间就不应该有任何交互，因为它们不共享任何资源：每个线程都有自己的缓存。

　　实际上，这并不完全正确，即使对于较小的内存范围，仍有其他 CPU 组件共享，但这基本上是正确的：2 个线程的吞吐量是 1 个线程的两倍，4 个线程又是 2 个线程的两倍，而 16 个线程几乎比 4 个线程快 3 倍。

　　当数据量超过 L2 缓存的大小并进入 L3 缓存，然后进入主内存时，情况发生了巨大变化：在该系统上，L3 缓存在所有 CPU 内核之间共享，主内存也是共享的，尽管不同的内存组更接近于不同的 CPU（非统一内存架构）。

　　对于单个、两个甚至 4 个线程，吞吐量会随着线程数量的增加而不断放大：主内存似乎具有足够的带宽，最多可以让 4 个处理器全速写入。

　　此后的事情变得更糟：当线程从 6 个增加到 16 个时，吞吐量几乎没有增加。内存总线已经无法更快地写入数据。

　　如果这还不够糟糕，请考虑这些结果是在 2020 年的最新硬件上获得的。2018 年，笔者在一堂课中展示的同一张图表如图 5.2 所示。

　　可以看到，图 5.2 中的系统有一个规格较低的内存总线，只能容纳两个线程。

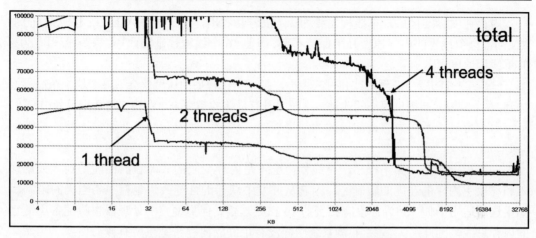

图 5.2　较早之前（2018 年）CPU 的内存吞吐量

接下来，让我们看看这个事实对并发程序的性能有什么影响。

5.2.4　内存受限程序和并发

我们可以按不同的方式呈现相同的结果：绘制出每个线程的内存速度与不同线程数量相对于单个线程的速度，即可看到并发对内存速度的影响，如图 5.3 所示。

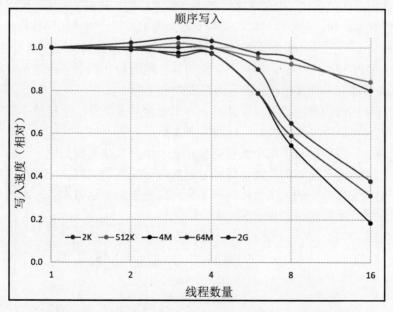

图 5.3　内存吞吐量、相对于单个线程的吞吐量、线程数比较

内存速度标准化后，单线程始终为 1，很容易看出，对于可放入 L1 或 L2 缓存的小数据集，每个线程的内存速度几乎保持不变，即使 16 个线程也是如此（其每个线程以 80%的单线程速度写入）。

但是，一旦进入 L3 缓存或超过其大小，则 4 个线程后的速度就会下降。从 8 个线程增加到 16 个线程只能提供很小的改进。系统中没有足够的带宽来足够快地将数据写入内存。

由此可见，不同内存访问模式的结果相似，尽管读取内存的带宽通常比写入的带宽略好。

需要指出的是，如果程序在单线程情况下是内存受限的（即它的性能受到将数据移入和移出主内存的速度的限制），则它从并发中获得的性能改进也存在相当大的限制。如果这不适用于你，因为你没有昂贵的 16 核处理器，但更便宜的处理器也将配备更便宜的内存总线，因此，大多数 4 核系统同样没有足够的内存带宽供所有核心使用（当然，截至 2022 年年初，即使是低配 PC 机也有 6 核心、12 线程 CPU）。

对于多线程程序，更重要的是避免受到内存限制。想要突破该限制，比较有用的实现技术包括：

□　拆分计算，因此可以在适合 L1 或 L2 缓存的较小数据集上完成更多工作。

□　重新安排计算，这样可以用更少的内存访问完成更多的工作，通常以重复一些计算为代价。

□　优化内存访问模式，以便顺序访问内存而不是随机访问（即使你可以使这两种访问模式都饱和，但顺序访问的总带宽要大得多，因此对于相同数量的数据，使用随机访问的程序可能会受到内存限制，而使用顺序访问的程序则不会受限）。

如果单独的实现技术不够，不能产生期望的性能改进，则下一步就是使算法适应并发编程：许多问题有多种算法，它们的内存要求也不同。

单线程程序的最快算法通常可以被另一种更适合并发的算法所超越：在单线程执行速度上的损失，可以通过强行扩展执行规模来弥补。

到目前为止，我们假设了每个线程完全独立于所有其他线程完成自己的工作。由于对有限资源（如内存带宽）的争用，线程之间的唯一交互是间接的。这是最容易编写的一种程序，但现实生活中的大多数程序都不允许这种限制。这带来了一系列全新的性能问题，接下来就让我们详细了解一下。

5.3　了解内存同步的成本

5.2 节介绍了有关在同一台机器上运行多个线程的知识，这些线程之间没有任何交互。如果你可以将程序的工作拆分为在线程之间执行，并且线程之间无须交互，则尽可以这样做，因为你自己的设计肯定无法超过这样的易并行程序的性能。

💡 提示：

　　易并行（embarrassingly parallel）是指计算可以被拆分为若干个完全独立的任务。在编写并行程序过程中，可以先将一个问题分解成若干部分，然后将每个部分分配给不同的处理器或线程分别进行计算。如果该计算问题能够被分解成一些完全独立的子计算（任务），同时各个任务之间的数据几乎没有依赖、没有通信，则该计算问题就叫作易并行计算问题。

　　通常情况下，线程必须相互交互，因为它们正在为共同的结果贡献工作。线程是通过它们共享的一种资源（内存）来相互通信的。我们现在必须了解这对性能的影响。

　　让我们从一个简单的例子开始。假设要计算多个值的总和，我们要将很多数字加在一起，但最终只有一个结果。要相加的数字太多，以至于我们想要在多个线程之间拆分加法工作。但由于只能有一个结果值，所以线程在将值加在一起时必须相互交互。

　　我们可以在微基准测试中重现这个问题。

02_sharing_incr.C

```
unsigned long x {0};
void BM_incr(benchmark::State& state) {
    for (auto _ : state) {
        benchmark::DoNotOptimize(++x);
    }
}
BENCHMARK(BM_incr)->Threads(2);
```

为简单起见，我们总是将结果加 1（将整数相加的成本不取决于值，本示例的重点不是要测试不同值的生成算法，而是对加法本身进行基准测试）。

　　由于基准函数是由每个线程调用的，因此在该函数内部声明的任何变量都独立存在于每个线程的栈中；这些变量根本不共享。为了获得两个线程贡献的共同结果，变量必须在基准函数之外、文件范围内声明（一般来说这是一个糟糕的主意，但在微基准测试的非常有限的上下文中是必要的和可接受的）。

　　当然，这个程序有一个比全局变量更大的问题：程序是错的，它的结果未定义。

　　这里的问题是我们有两个线程递增相同的值。递增值的过程分为以下 3 步。

　　（1）程序从内存中读取值。

　　（2）在寄存器中递增该值。

　　（3）将新值写回内存。

　　两个线程完全有可能同时读取相同的值（0），在每个处理器上分别递增（1），然后将其写回。第二个线程的写入只是简单地覆盖了第一个线程的结果，并且在两次递增后，结果是 1 而不是 2。这种两个线程写入同一内存位置的竞争称为数据竞争（data race）。

　　因此，这种不受保护的并发访问是一个问题，明白这一点之后，不妨将它忘掉；相反，请遵循以下一般规则：如果任何程序在没有同步的情况下从多个线程访问相同的内存位置，并且这些访问中至少有一个是写操作，则它将具有未定义的结果。这非常重要，因为没有必要弄清楚必须发生哪些操作序列才能使结果不正确。

　　事实上，任何时候有两个或多个线程访问同一内存位置，就会发生数据竞争，除非可以保证以下两件事之一：

- ❑　所有访问都是只读的。
- ❑　所有访问都使用正确的内存同步。

　　计算总和的问题要求将答案写入结果变量中，因此该访问绝对不是只读的。内存访问的同步通常由互斥锁提供：对线程之间共享的变量的每次访问都必须由互斥锁（mutex）保护（当然，对于所有线程，必须是相同的互斥锁）。

03_mutex_incr.C

```
unsigned long x {0};
std::mutex m;

{ // 并发访问发生在这里
    std::lock_guard<std::mutex> guard(m);
    ++x;
}
```

　　锁保护可以在其构造函数中锁定互斥锁，并在析构函数中解锁。一次只有一个线程可以拥有锁，从而增加共享的结果变量。其他线程在锁上被阻塞，直到第一个线程释放它。请注意，只要有一个线程正在修改变量，就必须锁定所有访问，包括读取和写入。

　　锁是保证多线程程序正确性的最简单的方式，但在性能方面并不是最容易研究的。它们是相当复杂的实体，通常涉及系统调用。我们将从同步选项开始，在这种特殊情况下，原子变量（atomic variable）更易于分析。

　　C++为我们提供了将变量声明为原子变量的选项。这意味着对这个变量的所有支持的操作都是作为单一的、不可中断的原子事务执行的：观察这个变量的任何其他线程将在原子操作之前或之后看到它的状态，但绝不会发生在操作中间。例如，C++中的所有整数原子变量都支持原子递增操作：如果一个线程正在执行该操作，则在第一个操作完成之前，其他线程无法访问该变量。

这些操作需要一定的硬件支持。例如，原子增量是一种特殊的硬件指令，它读取旧值、递增旧值并写入新值等都将作为单一的硬件操作。

本示例只需要一个原子增量。

必须强调的是，无论我们决定使用什么同步机制，所有线程都必须使用相同的机制来并发访问特定的内存位置。如果在一个线程上使用了原子操作，则只要所有线程都使用原子操作，就可以保证没有数据竞争。如果另一个线程使用互斥或非原子访问，则所有保证都无效，结果再次未定义。

现在可以重写基准测试以使用 C++ 原子操作。

02_sharing_incr.C

```
std::atomic<unsigned long> x(0);
void BM_shared(benchmark::State& state) {
    for (auto _ : state) {
        benchmark::DoNotOptimize(++x);
    }
}
```

该程序现在是正确的：这里没有数据竞争。它不一定准确，因为单个递增是一个非常短的时间间隔。我们应该手动或使用宏展开循环，并在每次循环迭代中执行若干次递增（在第 4 章中已经介绍过该操作，可以参考该章中的宏）。

现在来看看它的执行情况。如果线程之间没有交互，则两个线程计算总和所需的时间应该是一个线程的一半，实际性能如图 5.4 所示。

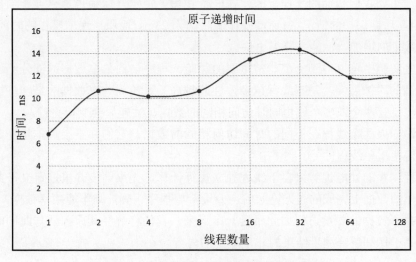

图 5.4　多线程程序中的原子递增操作时间

我们对结果进行了标准化，以显示单个递增操作所需的平均时间，即计算总和的时间除以总加法次数。这个程序的性能令人非常失望：不仅没有改进，而且事实上，在两个线程上计算总和反而比在一个线程上计算总和花费的时间更长。

如果使用更传统的互斥锁，结果会更糟，如图 5.5 所示。

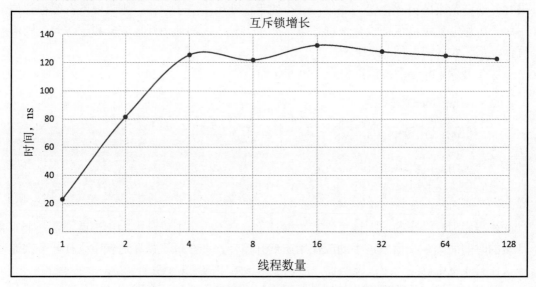

图 5.5　使用互斥锁的多线程程序中的递增操作时间

首先，正如我们预期的那样，即使在一个线程上锁定互斥锁也是一项相当昂贵的操作：在使用互斥锁保护的情况下，递增操作的时间为 23 ns，而原子递增操作的时间为 7 ns。随着线程数量的增加，性能下降得更快。

从这些实验中可以得到一个非常重要的经验。程序访问共享数据的部分绝不会扩展（这里所谓的"扩展"，是指线程越多，性能越高）。访问共享数据的最佳性能是单线程性能。一旦有两个或多个线程同时访问相同的数据，性能只会变得更糟。

当然，如果两个线程在不同的时间访问相同的数据，它们并不会真正相互交互，因此可以获得两次单线程性能。

多线程程序的性能优势来自于线程独立执行计算，无须同步。根据定义，此类计算是在未共享的数据上完成的（无论如何，如果希望程序正确，则不能共享数据）。但是，为什么对共享数据的并发访问如此昂贵？接下来，我们将解释其原因。与此同时，我们还将了解关于仔细解释测量结果的非常重要的内容。

5.4　数据共享成本高昂的原因

正如我们刚刚看到的，共享数据的并发（同时）访问是一个真正的性能杀手。从直觉上来说，这也是有道理的：为了避免数据竞争，在任何给定时间只有一个线程可以对共享数据进行操作，效率自然就降低了。

我们可以使用互斥锁或原子操作来执行此任务。无论哪种方式，当一个线程增加共享变量时，所有其他线程都必须等待。5.3 节中的测量证实了这一点。

当然，在根据观察和实验结果采取任何行动之前，准确了解测量的内容以及可以确定的结论至关重要。

在上述示例中可以观察到的情况是：同时从多个线程递增一个共享变量根本没有扩展效应，事实上，多线程反而比只使用一个线程慢。对于原子共享变量和由互斥锁保护的非原子变量都是如此。

我们没有尝试测量对非原子变量的无保护访问，因为这样的操作会导致未定义的行为和错误的结果。

我们还知道，对于与特定线程相关（非共享）的变量来说，无保护机制的访问可以随着线程数量的增加而显示出扩展效应，至少在总内存带宽饱和之前是如此（撑爆内存带宽只有在写入大量数据时才会发生，对于单个变量来说，一般不会有这个问题）。

批判性地分析实验结果并且没有不合理的先入之见是一项非常重要的技能，所以让我们重申一下目前已知的结论：对共享数据的保护访问速度很慢，而对非共享数据的无保护访问速度很快。

如果我们由此得出的结论是，数据共享会使程序变慢，则可以做出一个假设：共享数据（shared data）很重要，而受保护的访问（guarded access）则不然。

这提出了在进行性能测量时应该记住的另一个非常重要的点：在比较程序的两个版本时，尝试一次只更改一件事并测量结果。

在本章前面的示例中，还缺少了一项测量：对受保护数据的非共享访问。当然，我们并不是真的在意去保护仅由一个线程访问的数据，而是要尝试准确了解究竟是什么使共享数据访问如此昂贵。

我们需要考虑两个因素：一是共享的数据，二是原子操作的（或受锁保护的）数据。我们必须一次进行一项更改，因此可以保持原子访问并删除数据共享。

至少有两种简单的方法可以做到这一点。第一种方法是创建一个原子变量的全局数组，并让每个线程访问自己的数组元素。

04_local_incr.C

```
std::atomic<unsigned long> a[1024];
void BM_false_shared(benchmark::State& state) {
    std::atomic<unsigned long>& x = a[state.thread_index];
    for (auto _ : state) {
        benchmark::DoNotOptimize(++x);
    }
}
```

Google Benchmark 中的线程索引对于每个线程来说都是唯一的，其数字从 0 开始并且非常简明（0, 1, 2 ...）。

另一种简单的方法是在 benchmark 函数中声明变量，示例如下。

04_local_incr.C

```
void BM_not_shared(benchmark::State& state) {
    std::atomic<unsigned long> x;
    for (auto _ : state) {
        benchmark::DoNotOptimize(++x);
    }
}
```

现在我们递增了与收集图 5.4 的测量值时相同的原子整数，只是它不再在线程之间共享。这将告诉我们是共享变量还是原子变量使得增量操作变慢。结果如图 5.6 所示。

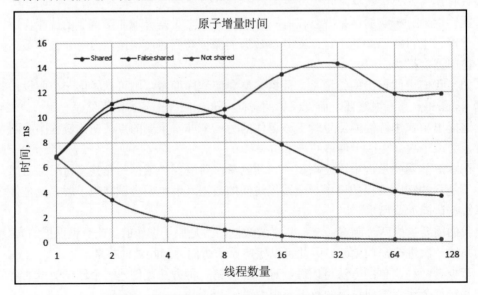

图 5.6　共享变量和非共享变量的原子增量操作时间

在图 5.6 中，Shared（共享变量）曲线正是图 5.4 中的一条曲线，而另外两条曲线则来自没有共享数据的基准测试。

在每个线程上使用一个局部变量的基准测试被标记为 Not shared（不共享），并且其性能表现如下：与一个线程相比，两个线程上的计算花费的时间减半，4 个线程上的时间又减少一半，依此类推。

请记住，这是一个增量操作的平均时间：我们总共执行 100 万次增量操作，测量它花费的总时间，然后除以 10^6（即 100 万）。

由于递增的变量在线程之间是不共享的，因此可以预计两个线程的运行速度是一个线程运行速度的两倍，而 Not shared（不共享）的结果正和我们的预期一致。

另一个基准测试使用了原子变量数组，每个线程都使用自己的数组元素，也没有共享数据。但是，它的执行表现就好像数据是在线程之间共享的，至少对于少量线程来说是如此，所以可称为 False shared（假共享），也就是说，它实际上并不是共享的，但程序表现得好像它是共享的。

这个结果表明，数据共享成本高的原因比我们之前假设的更复杂：在假共享的情况下，每个数组元素只有一个线程在操作，因此不必等待任何其他线程来完成增量操作。然而，线程显然是相互等待的。要理解这种异常情况，必须更多地了解缓存的工作方式。

在多核或多处理器系统中，数据在处理器和内存之间移动的方式如图 5.7 所示。

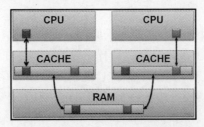

图 5.7　多核系统中 CPU 和内存之间的数据传输

原　文	译　文	原　文	译　文
CACHE	缓存	RAM	内存

处理器以单个字节或字（word）对数据进行操作，具体取决于变量类型。在本示例中，unsigned long 变量类型是一个 8 B 的字。

原子增量操作将读取指定地址处的单个字，然后递增它，并将其写回。但是，从哪里读取？CPU 只能直接访问 L1 缓存，因此将从那里获取数据。

数据如何从主内存进入缓存？它是通过内存总线复制的，内存总线足够宽。可以从内存复制到缓存并返回的最小数据量称为缓存行（cache line）。在所有 x86 CPU 上，一个缓存行是 64 B。

当 CPU 需要为原子事务（如原子递增操作）锁定内存位置时，它可能是在写入单个字，但它必须锁定整个缓存行。在这种情况下，如果允许两个 CPU 将同一缓存行写入内存，则其中一个会覆盖另一个。

请注意，为简单起见，图 5.7 中仅显示了一级缓存层次结构，但这没有影响：数据以缓存行长度的块形式通过所有缓存级别。

现在我们可以解释图 5.6 中观察到的假共享：即使相邻的数组元素并没有真正在线程之间共享，它们也确实占据了相同的缓存行。当 CPU 在原子递增操作期间请求对一个数组元素进行独占访问时，它会锁定整个缓存行并阻止任何其他 CPU 访问其中的任何数据。这也解释了为什么图 5.6 中 8 个线程的假共享的性能看起来和 8 个线程的真实数据共享相当，但在使用更多线程之后，假共享就变得更快：我们正在写入 8B 的字，因此它们中有 8 个字将放入同一个缓存行。如果我们只有 8 个线程（或更少），则在任何给定时间只有一个线程可以递增其值，这与真正的共享是一样的。但是，超过 8 个线程时，数组至少要占用两个缓存行，而且它们可以被两个相互独立的 CPU 锁定。因此，只要有 16 个线程，就会有两个线程可以向前移动，速度自然更快。

另一方面，真正的无共享基准测试将在每个线程的栈上分配原子变量。这些是完全独立的内存分配，并且由许多缓存行分隔。由于没有通过内存进行交互，因此这些线程将彼此完全独立运行。

分析表明，访问共享数据成本高的真正原因是，必须执行的工作将保持对缓存行的独占访问，并确保所有 CPU 在其缓存中具有一致的数据：在一个 CPU 获得独占访问并更新高速缓存行中的一位之后，所有其他 CPU 的所有高速缓存中该缓存行的副本已过时。在其他 CPU 可以访问同一缓存行中的任何数据之前，它们必须从主内存中获取更新的内容，正如我们所见，这需要相对较长的时间。

如前文所述，两个线程是否尝试访问相同的内存位置并不重要，只要它们竞争访问相同的缓存行即可影响性能。独占缓存行访问是共享变量高成本的根源。

有人可能想知道，锁昂贵的原因是否也可以在它们包含的共享数据中找到（所有锁都必须有一定数量的共享数据，这是一个线程可以让另一个线程知道锁已被占用的唯一方法）？互斥锁比单原子访问昂贵得多，即使是在一个线程上也是如此（参见图 5.4 和图 5.5）。

我们可以正确地假设，锁定互斥锁比仅仅修改一个原子变量涉及更多的工作。但是，当有多个线程时，为什么这项工作还需要更多的时间？是不是因为数据是共享的，需要独占访问缓存行？这项确认工作将作为一项实验练习留给读者来完成。

这个实验的关键是设置锁的假共享：我们有一个锁的数组，这样每个线程都在自己的锁上操作，但它们竞争同一个缓存行（当然，这种按线程分配的锁实际上并没有保护来自并发访问的任何内容，但我们想要的只是锁定和解锁它们所需的时间）。

该实验比你想象的要复杂一些：标准的 C++互斥锁 std::mutex 一般来说非常大，根据操作系统的不同在 40 B 到 80 B 之间。这意味着你甚至无法将这样的两个锁放入同一个缓存行。你必须用一个更小的锁来做这个实验，如一个自旋锁（spinlock）或一个快速用户空间互斥锁（fast userspace mutex，futex）。

现在你应该明白为什么并发访问共享数据的成本如此之高了。这种理解给了我们以下两个重要的经验。

第一个经验：在尝试创建非共享数据时应避免假的数据共享。意外的假共享是如何渗透到我们的程序中的？考虑本章研究过的简单示例，答案是以并发方式累加总和。我们看到一些方法比其他方法慢，且实际上它们都非常慢（比单线程程序还慢，或者最好的结果也只是与单线程程序差不多快）。

第二个经验：我们已经知道，访问共享数据的成本很高。那么，如何才能使成本降低呢？当然是不访问共享数据，或者至少不经常访问。

没有理由在每次想要添加某值时都访问共享 sum 值：我们可以在线程上按局部方式执行加法，并在最后一次性将它们添加到共享的累加器值中。代码示例如下。

04_local_incr.C

```
// 全局（共享）结果
std::atomic<unsigned long> sum;
unsigned long local_sum[…];
// 每个线程的工作在这里执行
unsigned long& x = local_sum[thread_index];
for (size_t i = 0; i < N; ++i) ++x;
sum += x;
```

我们有一个全局结果 sum，它在所有线程之间共享，并且必须是原子的（或受锁保护的）。但是在所有工作完成后，每个线程只访问这个变量一次。

每个线程使用另一个变量来保存部分总和，只有在该线程上添加的值（本示例为递增 1，但无论添加的值是多少，其性能都是相同的）。

可以创建一个大数组来存储这些线程的部分和，并为每个线程提供一个唯一的数组元素。当然，在这个简单示例中，可以只使用一个局部变量，但在实际程序中，往往需要在 Worker 线程完成后保留部分结果，而这些结果的最终处理在别处完成，也许是通过另一个线程执行的。为了模拟这种实现，可以使用包含每个线程变量的数组。请注意，这些变量只是普通的整数，而不是原子的：没有对它们的并发访问。

糟糕的是，在这个过程中，我们陷入了假共享的陷阱：数组的相邻元素（通常）在同一个缓存行上，因此不能被并发访问。这反映在程序的性能上，如图 5.8 所示。

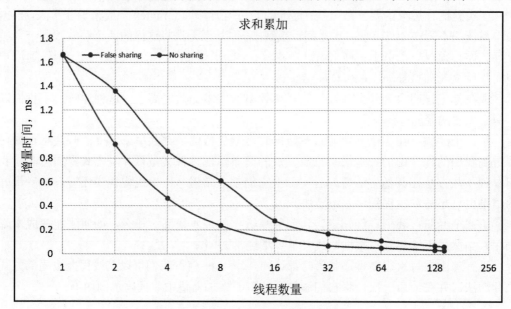

图 5.8 有和没有假共享的总和累加计算

正如图 5.8 所示，我们的程序在增加线程之后的扩展效应很差，直到采用了非常多的线程之后才有所改善。

另一方面，如果能够确保每个线程的部分和至少相隔 64 B（或者在本示例中简单地使用局部变量），以消除假共享，那么它就可以完美地获得扩展效应（即线程越多，性能越高），和我们的预期基本一致。虽然当我们使用更多线程时，两个程序都会变得更快，但没有假共享问题的实现仍然大约快 1 倍。

在后面的章节中，第二个经验将变得更加重要：由于并发访问共享变量相对来说非常昂贵，因此使用较少共享变量的算法或实现通常会执行得更快。

这样的经验目前可能令程序员感到左右为难，因为根据问题的性质，有些数据必须是共享的。在这种情况下，可以像刚才的示例那样进行优化，以消除对这些数据的不必要访问。一旦优化完成，剩下的就是我们需要访问以产生所需结果的数据。

那么，如何才能使用更多或更少的共享变量呢？要理解这一点，我们必须意识到，编写并发程序不仅仅是保护对所有共享数据的访问。

5.5 了解并发和顺序

如前文所述，任何在没有访问同步（通常是互斥锁或原子访问）的情况下访问任何共享数据的程序都将产生未定义的行为，这通常称为数据竞争。

看起来这很好理解，至少在理论上是这样。但是前面的示例太简单了，它只有一个在线程之间共享的变量。如下文所示，并发要做的不仅仅是锁定共享变量。

5.5.1 顺序的需要

现在来考虑一个称为生产者-使用者队列（producer-consumer queue）的例子。假设有两个线程：第一个线程是生产者，通过构造对象来准备一些数据；第二个线程是使用者，负责处理数据（在每个对象上执行操作）。

为简单起见，假设有一个未初始化的大内存缓冲区，并且生产者线程在缓冲区中构造新对象，就好像它们是数组元素一样。

```
size_t N;                    // 初始化对象的计数
T* buffer;                   // 仅[0]…[N-1]被初始化
```

为了产生（构造）一个对象，生产者线程将通过在数组的每个元素上放置new运算符来调用构造函数，从 N==0 开始。

```
new (buffer + N) T( … arguments … );
```

现在数组元素 buffer[N]已初始化并可用于使用者线程。

生产者通过推进计数器 N 来发出信号，然后继续初始化下一个对象。

```
++N;
```

使用者不得访问数组元素 buffer[i]，直到计数器 N 递增至大于 i。

```
for (size_t i = 0; keep_consuming(); ++i) {
    while (N <= i) {};        // 等待第 i 个元素
    consume(buffer[i]);
}
```

为简单起见，我们忽略内存不足的问题，假设缓冲区足够大。此外，我们现在不关心终止条件：使用者如何知道何时继续使用？目前，我们感兴趣的是生产者-使用者握手协议：使用者如何在没有任何竞争的情况下访问数据？

通用规则指出，对共享数据的任何访问都必须受到保护。显然，计数器 N 是一个共享变量，因此访问它需要更加小心。

```
size_t N;            // 初始化对象的计数
std::mutex mN;  // 保护 N 的互斥锁
… 生产者 …
{
    std::lock_guard l(mN);
    ++N;
}
… 使用者 …
{
    size_t n;
    do {
        std::lock_guard l(mN);
        n = N;
    } while (n <= i);
}
```

但这就足够了吗？别忘了，我们的程序中还会有更多的共享数据。对象 T 的整个数组在两个线程之间共享，每个线程都需要访问每个元素。但是，如果需要锁定整个数组，则不妨回到单线程实现：两个线程中的一个总是会被锁定。

每个写过多线程代码的程序员都知道，在这种情况下，我们不需要锁定数组，只需要锁定计数器即可。事实上，锁定计数器的全部意义就在于，我们不需要以这种方式锁定数组，因为永远不会同时访问数组的任何特定元素：首先，在计数器递增之前，它只能由生产者访问；其次，只有在计数器递增后，使用者才能访问它。

这是众所周知的经验，但是，本书的目标是帮助你理解事物背后的原理而不是仅知道表象，那么，为什么锁定计数器就足够了？什么保证事件真的按照我们想象的顺序发生？

顺便说一句，即使是这个简单示例在涉及背后原理时也不再简单。保护使用者访问计数器的简单方法如下所示。

```
std::lock_guard l(mN);
while (N <= i) {};
```

这是一个获得保护的死锁：一旦使用者获得锁，它会在释放锁之前等待元素 i 被初始化。但是生产者无法执行任何递增操作，因为它在递增计数器 N 之前正在等待获取锁。现在两个线程都在永远等待。

由此可见，如果我们只为计数器使用原子变量，则代码会简单得多，如下所示。

```
std::atomic<size_t> N; // 初始化对象的计数
… 生产者 …
{
    ++N;                     // 原子操作，不需要锁
}
… 使用者 …
{
    while (N <= i) {};
}
```

现在使用者对计数器 N 的每次读取都是原子的，但是在两次读取之间，生产者不会被阻塞并且可以继续工作。这种并发的方法被称为无锁（lock-free），顾名思义，它不使用任何锁，稍后会再次讨论。现在，重要的问题是：我们是否仍然可以保证生产者和使用者不能同时访问同一个对象 buffer[i]？

5.5.2　内存顺序和内存屏障

你应该已经意识到，能够安全地访问共享变量并不足以编写任何复杂并发程序，还必须能够推理事件发生的顺序。在生产者和使用者示例中，整个程序基于一个假设：我们可以保证第 N 个数组元素的构造，将计数器递增到 N+1，以及使用者线程按顺序访问第 N 个元素。

但是，问题实际上比我们意识到的还要复杂，因为我们不仅要处理多个线程，还要处理真正同时执行这些线程的多个处理器。我们在这里必须记住的关键概念是可见性（visibility）。

线程在一个 CPU 上执行，并在 CPU 为变量赋值时对内存进行更改。实际上，CPU 只是在更改其缓存的内容。缓存和内存硬件最终会将这些更改传播到主内存或共享的更高级别缓存，此时这些更改可能会被其他 CPU 看到。我们说"可能"是因为其他 CPU 在它们的缓存中对相同的变量有不同的值，我们不知道这些差异何时会被调和一致。我们确实知道的是，一旦 CPU 开始对原子变量执行操作，在此操作完成之前，其他 CPU 都无法访问相同的变量，而一旦此操作完成，则所有其他 CPU 都将看到此变量的最新更新值（前提是所有 CPU 都将该变量视为原子变量）。这同样适用于由锁保护的变量。

但是，这些保证对于生产者–使用者程序是不够的：基于目前所知，我们不能确定它是正确的。这是因为，直到现在，我们仅关心访问共享变量这一个方面，即这种访问的原子或事务性质。我们希望确保整个操作，无论是简单的还是复杂的，都作为单个事务执行而不会被中断。

　　访问共享数据还有另一个方面，即内存顺序（memory order）。就像访问本身的原子性一样，它是使用特定机器指令（通常是原子指令本身的属性或标志）激活的硬件特性。

　　内存顺序有若干种形式，以下 6 个内存顺序选项可应用于原子类型的操作。

- ❏ memory_order_relaxed。
- ❏ memory_order_consume。
- ❏ memory_order_acquire。
- ❏ memory_order_release。
- ❏ memory_order_acq_rel。
- ❏ memory_order_seq_cst。

　　其中，限制最少的一种形式是自由（relaxed）内存顺序。当原子操作以自由顺序执行时，唯一的保证是操作本身是以原子方式执行的。

　　这意味着什么呢？让我们首先考虑正在执行原子操作的 CPU。它运行一个包含其他操作的线程，其中有非原子操作，也有原子操作。其中一些操作会修改内存，这些操作的结果可以被其他 CPU 看到。其他操作读取内存，它们将观察其他 CPU 执行的操作结果。运行线程的 CPU 按特定顺序执行这些操作。该顺序可能并不是它们在程序中的编写顺序：编译器和硬件都可以重新排序指令，通常是为了提高性能。但这是一个明确定义的顺序。

　　现在让我们从另一个正在执行不同线程的 CPU 的角度来看待它。当第一个 CPU 工作时，第二个 CPU 可以看到内存内容的变化，但是不一定以相同的顺序看待彼此关注的原子操作，如图 5.9 所示.

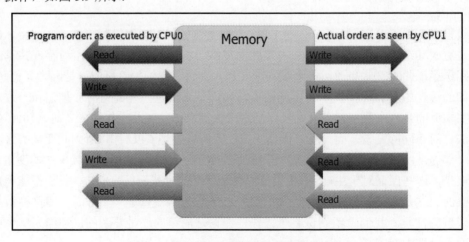

图 5.9　具有自由内存顺序的操作的可见性

原　　　文	译　　　文
Program order: as executed by CPU0	程序顺序：CPU0 的执行顺序
Memory	内存
Actual order: as seen by CPU1	实际顺序：CPU1 看到的顺序
Read	读取
Write	写入

　　这就是我们之前所说的可见性：一个 CPU 以特定顺序执行操作，但结果对其他 CPU 来说将以完全不同的顺序可见。为简洁起见，我们通常只讨论操作的可见性，而不会每次都提到结果。

　　如果在共享计数器 N 上的操作以自由的内存顺序执行，那么会出现一个很大的麻烦：使程序正确的唯一方法是锁定它，使得只有一个线程（生产者或使用者）可以随时运行，而这将导致我们无法从并发中获得性能提升。

　　幸运的是，我们还可以使用其他内存顺序保证。最重要的一个是获取-释放内存顺序（acquire-release memory order）。它包括以下 4 个选项：

❏　memory_order_consume（依赖于数据的内存顺序）。

❏　memory_order_acquire（获取内存顺序）。

❏　memory_order_release（释放内存顺序）。

❏　memory_order_acq_rel（获取-释放内存顺序）。

　　当一个原子操作按照获取-释放内存顺序（请注意，这里指的是上述 4 个选项，而非仅指第 4 项）执行时，可以保证任何访问内存的操作和原子操作对另一个线程可见。同样，在原子操作之后执行的所有操作只有在对同一变量进行原子操作之后才可见。

　　请记住，当我们谈论操作的可见性时，我们真正的意思是其他 CPU 可以观察到它们的结果。这在图 5.10 中看得很明显：在左侧，显示的是 CPU0 执行的操作；在右侧，则是 CPU1 看到的相同操作。请特别注意，右侧显示的原子操作是原子写入（atomic write），但是，这并不是说 CPU1 执行的是原子写入，它将执行原子读取（atomic read）来查看 CPU0 执行的原子写入的结果。所有其他操作也是如此，左侧是 CPU0 执行的顺序，右侧是 CPU1 看到的顺序。

　　获取-释放顺序保证是一个包含许多重要信息的简洁声明，下面详细说明一下几个不同的点。

❏　首先，顺序是相对于两个线程在同一个原子变量上执行的操作来定义的。在两个线程以原子方式访问同一个变量之前，它们的时钟相对于彼此来说仍然是完全任意的，我们无法推理其他事情之前或之后发生的事情，因为没有任何意义。只有当一个线程观察到另一个线程执行的原子操作的结果时，才能讨论其前后。

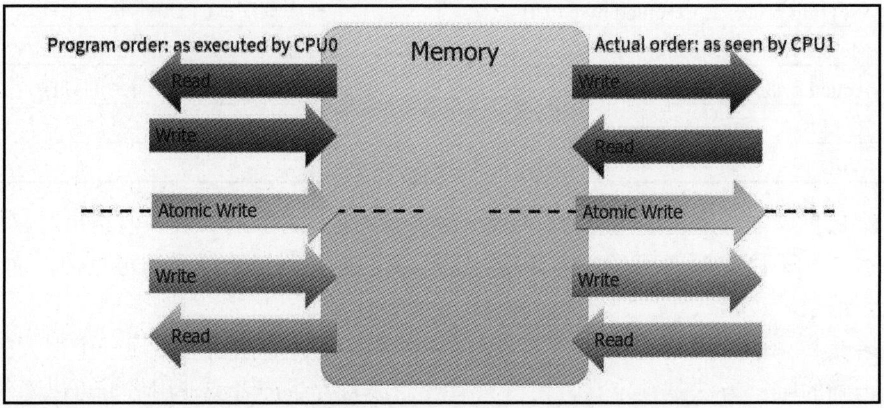

图 5.10　具有获取-释放内存顺序的操作的可见性

原　　　文	译　　　文
Program order: as executed by CPU0	程序顺序：CPU0 的执行顺序
Memory	内存
Actual order: as seen by CPU1	实际顺序：CPU1 看到的顺序
Read	读取
Write	写入
Atomic Write	原子写入

在生产者-使用者示例中，生产者以原子方式递增计数器 N，使用者以原子方式读取相同的计数器。如果计数器没有改变，则我们对生产者的状态一无所知。但是如果使用者看到计数器从 N 变为 N+1 并且两个线程都使用获取-释放内存顺序，则我们就知道在增加计数器之前由生产者执行的所有操作现在对使用者都是可见的。这些操作包括构造现在驻留在数组元素 buffer[N]中的对象所需的所有工作，因此，使用者可以安全地访问它。

❑ 第二个重点是两个线程在访问原子变量时必须使用获取-释放内存顺序。如果生产者使用此顺序来增加计数，但使用者以自由的内存顺序读取它，则无法保证任何操作的可见性。

❑ 最后一点是所有的顺序保证都是在对原子变量的操作之前和之后给出的。同样，在生产者-使用者示例中，我们知道生产者为构造第 N 个对象而执行的操作的结果在使用者看到计数器变化时都是可见的，但无法保证这些操作变得可见的顺序，可以在图 5.10 中看到这一点。

　　当然，这对我们来说应该无关紧要。在构建对象之前，我们不能触及它的任何部分，而一旦构建完成，我们就不关心它完成的顺序。具有内存顺序保证的原子操作充当其他操作无法移动的障碍。

　　你可以想象图 5.10 中的这样一个障碍，它将整个程序分成两个不同的部分：计数增加之前发生的所有事情和之后发生的一切。出于这个原因，谈论诸如内存屏障之类的原子操作通常很方便。

　　假设在我们的程序中，计数器 N 上的所有原子操作都有获取-释放屏障。这当然可以保证程序是正确的。但是请注意，获取-释放顺序对于我们的需求来说有点大材小用了。

　　生产者为我们提供了保证，当使用者看到计数器从 N 变为 N+1 时，在我们将计数增加到 N+1 之前构造的所有对象（从 buffer[0] 到 buffer[N]）都是可见的。我们需要这种保证。

　　但是，我们还可以保证，为构造剩余的对象 buffer[N+1] 及以后的对象而执行的任何操作都还没有变得可见。当然，我们不关心这个问题，因为使用者在看到计数器的下一个值之前不会访问这些对象。

　　同样，在使用者方面，我们保证在使用者看到计数器变为 N+1 之后执行的所有操作都会在原子操作之后产生影响（内存访问）。我们需要这样的保证：我们不希望 CPU 重新排序使用者操作，并执行一些访问对象 buffer[N] 的指令。

　　但是，我们还可以保证，在使用者移动到下一个对象之前，使用者为处理先前的对象（如 buffer[N-1]）所做的工作已经完成并且对所有线程可见。当然，我们其实不需要这个保证，因为没有什么取决于它。

　　拥有比绝对必要的更强大的保证有什么危害？就正确性而言，没有。但这是一本关于编写快速运行的程序（当然，也要确保正确）的书籍，因此我们需要一些更深入的讨论。

　　为什么首先需要顺序保证？因为当我们将它留给设备时，编译器和处理器几乎可以任意重新排序程序指令。它们为什么要那样做？通常是为了提高性能。因此，我们对重新排序执行的能力施加的限制越多，对性能的不利影响就越大，这是完全可以理解的。所以，一般来说，我们希望使用对程序的正确性有足够限制但不比这更严格的内存顺序。

　　提供生产者-使用者程序所需的内存顺序如图 5.11 所示。在生产者方面，我们需要获取-释放内存屏障提供的一半保证：在带有屏障的原子操作之前执行的所有操作必须在其他线程执行相应的原子操作之前对其可见。这称为释放内存顺序。

　　当 CPU1 以释放内存顺序看到 CPU0 执行原子写入操作的结果时，保证 CPU1 看到的内存状态已经反映了这次原子操作之前 CPU0 执行的所有操作。

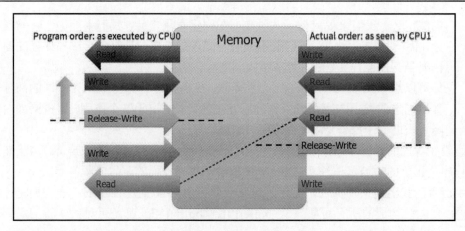

图 5.11　释放内存顺序

原　　文	译　　文
Program order: as executed by CPU0	程序顺序：CPU0 的执行顺序
Memory	内存
Actual order: as seen by CPU1	实际顺序：CPU1 看到的顺序
Read	读取
Write	写入
Release-Write	释放-写入

请注意，我们没有提到 CPU0 在原子操作之后执行的操作。如图 5.11 所示，这些操作可能以任何顺序变得可见。原子操作创建的内存屏障只在一个方向上有效：在屏障之前执行的任何操作都不能跨越它，并且在屏障之后是可见的。但是屏障在另一个方向是可渗透的。出于这个原因，释放内存屏障（release memory barrier）和相应的获取内存屏障（acquire memory barrier）有时也被称为半屏障（half-barrier）。

获取内存顺序需要在使用者端使用。它保证在屏障之后执行的所有操作都对屏障之后的其他线程可见，如图 5.12 所示。

获取和释放内存屏障总是成对使用：如果一个线程（在本示例中为生产者）使用具有原子操作的释放内存顺序，另一个线程（使用者）则必须在同一原子变量上使用获取内存顺序。为什么需要两个屏障呢？一方面，我们保证生产者在增加计数之前为构建新对象所做的一切在看到这个增量后就已经对使用者可见。但这还不够，因此，另一方面，我们可以保证使用者为处理这个新对象而执行的操作不能及时向后移动，直到它们可以看到该对象的屏障前一刻未完成的状态。

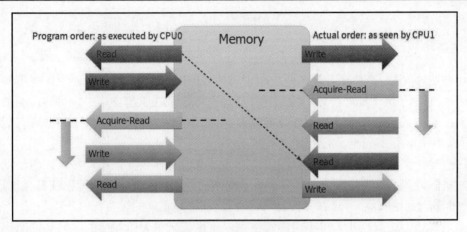

图 5.12　获取内存顺序

原　　文	译　　文
Program order: as executed by CPU0	程序顺序：CPU0 的执行顺序
Memory	内存
Actual order: as seen by CPU1	实际顺序：CPU1 看到的顺序
Read	读取
Write	写入
Acquire-Read	获取–读取

　　既然我们已经理解仅仅对共享数据进行原子操作是不够的，你可能会问，我们的生产者–使用者程序是否真的有效？事实证明，有锁版本和无锁版本都是正确的，即使我们没有明确说明内存顺序也是如此。那么，C++中的内存顺序是如何控制的呢？

5.5.3　C++中的内存顺序

　　首先，让我们回想一下生产者–使用者程序的无锁版本，即使用原子计数器的程序。

```
std::atomic<size_t> N;          // 初始化对象的计数
T* buffer;                      // 仅[0]…[N-1]被初始化
… 生产者 …
{
    new (buffer + N) T( … arguments … );
    ++N;                        // 原子操作，无锁
}
… 使用者 …
for (size_t i = 0; keep_consuming(); ++i) {
```

```
    while (N <= i) {};          // 原子读取
    consume(buffer[i]);
}
```

计数器 N 是一个原子变量，是一个由模板 std::atomic 生成的类型对象，类型参数为 size_t。所有原子类型都支持原子读写操作，即可以出现在赋值操作中。另外，整数原子具有以原子方式定义和实现的常规整数操作，因此，++N 是原子递增（并非所有运算都已定义，例如，运算符*=就没有定义）。

这些操作都没有明确指定内存顺序，那么，我们有什么保证呢？事实证明，默认情况下，我们得到了最强的保证，即每个原子操作的双向内存屏障（实际保证甚至更严格，可在 5.6 节看到这一点）。这就是为什么我们的程序是正确的。

如果你认为这有点儿大材小用，则也可以将保证减少为所需要的，但必须明确说明这一点。原子操作也可以通过调用 std::atomic 类型的成员函数来执行，这就是可以指定内存顺序的地方。使用者线程需要一个带有获取屏障的加载操作。

```
while (N.load(std::memory_order_acquire) <= i);
```

生产者线程需要一个带有释放屏障的递增操作（就像递增操作符一样，成员函数也可以返回递增之前的值）。

```
N.fetch_add(1, std::memory_order_release);
```

在继续之前，我们必须意识到已经跳过了优化中一个至关重要的步骤，那就是：如果认为这是大材小用，则必须通过性能测量来证明，只有这样才能将保证减少到刚刚好的程度。即使是使用锁，并发程序也很难编写，因此，必须证明使用无锁代码，尤其是显式内存命令是合理的。

说到锁，那么它们提供了什么样的内存顺序保证呢？我们知道任何受锁保护的操作都会被稍后获取该锁的任何其他线程看到，但是其余的内存呢？使用锁强制执行的内存顺序如图 5.13 所示。

互斥锁内部（至少）有两个原子操作。锁定互斥锁相当于使用获取内存顺序的读取操作（这其实也解释了获取内存顺序的名称：这是我们获取锁时使用的内存顺序）。该操作创建了一个半屏障，之前执行的任何操作在屏障之后都可以看到，但是在获取锁之后执行的任何操作都无法更早地观察到。

当我们解锁互斥锁或释放锁时，释放内存顺序是有保证的。在此屏障之前执行的任何操作都将在屏障之前可见。

获取屏障（acquire barrier）和释放屏障（release barrier）充当了夹在它们之间的代码部分的边界。这对屏障中间为临界区（critical section），在临界区内执行的任何操作，即在线程持有锁时执行的操作，在进入临界区时将对任何其他线程可见。任何操作都不能离开临界区（或早或晚变得可见），但来自外部的其他操作可以进入临界区。至关重要的是，此类操作不可以跨越临界区：如果外部操作进入临界区，它就不能离开。因此，CPU0 在其临界区之前所做的任何操作都可以保证被其临界区之后的 CPU1 看见。

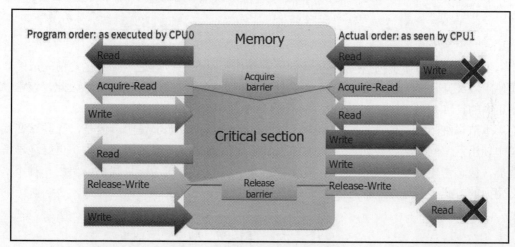

图 5.13　互斥锁的内存顺序保证

原　　文	译　　文
Program order: as executed by CPU0	程序顺序：CPU0 的执行顺序
Memory	内存
Actual order: as seen by CPU1	实际顺序：CPU1 看到的顺序
Read	读取
Write	写入
Acquire-Read	获取-读取
Acquire barrier	获取屏障
Critical section	临界区
Release barrier	释放屏障
Release-Write	释放-写入

对于生产者-使用者程序示例，这将转化为以下保证。

```
… 生产者 …
new (buffer + N) T( … arguments … );
{ // 临界区开始 - 获取锁
    std::lock_guard l(mN);
```

```
    ++N;
} // 临界区结束 - 释放锁
… 使用者 …
{ // 临界区 - 获取锁
    std::lock_guard l(mN);
    n = N;
} // 临界区 - 释放锁
consume(buffer[N]);
```

生产者为构造第 N 个对象而执行的所有操作都是在生产者进入临界区之前完成的。在使用者离开临界区并开始使用第 N 个对象之前，它们将对使用者可见。因此，该程序是正确的。

本节详细阐释了内存顺序的概念，并通过示例对其进行了说明。但是，当尝试在代码中使用这些知识时，你可能会发现结果和想象中的并不一致。因此，为了更好地理解性能，应该考虑同步多线程程序和避免数据竞争的不同方式，而且我们需要用一种不那么费力的方式来描述内存顺序和相关概念。

5.6　内　存　模　型

我们需要一种更系统、更严谨的方式来描述线程通过内存的交互、它们对共享数据的使用以及这对并发应用程序的影响。这种描述被称为内存模型（memory model）。内存模型描述了当线程访问同一内存位置时存在哪些保证和限制。

在 C++11 标准之前，C++语言根本没有内存模型，标准中也没有提到线程（thread）。为什么这是一个问题？让我们再次来考虑一下前面的生产者-使用者示例，这一次重点关注生产者一方。

```
std::mutex mN;
size_t N = 0;
…
new (buffer + N) T( … arguments … );
{ // 临界区开始 - 获取锁
    std::lock_guard l(mN);
    ++N;
} // 临界区结束 - 释放锁
```

lock_guard 只是一个围绕互斥锁的资源获取即初始化（Resource Acquisition Is Initialization，RAII）包装器，所以不要忘记解锁它，代码示例如下。

```
std::mutex mN;
size_t N = 0;
…
new (buffer + N) T( … arguments … );     // N
mN.lock();                               // mN
++N;                                     // N
mN.unlock();                             // mN
```

请注意，此代码的每一行都使用变量 N 或对象 mN，但它们从不在一个操作中一起使用。从 C++的角度来看，这段代码类似于以下代码。

```
size_t n, m;
++m;
++n;
```

在这段代码中，操作的顺序无关紧要，只要可观察行为不改变，编译器就可以自由地重新排序它们（所谓"可观察行为"，是指诸如输入和输出之类的行为，改变内存中的值不是可观察行为）。回到最初的例子，为什么编译器不对那里的操作重新排序？

```
mN.lock();                               // mN
mN.unlock();                             // mN
++N;                                     // N
```

如果像上述代码一样重新排序，那是非常糟糕的，但是，C++标准（直到 C++11 标准）中没有任何内容阻止编译器这样做。

当然，早在 2011 年之前，我们就在用 C++编写多线程程序，那么它们是如何工作的呢？显然，编译器没有做这样的优化，这是为什么呢？答案在内存模型中。编译器提供了超出 C++标准的某些保证，并提供了特定的内存模型，即使标准没有这个要求。基于 Windows 的编译器遵循 Windows 内存模型，而大多数基于 UNIX 和 Linux 的编译器则提供了 POSIX 内存模型和相应的保证。

C++11 标准改变了这一点，并为 C++提供了自己的内存模型。我们在 5.5 节中已经利用了它：伴随原子操作的内存顺序保证，并且锁是这个内存模型的一部分。C++内存模型保证了跨平台的可移植性，这些平台以前根据其内存模型提供了一组不同的保证。此外，C++内存模型还提供了一些特定于语言的保证。

前文已经以不同的内存顺序选项的形式讨论了这些保证，包括 relaxed、acquire、release 和 acquire-release 等。细心的读者可能会注意到，C++还有一个更严格的内存顺序，称为顺序一致（sequentially consistent），也就是前面介绍的 6 个内存顺序选项中的最后一项（memory_order_seq_cst），这是未指定时的默认顺序，它不仅有与每个原子操作相关联的双向内存屏障，而且整个程序都满足顺序一致性要求。该要求的含义是，程序的行为就像所有处理器执行的所有操作都以单一全局顺序执行一样。此外，全局顺序还有一个重要的属性：考虑在一个处理器上执行的任意两个操作 A 和 B，假设 A 在 B 之前执行，则在全局顺序中，这两个操作都必须是 A 在 B 之前出现。

可以这样理解一个顺序一致的程序：想象每个处理器都有一副牌，每张牌就是一个操作。我们将这些牌叠放在一起但是不洗牌，这样一副牌就可以穿插在其他牌之间，但同一副牌中牌的顺序永远不会改变。一副组合牌就是程序中操作的全局顺序。

顺序一致性是一个理想的属性，因为它可以更容易地推断并发程序的正确性。但是，它的成本通常也是最高的。我们可以在一个非常简单的基准测试中证明这个成本。

05b_barrier_store.C

```
void BM_order(benchmark::State& state) {
    for (auto _ : state) {
        x.store(1, memory_order);
    … 展开循环 32 次以获得更准确的结果 …
        x.store(1, memory_order);
        benchmark::ClobberMemory();
    }
    state.SetItemsProcessed(32*state.iterations());
}
```

可以使用不同的内存顺序来运行这个基准测试。结果取决于硬件，如图 5.14 所示是比较常见的结果。

```
BM_acq_rel/real_time/threads:2          6 ns      11 ns   120798788   5.17845G items/s
BM_seq_cst/real_time/threads:2        485 ns     970 ns     1407170  62.8643M items/s
```

图 5.14　获取-释放内存顺序与顺序一致性内存顺序的性能比较

C++内存模型不仅仅关乎原子操作和内存顺序。例如，之前研究假共享时，我们假设从多个线程并发访问数组的相邻元素是安全的。这是有道理的，因为它们是不同的变量。然而，语言甚至编译器采用的附加限制都不能保证这一点。在大多数硬件平台上，访问整数数组的相邻元素确实是线程安全的，但是对于较小的数据类型（如 bool 数组）来说则不然。

许多处理器使用掩码整数（masked integer）写入单个字节：它们加载包含该字节的整个 4 字节字，将该字节更改为新值，然后将字写回。

显然，如果两个处理器同时对共享相同 4 字节字的两个字节执行此操作，则第二次写入将覆盖第一次写入。如果没有两个线程访问同一个变量，则 C++11 内存模型要求写入任何不同的变量（如数组元素）是线程安全的。

　　在 C++11 之前，很容易编写一个程序来证明从两个线程写入两个相邻的 bool 或 char 变量不是线程安全的。本书中没有进行该演示的唯一原因是，即使将标准级别指定为 C++03，当今可用的编译器也不会退回到 C++03 的这一行为，并且编译器可以使用掩码写入方式在 C++03 模式下写入单个字节，但大多数编译器都使用与 C++11 模式相同的指令。

　　这个有关 C++内存模型重要性的示例也包含一个有价值的观察：语言和编译器并不是定义内存模型的全部。

　　硬件有一个内存模型，操作系统和运行时环境也有它们的内存模型，程序运行的硬件/软件系统的每个组件都有一个内存模型。整个内存模型，即程序可用的保证和限制的总集是所有这些内存模型的叠加。有时可以利用这一点，例如，在编写特定于处理器的代码时，就可以考虑这样做。当然，任何可移植的 C++代码只能依赖于语言本身的内存模型，而且通常情况下，其他底层内存模型是一个较为复杂的问题。

　　由于语言的内存模型和硬件的内存模型不同，会出现以下两个问题。

❏　第一个问题：程序中可能存在无法在特定硬件上检测到的错误。

　　考虑我们用于生产者–使用者程序的获取–释放协议。如果我们犯了一个错误，在生产者端使用了释放内存顺序，而在使用者端的则是自由内存顺序（根本没有障碍），则该程序很可能会间歇性地产生错误的结果。

　　但是，如果在 x86 CPU 上运行此程序，它似乎是正确的，这是因为 x86 架构的内存模型是这样的：每个存储都伴随着一个释放屏障，每个加载都有一个隐式的获取屏障。

　　虽然在 x86 CPU 上能正确运行，但是程序的错误仍然存在，如果将其移植到基于 ARM 的处理器（如 iPad 中的处理器），则会出现问题。

　　在 x86 硬件上找到此错误的唯一方法是借助 GCC 和 Clang 中可用的 Thread Sanitizer（TSAN）之类的工具。

❏　第二个问题是第一个问题的另一面：减少对内存顺序的限制并不是总能带来更好的性能。如前文所述，在写操作时从释放内存顺序到自由内存顺序不会对 x86 处理器产生任何好处，因为整体内存模型仍然将保证释放顺序（理论上，编译器可能会做更多的优化，但是，大多数编译器根本不优化跨原子操作的代码）。

　　内存模型为讨论程序如何与内存系统交互提供了科学基础和通用语言。内存屏障是程序员在代码中用来控制内存模型特性的实际工具。一般来说，这些屏障是通过使用锁隐式调用的，但它们始终存在。内存屏障的优化使用可以对某些高性能并发程序的效率产生很大的影响。

5.7　小　　结

本章详细阐释了 C++内存模型及其为程序员提供的保证。学习完本章之后，你应该对当多个线程通过共享数据交互时会发生什么有了比较透彻的理解。

在多线程程序中，对内存的不同步和无序访问会导致未定义的行为，必须不惜一切代价避免它。当然，这也是需要成本的。虽然我们总是把正确的程序看得比不正确但速度快的程序更重要，但在内存同步方面，程序员很容易为正确性付出过高的代价。

本章讨论了管理并发内存访问的不同方法、它们的优点和权衡。最简单的选择是锁定对共享数据的所有访问（代价就是性能较差）。反过来讲，最复杂的实现是使用原子操作并尽可能少地限制内存顺序。

本书介绍的性能的第一条规则在这里也完全适用：性能只能被测量，而不是靠猜测。这对于并发程序来说尤为重要。在此类程序中，由于多种原因，巧妙的优化可能无法产生可测量的结果，甚至和你想象的结果相反。另一方面，始终可以保证的是，带锁的简单程序更容易编写并且更可能是正确的。

了解影响数据共享性能的基本因素后，你就可以更好地理解测量结果，并明白何时尝试优化并发内存访问是有意义的：代码受内存顺序限制的影响越大，则放宽这些限制获得性能提高的可能性就越大。另外需要记住的是，一些限制来自硬件本身。

总体而言，本章内容比前几章的任何内容都要复杂得多（这并不奇怪，并发编码通常很难）。

第 6 章将展示一些可以在不放弃性能优势的情况下在程序中管理这种复杂性的方法，还将讨论本章所学知识的实际应用。

5.8　思　考　题

（1）什么是内存模型？
（2）为什么了解共享数据的访问权限如此重要？
（3）什么决定了程序的整体内存模型？
（4）什么限制了并发的性能提升？

第 2 篇

并发的高级应用

本篇将探讨使用并发实现高性能的更高级应用。我们将介绍使用互斥锁实现线程安全的最佳方法，以及在哪种情况下避免使用互斥锁以支持无锁同步。此外，还将介绍 C++ 并发特性库的新增内容——协程和并行算法。

本篇包括以下章节：

第 6 章　并发和性能

第 7 章　并发数据结构

第 8 章　C++中的并发

第 6 章　并发和性能

在第 5 章中详细介绍了影响并发程序性能的基本因素，现在可以将这些知识付诸实践，并学习如何为线程安全程序开发高性能并发算法和数据结构。

一方面，我们要充分利用并发性，高屋建瓴地看待问题和解决方案策略，包括数据组织方式、工作划分等，有时甚至解决方案的定义都将对程序的性能产生重大影响。

另一方面，正如我们在第 5 章中看到的，性能受缓存中数据排列方式等低级因素的影响很大，即使是最好的设计也可能被糟糕的实现所毁。

这些低级细节通常难以分析和用代码表达，并且需要非常仔细地编码。这不是程序员想在程序中散布的代码，所以对棘手代码的封装是必要的。程序员必须考虑封装这种复杂性的最佳方法。

本章包含以下主题：

❑　高效的并发。

❑　锁的使用、锁的陷阱以及无锁编程简介。

❑　线程安全计数器和累加器。

❑　线程安全智能指针。

6.1　技术要求

同样，本章需要一个 C++编译器和一个微基准测试工具，例如我们在前面各章中使用的 Google Benchmark 库，其网址如下。

https://github.com/google/benchmark

本章附带的代码可在以下网址找到。

https://github.com/PacktPublishing/The-Art-of-Writing-Efficient-Programs/tree/master/Chapter06

6.2　高效使用并发需要的条件

从根本上说，使用并发来提高性能非常简单，只需要做两件事即可。第一件事是为并发线程和进程提供足够的工作，以便它们始终处于忙碌状态。第二件事是减少共享数据的使用，因为正如我们在第 5 章中看到的，并发访问共享变量是非常昂贵的。做到这两件事，余下的就只是实现的问题。

遗憾的是，这两件事说起来容易，要实现往往相当困难，当我们所需的性能增益更大并且硬件变得更强大时，难度就会增加。这是由于阿姆达尔定律（Amdahl's Law）的缘故，该定律可能是每个处理并发的程序员都听说过的，但并不是每个人都能准确地理解其全部意义。

该定律本身很简单，它指出，系统中对某一部件采用更快执行方式所能获得的系统性能改进程度，取决于这种执行方式被使用的频率，或所占总执行时间的比例。对于具有并行（可扩展）部分和单线程部分的程序，最大可能的加速比 s 如下所示。

$$s = \frac{s_0}{s_0(1-p)+p}$$

其中，s_0 是程序并行部分的加速比（speedup），p 是程序并行（parallel）的部分。

现在考虑一个在大型多处理器系统上运行的程序的结果：如果我们有 256 个处理器并且能够充分利用它们，则在极限情况下，除了第 1/256 个运行时间，程序的总加速比极限是 128 倍，也就是减半。换句话说，如果程序只有第 1/256 这部分的工作是单线程或在一个锁下执行的，那么无论我们对程序的其余部分进行了多少优化，这个 256 处理器系统的使用永远不会超过其总能力的 50%。

再举一个更普通的例子。假设有 8 个处理器执行并行计算，则 $s_0 = 8$，程序的并行部分占总执行时间的 50%，即 $p = 0.5$，则程序的总加速比 $s = 8/(4+0.5) = 1.78$。如果将程序的并行部分占比提高到 80%，即 $p = 0.8$，则程序的总加速比 $s = 8/(1.6+0.8) = 3.33$。由此可见，程序并发部分的占比越高，则性能提升增益越大。这就是为什么当我们在开发并发程序时，设计、实现和优化的重点应该是尽量使单线程计算并发，并减少程序访问共享数据所花费的时间。

第一个目标是尽量使计算并发，这应从算法的选择开始，但由于许多设计决策也会影响结果，所以我们还应该做更多的了解。

第二个目标是降低数据共享的成本，这是第 5 章主题的延续，我们已经介绍过，全局锁和全局共享数据对性能特别不利。即使数据是在若干个线程之间共享而不是全局共享，在并发访问的情况下，也会限制这些线程的性能。

正如我们之前多次提到的，数据共享的需求从根本上来说是由问题本身的性质驱动的。任何特定问题的数据共享量都会受到算法、数据结构的选择和其他设计决策以及实现的极大影响。一些数据共享是实现的产物或数据结构选择的结果，但其他共享数据则是问题所固有的。如果我们需要对满足某个属性的数据元素进行计数，归根结底只有一次计数，则所有线程都必须将其更新为共享变量。当然，实际发生了多少次共享以及对总程序加速的影响在很大程度上取决于实现。

本章将从两条线来进行讲解：首先，考虑到一定量的数据共享是不可避免的，因此我们将着眼于使这个过程更加高效；其次，则是考虑可用于减少数据共享需求或等待访问此数据所花费的时间的设计和实现技术。

接下来，让我们从第一个问题开始，即高效的数据共享。

6.3　锁、替代品及其性能

一旦我们接受了"某些数据共享一定会发生"这一观念（这也是事实），则也必须接受对共享数据的并发访问同步的需求。请记住，在没有这种同步的情况下对相同数据的任何并发访问都会导致数据竞争和未定义的行为。

保护共享数据的最常见方法是使用互斥锁。

```
std::mutex m;
size_t count;          // 受 m 保护
… 在线程中 …
{
    std::lock_guard l(m);
    ++count;
}
```

上述示例利用了 C++17 对 std::lock_guard 的模板类型自动推导功能。在 C++14 中，必须指定模板类型参数。

使用互斥锁通常相当简单：任何访问共享数据的代码都应该位于临界区中，即夹在对互斥锁进行锁定和解锁的调用之间。

互斥锁实现带有正确的内存屏障，以确保硬件或编译器无法将临界区中的代码移出（编译器通常不会在锁操作之间移动代码，但是，在理论上，只要它们尊重内存屏障语义，就可以进行这样的优化）。

在这一点上通常被问到的问题是，"那个互斥锁的成本有多高？"但是，这个问题本身可能是定义不完善的：对于特定的硬件和给定的互斥锁实现，我们当然可以给出一个以纳秒为单位的绝对值答案，但这个值意味着什么呢？它肯定比没有互斥锁的成本更高，但没有互斥锁，程序就可能不正确（如果不考虑正确性而只考虑运行速度快，那完全还有更简单的编程方式）。所以，成本高低只能通过与替代品进行比较来定义，这自然会引出另一个问题，"互斥锁的替代品是什么？"

最明显的替代方法是使计数原子化。

```
std::atomic<size_t> count;
… 在线程中 …
++count;
```

我们还必须考虑真正需要与计数操作相关联的内存顺序。如果计数后被用来索引数组，则可能需要释放-获取顺序。但是，如果只是一个计数，并且只是想要统计一些事件和报告数量，则不需要任何内存顺序限制。

```
std::atomic<size_t> count;
… 在线程中 …
count.fetch_add(1, std::memory_order_relaxed);
```

我们是否真的得到任何屏障取决于硬件：在 x86 计算机上，原子递增指令具有"内置"的双向内存屏障，并且请求自由的内存顺序也不会使其更快。

尽管如此，为了可移植性和清晰性，指定代码真正需要的要求仍很重要：请记住，代码的真正读者并不是必须解析代码的编译器，而是日后需要阅读它的其他程序员。

使用原子递增的程序没有锁，也不需要任何锁。但是，它依赖于特定的硬件能力：处理器具有原子递增指令。此类指令集相当小。

如果我们需要一个操作，但是它没有原子指令，那又该怎么办？举一个简单的例子：在 C++中，没有原子乘法（我不知道任何具有这种功能的硬件，在 x86、ARM 或任何其他常见 CPU 架构上都看不到它）。

幸运的是，有一种"通用"原子操作可用于构建任何难度不同的读取-修改-写入操作。此操作称为比较和交换（compare-and-swap，CAS），在 C++中称为 compare_exchange。它需要两个参数：第一个是原子变量的预期当前值，第二个是所需的新值。如果实际当前值与预期当前值不匹配，则不会发生任何事情，原子变量不会发生变化。如果实际当前值与预期当前值匹配，则将所需值写入原子变量。

C++ compare_exchange 操作返回 true 或 false 以指示写入是否发生（如果确实发生则为 true）。如果变量与预期值不匹配，则在第一个参数中返回实际值。

通过比较和交换，可以按以下方式实现原子递增操作。

```
std::atomic<size_t> count;
… 在线程中 …
size_t c = count.load(std::memory_order_relaxed);
while (!count.compare_exchange_strong(c, c + 1,
    std::memory_order_relaxed, std::memory_order_relaxed)) {}
```

这里有以下几个注意事项。首先，C++中该操作的实际名称是 compare_exchange_strong。还有一个 compare_exchange_weak，其不同之处在于，即使当前值和预期值匹配，weak 版本有时也会返回 false（在 x86 上，这没有区别，但在某些平台上，weak 版本可以导致整体操作更快）。其次，该操作采用的不是一个而是两个内存顺序参数：当比较失败时，应用第二个参数（因此它只是操作的比较部分的内存顺序）；当比较成功并且写入发生时，应用第一个参数。

现在分析一下这个实现是如何工作的。首先，我们以原子方式读取计数的当前值 c。递增之后的值是 c+1，但我们不能仅仅将它分配给计数，因为另一个线程可能在我们读取它之后、更新它之前增加了计数。所以必须做一个有条件的写入：如果计数的当前值仍然是 c，则将其替换为所需的值 c+1。否则，用新的当前值更新 c（由 compare_exchange_strong 完成）并重试。

只有当我们最终捕捉到原子变量在上次读取它的时间和我们尝试更新它的时间之间没有改变的那一刻，循环才会退出。

当然，由于我们已经有了现成可用的原子递增操作，因此没有任何理由使用该方法来增加计数。但是这种方法也可以推广到任何计算：只要使用任何其他表达式代替 c+1 即可，程序将以相同的方式工作。

虽然上述代码的 3 个版本都执行相同的操作——递增计数，但它们之间存在根本差异，因此必须更详细地探讨。

6.3.1 基于锁、无锁和无等待的程序

使用互斥锁的第一个版本是最容易理解的：一个线程可以随时持有锁，这样线程就可以在没有任何进一步预防措施的情况下递增计数。

一旦锁被释放，另一个线程即可获取锁并递增计数，依此类推。在任何时候，最多有一个线程可以持有锁并向前推进。所有需要访问的剩余线程都将等待该锁。但即使是拥有锁的线程也不能保证继续前进，因为它也可能需要访问另一个共享变量才能完成其工作，它可能正在等待另一个锁，而另一个锁又由其他某个线程持有。这是常见的基于锁的程序，它通常不是最快的，但最容易理解和推理。

第二个程序呈现了一个完全不同的应用场景：任何到达原子递增操作的线程都会立即执行它。当然，硬件本身必须锁定对共享数据的访问以确保操作的原子性（正如我们在第 5 章中看到的，这是通过一次向一个处理器授予对整个缓存行的独占访问权限来实现的）。

从程序员的角度来看，这种独占访问本身意味着执行原子操作所需的时间增加。当然，就代码本身而言，它是无须等待的，无须尝试和重试。这种程序称为无等待（wait-free）。

在无等待程序中，所有线程都在不断向前推进，即执行其各自的操作（尽管如果线程之间存在对同一共享变量访问的严重争用，则某些操作可能需要更长的时间）。无等待实现通常只适用于非常简单的操作（例如增加某个计数），但只要它可用，一般来说会比基于锁的实现更简单。

第三个程序虽然是无锁的，但是理解它却更困难。它有一个循环，重复的次数是未知的。就这一点而言，其实现类似于锁：任何等待锁的线程也卡在类似的循环中，不断尝试获取锁，也不断失败。它们之间有一个关键的区别：在基于锁的程序中，当一个线程未能获得锁而必须重试时，可以推断出其他线程拥有该锁。我们无法确定该线程是否会很快释放锁，或者是否在实际完成其工作并释放其持有的锁方面取得任何进展（例如，它可能正在等待用户输入）。在基于比较和交换（CAS）的程序中，线程无法更新共享计数的唯一原因是其他线程先进行了更新。因此，我们知道，在所有尝试同时增加计数的线程中，至少有一个总是会成功。这种程序被称为无锁（lock-free）程序。

我们刚刚讨论了 3 种主要并发程序类型的示例。

- ❑ 在基于原子操作的无等待程序中，每个线程都在执行它需要的操作，并始终朝着最终目标前进；无须等待访问，无须重做任何工作。
- ❑ 在基于比较和交换的无锁程序中，多个线程可能会尝试更新同一个共享值，但只有其中一个会成功。其余的将不得不根据原始值丢弃它们已经完成的工作，读取更新后的值，并再次进行计算。但是至少有一个线程总是可以保证提交其工作而不必重做。因此，整个程序总是在向前推进，尽管不一定是全速前进。
- ❑ 在基于锁的程序中，一个线程持有锁以访问共享数据。但是，持有锁并不意味着线程将对这些数据做任何事情。因此，当并发访问发生时，最多只有一个线程在向前推进，并且即使如此也不能保证它一定前进。

从理论上讲，这 3 个程序之间的区别很明显。但是，毫无疑问，每个读者都想知道同一个问题的答案：哪个程序更快？我们可以在 Google 基准测试中运行每个版本的代码。例如，以下是基于锁的版本。

01_sharing_incr_mbm.C

```
std::mutex m;
size_t count = 0;
void BM_lock(benchmark::State& state) {
    if (state.thread_index == 0) count = 0;
    for (auto _ : state) {
        std::lock_guard l(m);
        ++count;
    }
}
BENCHMARK(BM_lock)->Threads(2)->UseRealTime();
```

必须在线程之间共享的变量将在全局范围内声明。初始设置（如果有的话）可以仅限于一个线程。其他基准测试与此类似，只有被测代码发生变化。测试结果如图 6.1 所示。

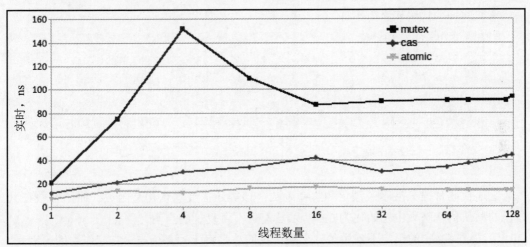

图 6.1   共享计数递增的性能：基于互斥锁、无锁（比较和交换）和无等待（原子）

这里唯一可能出乎意料的结果是基于锁的版本的表现（差距有点大）。当然，这只是一个数据点，而不是全部。特别是，虽然所有互斥锁都是锁，但并非所有锁都是互斥锁。我们也可以尝试提出更有效的锁实现（至少是对我们的需求更有效）。

6.3.2   针对不同问题的不同锁

我们刚刚已经看到，当标准 C++互斥锁用于保护对共享变量的访问时，它的性能非常差，尤其是当有许多线程试图同时修改此变量时（如果所有线程都在读取该变量，则根本不需要保护它；并发只读访问不会导致任何数据竞争）。

互斥锁效率低下是因为它的实现还是锁本质上的问题？根据第 5 章中的知识，可以预期任何锁的效率都低于原子递增计数器，这仅仅是因为基于锁的方案使用两个共享变量（锁和计数），而不是只有一个共享变量。但是，操作系统提供的互斥锁对于锁定非常短的操作（如计数递增）通常不是特别有效。

这种情况下最简单也是最有效的锁是基本的自旋锁（spinlock）。自旋锁的思想是这样的：锁本身只是一个标志，可以有两个值，如 0 和 1。如果标志的值为 0，则锁没有被锁定，任何看到此值的线程都可以将该标志设置为 1 并继续；当然，读取标志并将其设置为 1 的整个操作必须是单个原子操作。任何看到值为 1 的线程都必须等到该值变回 0 以指示锁可用。最后，当一个将标志从 0 更改为 1 的线程准备释放锁时，它会将值更改回 0。

实现此锁的代码如下所示。

```cpp
class Spinlock {
    public:
    void lock() {
        while (flag_.exchange(1, std::memory_order_acquire)) {}
    }
    void unlock() { flag_.store(0, std::memory_order_release); }
    private:
    std::atomic<unsigned int> flag_;
};
```

上述代码片段只展示了锁定和解锁函数；该类还需要默认构造函数（原子整数在其自己的默认构造函数中初始化为 0），以及使其不可复制的声明。

请注意，标志的锁定不使用条件交换：我们总是将 1 写入标志。它起作用的原因是，如果标志的原始值为 0，则 exchange 操作将其设置为 1 并返回 0（循环结束），这正是我们想要的。但是，如果原来的值是 1，则替换为 1，也就是根本没有变化。

另外，请注意两个内存屏障：锁定伴随着获取屏障，而解锁是通过释放屏障完成的。这些屏障共同界定了临界区，并确保在调用 lock() 和 unlock() 之间编写的任何代码都保留在临界区。

你可能希望看到此锁与标准互斥锁的比较基准测试，但我们不会进行此演示，因为此自旋锁的性能很差。为了使它更实用，还需要一些优化。

首先要注意的是，如果标志的值为 1，那么实际上并不需要将其替换为 1，保持原样即可。为什么这很重要？因为 exchange 是读取-修改-写入操作，即使它只是将旧值更改为相同的值,也同样需要对包含标志的缓存行进行独占访问,而我们并不需要独占访问权来读取标志。

这在以下场景中很重要:锁被锁定,拥有锁的线程没有改变它(线程忙于做自己的工作),但所有其他线程都在检查锁并等待值更改为 0。如果其他线程不尝试写入标志,缓存行就不需要在不同的 CPU 之间独占访问:它们的缓存中都有相同的内存副本,并且这个副本是最新的,不需要向任何地方发送任何数据。只有当其中一个线程实际更改该值时,硬件才需要将内存的新内容发送到所有 CPU。以下是我们刚刚描述的优化。

```cpp
class Spinlock {
    void lock() {
        while ( flag_.load(std::memory_order_relaxed) ||
                flag_.exchange(1, std::memory_order_acquire)) {}
    }
}
```

上述代码中的优化是,首先读取标志,直至看到 0,然后将其替换为 1。如果另一个线程首先获得锁,那么在进行检查和进行交换的时间之间,该值可能已更改为 1。

另外请注意,在预先检查标志时,我们根本不关心内存屏障,因为最终检查总是使用 exchange 及其内存屏障完成。

即使进行了这种优化,该锁的性能也很差。原因与操作系统倾向于优先考虑线程的方式有关。一般来说,一个正在执行大量计算的线程会在假设它正在执行一些有用操作的情况下获得更多的 CPU 时间。糟糕的是,在我们的例子中,计算量最大的线程是在等待标志改变的线程。这可能会导致一种我们不希望出现的情况,即一个线程试图获取锁并分配了 CPU,而另一个线程想要释放锁,但在一段时间内却没有被安排执行。解决方案是等待中的线程在多次尝试后放弃 CPU,以便其他线程可以运行,完成其工作并释放锁。

线程释放对 CPU 的控制权有多种方式,大多数是通过系统函数调用完成的。对于该操作,并没有一种通用的最佳方法。从实验结果来看,在 Linux 系统上,通过调用 nanosleep() 调用很短时间(1 ns)的休眠似乎会产生最好的结果,通常比调用 sched_yield() 更好,后者是产生 CPU 访问的另一个系统函数。

与硬件指令相比,所有系统调用的成本都是很高昂的,因此应该尽量避免过于频繁地调用它们。我们可以尝试获取锁若干次,然后将 CPU 交给另一个线程,再进行尝试,以此来达到最佳平衡。

01c_spinlock_count.C

```cpp
class Spinlock {
```

```
void lock() {
    for (int i=0; flag_.load(std::memory_order_relaxed) ||
            flag_.exchange(1, std::memory_order_acquire); ++i) {
        if (i == 8) {
            lock_sleep();
            i = 0;
        }
    }
}
void lock_sleep() {
    static const timespec ns = { 0, 1 };    // 1ns
    nanosleep(&ns, NULL);
}
}
```

在释放 CPU 之前尝试获取锁的最佳次数取决于硬件和线程数，但通常 8 到 16 之间的值可以很好地工作。

现在可以进行第二轮基准测试，结果如图 6.2 所示。

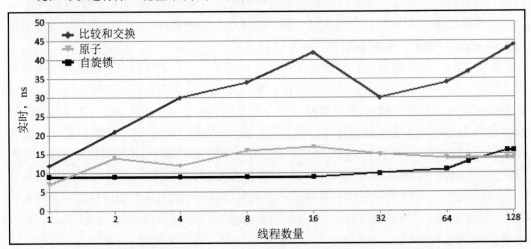

图 6.2　共享计数递增的性能：基于自旋锁、无锁（比较和交换）和无等待（原子）

可以看到，自旋锁的效果非常好，其性能明显优于比较和交换（compare-and-swap，CAS）实现，并且与无等待操作也不相上下，甚至稍胜一筹。

这些结果给我们留下了两个问题：首先，如果自旋锁快得多，那么为什么不是所有的锁都使用自旋锁？其次，如果自旋锁的性能这么好，为什么我们还需要原子操作（都使用锁不就行了）？

第一个问题的答案可归结为本小节的标题：针对不同问题的不同锁。自旋锁的缺点是等待线程持续使用 CPU 或忙等待（busy waiting）。而等待系统互斥锁的线程大部分时间是空闲的（休眠）。如果仅需要等待寥寥几个周期，即递增操作的持续时间，则忙等待非常有用：它比将线程置于睡眠状态要快得多。但是，如果锁定的计算包含多个指令，则等待自旋锁的线程会浪费大量 CPU 时间并剥夺其他工作线程对它们所需硬件资源的访问权。总的来说，C++ 互斥锁（std::mutex）或操作系统互斥锁的选择是为了一种平衡：锁定单个指令的效率有点低，锁定需要几十纳秒的计算是可以的，如果需要长时间持有锁（在这里，"长时间"的概念是相对的，因为处理器很快，所以 1ms 也可以是长时间），它胜过其他选择。本书要编写的是极端性能的代码（以及实现它的极端努力），因此大多数高性能计算（HPC）程序员要么实现他们自己的快速锁来保护很短的计算，要么使用提供此类锁的库。

第二个问题涉及对锁的缺点的讨论，这正是 6.3.3 节的主题。

6.3.3　锁与无锁的真正区别

当谈到无锁编程的优势时，第一个论点通常是"它更快"。但正如我们刚刚看到的，这不一定是正确的：如果针对特定任务进行优化，锁的实现可能更加有效。当然，基于锁的方法还有其他一些固有的缺点，并且与实现无关。

第一个也是最臭名昭著的缺陷是出现可怕的死锁的可能性。当程序使用多个锁时，就可能会发生死锁（deadlock）。例如，线程 A 有 lock1，需要获取 lock2。线程 B 已经有 lock2，需要获取 lock1。在这种情况下，这两个线程都不能继续，并且都将永远等待，因为唯一可以释放它们需要的锁的线程本身就被锁阻塞了。

要避免死锁，这两个锁必须始终以相同的顺序获取。为此，C++ 有一个实用函数——std::lock()。当然，一般来说，锁不能同时获取：当线程 A 获取 lock1 时，无法知道也需要 lock2，因为该信息本身隐藏在由 lock1 保护的数据中。我们将在第 7 章讨论并发数据结构时看到相关示例。

如果不能可靠地获取多个锁，则解决方案也许是先尝试获取，然后在无法全部获取的情况下，释放已经持有的锁，以便其他线程可以获取它们。在上面提到的示例中，线程 A 持有 lock1，尝试获取 lock2，但不会阻塞：大多数锁都有一个 try_lock()调用，要么获取锁，要么返回 false。在返回 false 的情况下，线程 A 将先释放 lock1，然后尝试获取它们。这可能有效，尤其是在简单的测试中。但是，这也有自己的危险：活锁（livelock）。

当两个线程不断地互相传递锁时，就会出现活锁。线程 A 有 lock1 但没有 lock2，线程 B 有 lock2，放弃 lock2，得到 lock1，但没法再取回 lock2，因为 lock2 已经被线程 A 持有。活锁有可能自行解开，死锁则不能。

有一些获取多个锁的算法可以保证最终成功，但遗憾的是，在实践中，此类算法可能需要很长时间，并且这些算法也相当复杂。处理多个锁的根本问题是：互斥锁是不可组合的，没有什么好方法可以将两个或多个锁组合成一个。

即使没有活锁和死锁的危险，基于锁的程序也会遇到其他问题。其中一种较常见且难以诊断的问题称为护送（convoying）。它可能发生在多个锁或一个锁上。

锁护送问题看起来是这样的：假设有一个受锁保护的计算。线程 A 当前拥有该锁并正在处理共享数据；其他线程正在等待以执行属于它们那一部分的工作。但是，这项工作不是一次性就能完成的，每个线程都有很多任务，每个任务的一部分都需要对共享数据的独占访问。线程 A 完成一个任务，释放该锁，然后快速执行下一个任务，直到它再次需要锁。此时锁已被释放，任何其他线程都可以得到它，但其他线程仍在唤醒，而线程 A 在 CPU 上正处于活跃状态，因此，线程 A 再次获得锁（因为竞争者还没有准备好）。线程 A 的任务就像车队中的卡车一样匆匆执行，而其他线程则什么也做不了（就好像只能用目光护送卡车离去，锁护送因此而得名）。此时大量虽然被唤醒但是却得不到锁的线程被迫进行调度切换，而这种频繁的调度切换相当影响系统性能。

锁的另一个问题是它们不尊重任何优先级的概念：当前持有锁的低优先级线程将抢先于需要相同锁的任何高优先级线程。因此，只要低优先级线程确定，高优先级线程就必须等待，这种情况似乎与高优先级的概念完全不一致。出于这个原因，这种情况有时被称为优先级反转（priority inversion）。

在理解了锁的问题不仅限于性能之后，让我们来看看无锁程序在相同的复杂情况下的表现。

首先，在无锁程序中，至少有一个线程保证不会被阻塞：在最坏情况下，当所有线程同时到达一个比较和交换（CAS）操作并具有原子变量的相同的预期当前值时，其中之一将保证可以看到预期值（因为它可以改变的唯一方法是通过成功的 CAS 操作），其他线程将不得不丢弃它们的计算结果，重新加载原子变量并重复计算，而在 CAS 上成功的线程则可以移动到下一个任务。这可以防止出现死锁。

除了没有死锁的问题，我们也不需要担心活锁的问题。由于所有线程都忙于计算原子操作（如 CAS），因此高优先级线程更有可能首先到达并提交其结果，而低优先级线程则更有可能使 CAS 失败并重新执行其操作。

类似地，提交结果的一次成功不会使"获胜"线程比所有其他线程更有优势：准备好首先尝试执行 CAS 的线程就是成功的线程，这自然消除了锁护送的问题。

那么，无锁程序就完美无缺了吗？显然不是，它有两个缺点，而且这两个缺点还很重要。

第一个缺点是其优点的反面。如前文所述，即使 CAS 尝试失败的线程也会保持忙碌。这解决了优先级问题，但代价非常高：在高竞争的情况下，大量 CPU 时间被浪费在工作上，而这只是为了重复计算。更糟糕的是，这些线程为争夺对单个原子变量的访问权，会从同时进行一些无关计算的其他线程中夺走 CPU 资源。

第二个缺点的性质完全不同。虽然大多数并发程序不容易编写或理解，但无锁程序很难正确设计和实现。

基于锁的程序只需要保证构成单个逻辑事务的任何一组操作都在锁下执行即可。当存在多个逻辑事务时，一些（但不是全部）共享数据对于多个不同事务是通用的，这会使编程变得更加困难，那就是我们需要解决多重锁的问题。

尽管如此，推理基于锁的程序的正确性并不难。如果我在你的代码中看到一段共享数据，你必须告诉我哪个锁保护这些数据，并证明没有线程可以在未先获得锁的情况下访问这些数据。如果不是这样，则即使你尚未发现，也会发生数据竞争。如果满足这些要求，就不会出现数据竞争的情况（尽管可能会遇到死锁和其他问题）。

反过来，无锁程序则具有几乎无限多种数据同步方案。由于没有线程被暂停，我们必须说服自己，无论线程执行原子操作的顺序如何，结果都是正确的。

此外，由于没有明确定义的临界区，我们不得不担心程序中所有数据的内存顺序和可见性，而不仅仅是原子变量。我们不得不问自己，会不会出现一个线程改变数据之后，另一个线程因为内存顺序要求不够严格而可以看到它的旧版本的情况？

解决复杂性问题的常用方法是模块化和封装。我们可以将难以编写的代码收集到模块中，每个模块都有一个定义良好的接口以及一组明确的要求和保证。为此，程序员应该关注实现各种并发算法的模块。

接下来，我们将进入一个不同的方向——讨论并发数据结构。

6.4　并发编程的构建块

并发程序的开发一般来说是相当困难的，如果想要编写既正确又高效的并发程序则会更加困难。如果在复杂程序中还使用了许多互斥体或编写的是一个无锁程序，则更是难上加难。

如前文所述，管理这种复杂性的唯一方法是将其集中到代码或模块的一小部分中，并且进行良好的定义。只要接口和需求明确，这些模块的客户端就不需要知道实现是无锁的还是基于锁的。这确实会影响性能，因此在优化之前，模块对于特定需求可能太慢，但是我们可以根据需要进行优化，并且优化仅限于特定模块。

本节将重点介绍为并发编程实现数据结构的模块。你可能会问，为什么是数据结构而不是算法？首先，有关并发算法的文献已经足够多了；其次，大多数程序员处理算法问题时都要轻松得多，其过程大致如下：先对代码进行性能分析，发现有一个函数需要很长时间，于是找到一种不同的方法来实现算法，解决该问题之后，再进行性能分析，看看下一个瓶颈在哪里，如此反复进行，最终得到一个程序，其中没有任何一个计算需要大量时间。

但是，此时你可能仍有一种感觉，它没有像预期的那样快。还记得我们之前说过的话吗？这里值得重复一遍：当代码没问题时，数据可能有问题。

数据结构在并发程序中扮演着更重要的角色，因为它们决定了算法可以依赖的保证以及算法的限制。

可以对相同数据安全地进行哪些并发操作？不同线程所看到的数据视图的一致性如何？如果我们没有这些问题的答案，就无法编写更加成熟的代码，而这些问题的答案恰恰取决于我们对数据结构的选择。

与此同时，设计决策（例如接口和模块边界的选择）也会严重影响我们在编写并发程序时可以做出的选择。并发性不能作为事后的想法添加到设计中，设计必须从一开始就考虑到并发性，尤其是数据的组织方面。

接下来，我们将通过定义一些基本术语和概念来探索并发数据结构。

6.4.1　并发数据结构的基础知识

使用多线程的并发程序需要线程安全的数据结构。

这似乎很明显。但是，什么是线程安全？是什么使数据结构成为线程安全的？乍一看，这似乎很简单：如果一个数据结构可以被多个线程同时使用而没有任何数据竞争（线程之间共享），那么它就是线程安全的。

然而，这个定义被证明过于简单：

❑　它把标准抬得很高——例如，没有一个 STL 容器被认为是线程安全的。

❑　它带来了非常高的性能成本。

❑　它通常是不必要的，没必要因此多花成本。

❑　最重要的是，它在许多情况下完全用不上。

让我们逐个讨论一下这些问题。

为什么即使在多线程程序中也不需要线程安全的数据结构？一种可能性是它用于程序的单线程部分。由于单线程对整个运行时具有有害影响，我们将努力最小化这一部分（还记得阿姆达尔定律吗？），但大多数程序都有一些单线程部分，使此类代码更快的方式之一就是不支付不必要的开销。

更常见的不需要线程安全的情况是对象被一个线程独占使用，即使在多线程程序中也是如此。这是很常见也完全可取的：正如我们多次说过的，共享数据是并发程序效率低下的主要原因，所以我们将尝试尽可能多地让每个线程独立工作，只使用本地对象和数据。

但是，我们能确定一个类或一个数据结构在多线程程序中使用是安全的吗，即使这些对象从未在线程之间共享？不一定。因为仅仅在接口级别没有任何共享并不意味着在实现级别没有任何共享。多个对象可能在内部共享相同的数据：静态成员和内存分配器只是其中的一些可能性（我们倾向于认为所有需要内存的对象都通过调用 malloc() 获得内存，并且 malloc() 是线程安全的，但是一个类也可以实现自己的分配器）。

另一方面，只要没有线程修改对象，那么许多数据结构在多线程代码中使用是完全安全的。虽然这看起来很明显，但同样地，我们还必须考虑实现：接口虽然可能是只读的，但实现仍然可能需要修改对象。

如果你认为这是一种奇特的可能性，请考虑标准的 C++共享指针 std::shared_ptr：当你复制共享指针时，复制的对象不会被修改，至少是不明显的（它通过 const 引用被传递给新指针的构造函数）。与此同时，你知道对象中的引用计数必须递增，这意味着复制的来源对象发生了变化（在这种情况下共享指针是线程安全的，但这并不是偶然发生的，也不是免费的，它有其性能成本）。

最重要的是，我们需要对线程安全进行更细致的定义。遗憾的是，这个非常常见的概念却没有通用的定义，只有几个流行的版本。

线程安全的最高级别通常称为强线程安全保证（strong thread safety guarantee），它的含义如下：提供此保证的对象可以被多个线程并发使用而不会导致数据竞争或其他未定义的行为（特别是，任何类的不变量都将被保留）。

下一个级别称为弱线程安全保证（weak thread safety guarantee）。这意味着，首先，只要所有线程都被限制为只读访问（调用类的 const 成员函数），那么提供该保证的对象就可以同时被多个线程访问。其次，任何线程只要可以独占访问一个对象，即可对其执行任何有效操作，而不管其他线程同时在做什么。不提供任何此类保证的对象根本无法在多线程程序中使用，即使对象本身未被共享，其实现中的某些内容也容易受到其他线程的修改。

本书将使用强/弱线程安全保证语言。提供强线程安全保证的类有时被简称为线程安全（thread-safe）。仅提供弱线程安全保证的类则被称为线程兼容（thread-compatible）。大多数 STL 容器都提供这样的保证：如果某个容器是一个线程的本地容器，你可以按任何有效的方式使用它，但是，如果某个容器对象是共享的，则你只能调用 const 成员函数。

最后，根本不提供任何保证的类被称为线程对立（thread-hostile），通常不能在多线程程序中使用。

在实践中，我们经常会遇到强、弱保证的混合：接口的一个子集提供强线程安全保证，但其余部分仅提供弱线程安全保证。那么，为什么不能尝试设计让每个对象都具有强线程安全保证呢？

我们已经提到过第一个原因：强线程安全保证并不是没有代价的，它通常存在性能开销。如果对象在线程之间不共享，则通常不需要保证，编写高效程序的关键是不做任何可以避免的工作。也就是说，好钢要用在刀刃上。

更有趣的反对意见也是我们之前提到过的：即使在需要以线程安全的方式共享对象的情况下，强线程安全保证也可能是无用的。

考虑这样一个问题：你需要开发一款游戏，让玩家招募军队并进行战斗。军队中所有单位的名称都存储在一个容器中，假设这个容器是一个字符串列表。每个兵种单位的当前战力值存储在另一个容器中。在某个战役期间，兵种单位随时可能被杀死，也可能有新的招募，并且游戏引擎是多线程的，需要高效地管理一支庞大的军队。虽然 STL 容器仅提供弱线程安全保证，但不妨假设我们有一个强线程安全容器库。很容易看出这还不够：添加一个单位需要将其名称插入一个容器，并将其初始战力值插入另一个容器。这两个操作本身都是线程安全的。一个线程创建一个新兵种单位并将其插入第一个容器中。在此线程添加其战力值之前，另一个线程看到了新兵种单位并需要查找其战力值，但第二个容器中还没有任何信息。问题是该线程安全保证提供了错误的级别：从应用程序的角度来看，创建一个新兵种单位是一个事务，并且所有游戏引擎线程都应该能够在添加单位之前或之后看到数据库，但不能在中间状态时就看到。例如，我们可以通过使用互斥锁来实现这一点：它会在添加单位之前锁定，只有在两个容器都更新后才解锁。但是，在这种情况下，我们并不关心各个容器提供的线程安全保证，只要对这些对象的所有访问都由互斥锁保护即可。显然,我们需要的是一个兵种单位数据库,它本身提供所需的线程安全保证。这个数据库可能在内部使用若干个容器对象,数据库的实现可能需要也可能不需要这些容器的任何线程安全保证,但这对数据库的客户端应该是不可见的(拥有线程安全的容器可能会使实现更容易,也可能不会)。

这使我们得出一个非常重要的结论:线程安全始于设计阶段。必须明智地选择程序使用的数据结构和接口,以便它们能够表示适当的抽象级别,也能够正确处理在线程交互的级别发生的事务。

考虑到这一点,本章的其余部分将从两个方面来讨论:一方面,我们将展示如何设计和实现一些基本的线程安全数据结构,这些数据结构可以用作更复杂的构建块,因为在程序中可能需要各种复杂变化。另一方面,我们还将展示构建线程安全类的基本技术,这些类可用于设计更复杂的数据结构。

6.4.2 计数器和累加器

最简单的线程安全对象是不起眼的计数器或其更通用的形式——累加器(accumulator)。计数器只是对可能发生在任何线程上的一些事件进行计数。所有线程都可能需要增加计数器或访问当前值,因此存在竞争状况的可能性。

要增加计数器或累加器的值,就需要强线程安全保证,因为弱线程安全保证有所不足。当然,如果只是读取而不更改值,则始终是线程安全的。

前文我们已经讨论了此类实现的可用选项,包括某种类型的锁、原子操作(当可用时)或无锁 CAS 循环。

锁的性能因实现而异,但通常首选自旋锁。没有立即访问计数器的线程的等待时间将非常短。因此,将线程置于睡眠状态并稍后唤醒它,这样产生的成本是没有意义的。另一方面,由于忙等待(轮询自旋锁)而浪费的 CPU 时间可以忽略不计,很可能只是几条指令而已。

原子指令提供了良好的性能,但操作的选择相当有限:在 C++中,可以按原子方式对整数进行加法运算,但不能进行乘法运算。这对于基本计数器来说已经足够了,但对于更一般的累加器来说可能不够(累加操作不必限于求总和)。但是,如果可以使用原子操作,那么它是最简单的。

CAS 循环可用于实现任何累加器,无论我们需要使用何种操作。当然,在大多数现代硬件上,它并不是最快的选择,并且性能不如自旋锁(见图 6.2)。

当用于访问单个变量或单个对象时,自旋锁可以进一步优化。我们可以使锁本身成为对其所保护对象的唯一引用，而不必使用通用标志。原子变量将是一个指针，而不是一个整数，但除此之外，锁定机制保持不变。

此时，lock()函数是非标准的，因为它将返回指向计数器的指针。

01d_ptrlock_count.C

```cpp
template <typename T>
class PtrSpinlock {
    public:
    explicit PtrSpinlock(T* p) : p_(p) {}
    T* lock() {
        while (!(saved_p_ =
            p_.exchange(nullptr, std::memory_order_acquire))) {}
    }
    void unlock() {
        p_.store(saved_p_, std::memory_order_release);
    }
    private:
    std::atomic<T*> p_;
    T* saved_p_ = nullptr;
};
```

与之前的自旋锁实现相比，原子变量的含义是反过来的：如果原子变量 p_ 不为空，则锁可用，否则说明锁已经被占用。

我们对自旋锁所做的所有优化也适用于此，并且看起来完全相同，因此这里不打算重复介绍。此外，为了完整起见，该类需要一组已删除的复制操作（锁是不可复制的）。如果需要转移锁定的能力并负责将锁释放给另一个对象，则它可能是可移动的。如果锁也拥有它指向的对象，则析构函数应该删除它（在单个类中，这其实结合了自旋锁和唯一指针的功能）。

指针自旋锁的一个明显优点是，只要它提供了访问受保护对象的唯一途径，就不可能意外创造竞争条件并在没有锁的情况下访问共享数据。第二个优点是，这种锁的性能通常略胜于常规自旋锁。

自旋锁是否也优于原子操作？这也取决于硬件。相同的基准测试在不同的处理器上可产生完全不同的结果，如图 6.3 所示。

一般来说，越新的处理器处理锁和忙等待越好，并且自旋锁更有可能在最新硬件上提供更好的性能。例如，在图 6.3 中，系统（b）使用的就是比系统（a）落后一代的 Intel x86 CPU，所以性能差异较大。

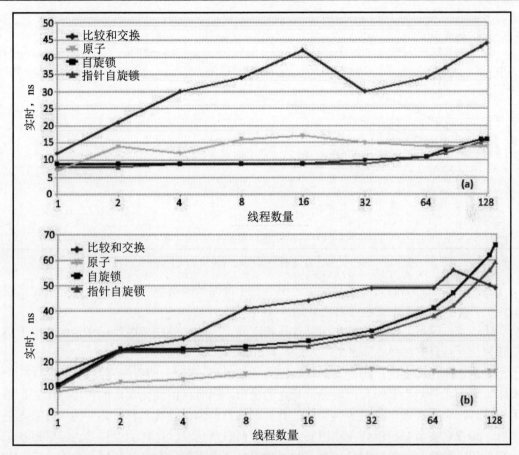

图 6.3　共享计数递增的性能：针对不同硬件系统的常规自旋锁、指针自旋锁、

无锁（CAS）和无等待（原子）

　　执行操作所需的平均时间（或按其倒数计算，为吞吐量）是我们在大多数高性能计算（HPC）系统中主要关注的指标。然而，这并不是用于衡量并发程序性能的唯一可能指标。例如，如果程序在移动设备上运行，则功耗可能更为重要。所有线程使用的总 CPU 时间是平均功耗的合理代表。我们用来测量计数器递增的平均实时时间的基准测试也可以用来测量 CPU 时间，其结果如图 6.4 所示。

　　可以看到，无论采用哪一种实现，多个线程同时访问共享数据的成本将随着线程数量的增长而呈指数级增长，至少在有很多线程时是如此。请注意，图 6.4 中的 y 轴采用的是对数刻度。

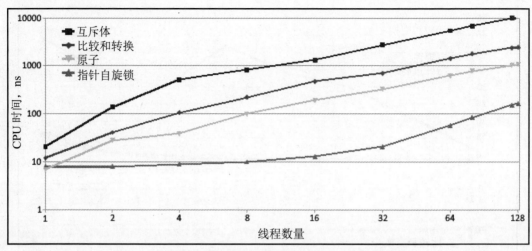

图 6.4　线程安全计数器的不同实现所使用的平均 CPU 时间

　　当然，实现之间的效率差异很大，至少对于最高效的实现（指针自旋锁）来说，指数级上升直到至少 8 个线程才真正开始。

　　请注意，这里的结果将再次因硬件系统而异，因此必须在考虑目标平台的情况下进行选择，并且只有在完成测量之后才能进行选择。

　　无论选择何种实现，线程安全累加器或计数器都不应公开它，而应将其封装在一个类中。原因之一是为类的客户端提供稳定的接口，同时保留优化实现的自由。第二个原因更微妙，它与计数器提供的确切保证有关。到目前为止，我们都只是专注于计数器值本身，确保它被所有线程修改和访问，没有任何竞争状况。这样的保证是否足够取决于如何使用计数器。如果我们只想对一些事件进行计数，而没有其他任何事情取决于计数器的值，那么只关心值本身无疑是正确的。但是，如果我们计算的是数组中元素的数量，那么要处理的就是数据的依赖性。假设有一个很大的预分配数组（或一个可以在不干扰其中已有元素的情况下增长的容器），并且所有线程都在计算要插入该数组中的新元素，则此时计数器将统计可以被其他线程使用的元素的数量（这些元素将被计算并插入数组中）。

　　换句话说，如果一个线程从计数器中读取值 N，则必须确保数组的前 N 个元素可以安全读取（这意味着没有其他线程再修改它们）。但是数组本身既不是原子的，也不是受锁保护的。可以肯定的是，我们可以通过锁来保护对整个数组的访问，但这可能会损害程序的性能：如果数组中已经有很多元素，但任何时候只有一个线程可以读取它们，则该程序就谈不上并发，用单线程即可。

　　另一方面，我们已经知道，任何常量、不可变的数据都可以安全地从多个线程中读取而无须任何锁。我们只需要知道不可变数据和变化数据之间的边界在哪里，而这正是计数器应该提供的。这里的关键问题是内存的可见性：我们需要保证在计数器的值从 N-1 变为 N 之前，对数组的前 N 个元素的任何更改对所有线程都是可见的。

在第 5 章中讨论内存模型时，已经研究了内存的可见性问题。当时，这似乎主要是一个理论上的问题，但现在不再是了。如前文所述，我们控制可见性的方式是通过限制内存顺序或使用内存屏障（这其实是通过两种不同的方式来谈论同一件事）。

在多线程程序中，计数和索引的主要区别在于，索引提供了额外的保证：如果线程将索引从 N-1 递增到 N，在递增索引之前就已经完成了数组元素 N 的初始化，然后任何其他线程读取索引并获取 N（或更大）值时，都将保证至少能够看到完全初始化的 N，并且可以安全地读取数组中的元素（当然，假设没有其他线程写入这些元素）。

这是一个不容忽视的重要保证，因为这是多个线程在没有任何锁的情况下访问内存中的同一位置（数组元素 N），并且其中一个线程正在写入该位置，但是，该访问是安全的，没有数据竞争的问题。

如果不能使用共享索引来获得这种保证，那么我们将不得不锁定对数组的所有访问，并且在任何时候都只有一个线程能够读取它。而在有了这个保证之后，我们就可以使用原子索引类。

02_atomic_index.C

```
class AtomicIndex {
    std::atomic<unsigned long> c_;
    public:
    unsigned long incr() noexcept {
        return 1 + c_.fetch_add(1, std::memory_order_release);
    }
    unsigned long get() const noexcept {
        return c_.load(std::memory_order_acquire);
    }
};
```

原子计数和索引之间的唯一区别在于内存可见性保证，计数没有提供这种保证。

```
class AtomicCount {
    std::atomic<unsigned long> c_;
    public:
    unsigned long incr() noexcept {
        return 1 + c_.fetch_add(1, std::memory_order_relaxed);
    }
    unsigned long get() const noexcept {
        return c_.load(std::memory_order_relaxed);
    }
};
```

当然，我们应该为每个类提供线程安全和内存可见性保证的说明文档。两者之间是否存在性能差异取决于硬件。在 x86 CPU 上，它们是没有区别的，因为无论是否请求，原子递增和原子读取的硬件指令都有类似索引的内存屏障。在 ARM CPU 上，自由（或无屏障）内存操作明显更快。但是，无论程序性能、代码易读性和开发人员的意图如何，都不应该遗忘：如果程序员使用了显式提供内存顺序保证但不索引任何内容的索引类，则每个阅读代码者都会想知道发生了什么，以及在代码的哪些地方使用了这些保证。在接口中提供线程安全和内存可见性保证的说明文档，就可以向读者表明在编写此代码时的意图。

我们在本小节中介绍的内容可能还达成了一项"隐藏"成就：我们了解了线程安全计数器，但在此过程中，还提出了一种算法，它似乎违反了编写多线程代码的第一条规则——任何时候两个或多个线程访问相同的内存位置，并且至少有一个线程访问正在写入，则所有访问必须被锁定（或使用原子操作）。但是在这里，我们并没有锁定共享数组，而是允许其元素中包含的任意数据被访问（所以它可能不是原子的），而且我们成功了。

这种用来避免数据竞争的方法被证明是几乎所有专为并发设计的数据结构的基石，因此，接下来我们将花点时间更好地理解和概括它。

6.4.3 发布协议

接续刚才的话题，我们试图解决的问题是数据结构设计以及并发程序开发中的一个非常普遍的问题：一个线程正在创建新数据，而程序的其余部分必须能够在它准备好之后而不是之前看到这些数据。前一个线程通常称为写入者线程（writer thread）或生产者线程（producer thread），所有其他线程都是读取者线程（reader thread）或使用者线程（consumer thread）。

最明显的解决方案是使用锁并遵循避免数据竞争的规则。如果多个线程必须访问同一个内存位置并且至少有一个线程正在这个位置写入（在我们的例子中正好是一个线程），那么所有线程在访问该内存位置之前必须获得一个锁（无论是为了读取还是写入）。

这种解决方案的缺点是性能。在生产者线程完成并且不再发生写入之后很久，所有使用者线程都会保持相互锁定，无法并发读取数据。现在，只读访问根本不需要任何锁定，但问题是，我们需要在程序中有一个有保证的点，以便所有写入都发生在该点之前，而所有读取都发生在该点之后。

所有的使用者线程都在只读环境中运行，不需要任何锁定。这里的问题在于保证读和写之间的界限：请记住，除非进行某种同步，否则不能保证内存可见性。写入者完成了对内存的修改并不意味着读取者会看到内存的最终状态。

如前文所述，锁包括适当的内存屏障，它们以临界区为边界，并确保在临界区之后执行的任何操作都将看到在临界区之前或期间发生的对内存的所有更改。当然，现在我们的问题是想要在没有锁的情况下获得相同的保证。这个问题的无锁解决方案依赖于一个完全特定的协议来在生产者和使用者线程之间传递信息。

❑ 生产者线程在其他线程无法访问的内存中准备数据。它可能是生产者线程分配的内存，也可能是预先分配的内存，重要的一点是，生产者线程是唯一一个具有对该内存有效引用的线程，并且该有效引用不与其他线程共享（可能有其他线程访问此内存的方法，但这将是程序中的错误，类似于索引数组越界）。由于只有一个线程访问新数据，因此不需要同步。对于其他线程而言，该数据根本不存在。

❑ 所有使用者线程必须使用单个共享指针来访问数据，我们称之为根指针（root pointer），并且该指针最初为空。当生产者线程正在构造数据时，它保持为空。从使用者线程的角度来看，此时没有数据。更一般地说，该"指针"不需要是实际的指针，任何类型的句柄或引用都可以，只要允许访问内存位置并且可以设置为预定的无效值即可。例如，如果所有新对象都在预先分配的数组中创建，则"指针"实际上可以是数组的索引，而无效值可以是大于或等于数组大小的任何值。

❑ 该协议的关键是：使用者线程访问数据的唯一途径是通过根指针，并且该指针保持为空，直到生产者线程准备好显示或发布数据。
发布数据的操作非常简单：生产者线程必须以原子方式将数据的正确内存位置存储在根指针中，而这种变化必须伴随着释放内存屏障。

❑ 使用者线程可以随时再次以原子方式查询根指针。如果查询返回 null，则表示没有数据（就使用者线程而言是如此），使用者线程应该等待，或者理想情况下应做一些其他工作。如果查询返回非空值，则说明数据已准备好，生产者线程不会再进行更改。查询必须通过获取内存屏障来完成，它与生产者线程端的释放内存屏障相结合，保证在观察到指针值变化时新数据是可见的。

这个过程有时被称为发布协议（publishing protocol），因为它允许生产者线程以保证没有数据竞争的方式发布信息供其他线程使用。如前文所述，发布协议可以使用任何可以访问内存的句柄来实现，只要这个句柄可以按原子方式改变即可。当然，指针是最常见的句柄，其次是数组索引。

发布的数据可以是简单的，也可以是复杂的，这没有任何影响。它甚至不必是单个对象或单个内存位置：根指针指向的对象本身可以包含指向更多数据的指针。

发布协议的关键要素如下。

❑ 所有使用者线程都通过一个根指针访问一组特定的数据。访问数据的唯一方法是读取根指针的非空值。

❑ 生产者线程可以按任何它想要的方式准备数据，但根指针保持为空：生产者线程有自己的对该线程本地数据的引用。

❑ 当生产者线程想要发布数据时，它以原子方式将根指针设置为正确的地址并带有释放屏障。数据发布后，生产者线程不能进行更改（其他线程也不能）。

❑ 使用者线程必须以原子方式并使用获取屏障读取根指针。如果它们读取到一个非空值，则可以读取通过根指针访问的数据。

当然，用于实现发布协议的原子读写不应该分散在整个代码，应该实现一个发布指针类来封装这个功能。接下来，就让我们来看看这种类的简单版本。

6.5　并发编程的智能指针

并发（线程安全）数据结构的挑战是如何以维护某些线程安全保证的方式添加、删除和更改数据。发布协议为我们提供了一种向所有线程发布新数据的方法，它通常是向任何此类数据结构添加新数据的第一步。因此，我们将要了解的第一个类是封装该协议的指针。

6.5.1　发布指针

以下是一个基本的发布指针，它包括唯一性（unique）或拥有性（owning）指针的功能（因此可以称其为线程安全的唯一指针）。

03_owning_ptr_mbm.C

```
template <typename T>
class ts_unique_ptr {
   public:
   ts_unique_ptr() = default;
   explicit ts_unique_ptr(T* p) : p_(p) {}
   ts_unique_ptr(const ts_unique_ptr&) = delete;
   ts_unique_ptr& operator=(const ts_unique_ptr&) = delete;
   ~ts_unique_ptr() {
       delete p_.load(std::memory_order_relaxed);
   }
   void publish(T* p) noexcept {
       p_.store(p, std::memory_order_release);
   }
   const T* get() const noexcept {
```

```
        return p_.load(std::memory_order_acquire);
    }
    const T& operator*() const noexcept { return *this->get(); }
    ts_unique_ptr& operator=(T* p) noexcept {
        this->publish(p); return *this;
    }
    private:
    std::atomic<T*> p_ { nullptr };
};
```

当然，这是一个非常简单的设计。一个完整的实现应该支持自定义删除器、移动构造函数和赋值运算符等，也许和 std::unique_ptr 一样还有更多特性。需要指出的是，该标准不保证访问存储在 std::unique_ptr 对象中的指针值是原子的，也不保证使用必要的内存屏障，因此该标准唯一指针不能用于实现发布协议。

到目前为止，你应该清楚我们的线程安全唯一指针提供了什么：关键函数是 publish()和 get()，它们实现了发布协议。

请注意，publish()方法不会删除旧数据；假定生产者线程仅调用一次 publish()并且仅在空指针上调用。我们可以为此添加一个断言（assert），在调试版本中这样做可能是个好主意，但我们也要关心性能。说到性能，基准测试表明我们的发布指针的单线程解引用与原始指针或 std::unique_ptr 花费的时间相同。该基准测试并不复杂。

```
struct A { … arbitrary object for testing … };
ts_unique_ptr<A> p(new A(…));
void BM_ptr_deref(benchmark::State& state) {
    A x;
    for (auto _ : state) {
        benchmark::DoNotOptimize(x = *p);
    }
    state.SetItemsProcessed(state.iterations());
}
BENCHMARK(BM_ptr_deref)->Threads(1)->UseRealTime();
… 重复线程所需的次数 …
BENCHMARK_MAIN();
```

运行该基准测试可以让我们了解无锁发布指针解引用（dereference）的速度有多快，如图 6.5 所示。

该结果应该与解引用原始指针进行比较，同样也可以在多个线程上进行这种比较，如图 6.6 所示。

可以看到，性能数字非常接近。我们还可以比较发布的速度，但是，一般来说使用者方面更重要，毕竟每个对象只发布一次，而访问可能是多次的。

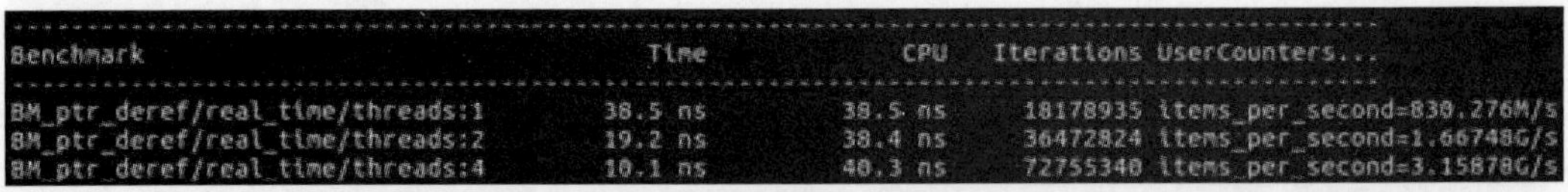

```
Benchmark                              Time          CPU    Iterations UserCounters...
-------------------------------------------------------------------------------------
BM_ptr_deref/real_time/threads:1      38.5 ns      38.5 ns    18178935 items_per_second=830.276M/s
BM_ptr_deref/real_time/threads:2      19.2 ns      38.4 ns    36472824 items_per_second=1.667448G/s
BM_ptr_deref/real_time/threads:4      10.1 ns      40.3 ns    72755340 items_per_second=3.15878G/s
```

图 6.5　发布指针的性能（使用者线程）

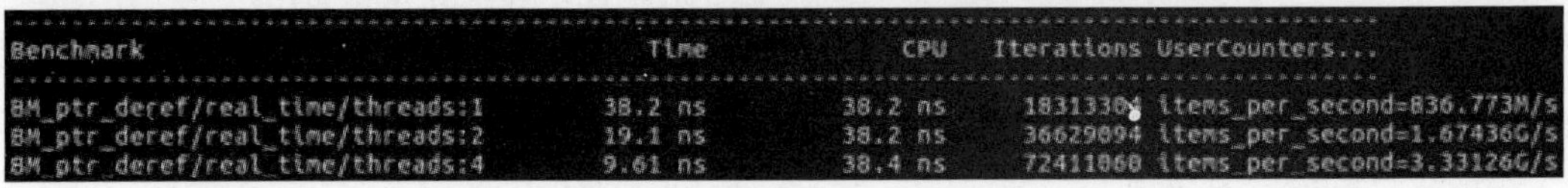

```
Benchmark                              Time          CPU    Iterations UserCounters...
-------------------------------------------------------------------------------------
BM_ptr_deref/real_time/threads:1      38.2 ns      38.2 ns    18313309 items_per_second=836.773M/s
BM_ptr_deref/real_time/threads:2      19.1 ns      38.2 ns    36629094 items_per_second=1.67436G/s
BM_ptr_deref/real_time/threads:4      9.61 ns      38.4 ns    72411060 items_per_second=3.33126G/s
```

图 6.6　原始指针的性能（与图 6.5 进行比较）

　　了解发布指针不做什么也同样重要。首先，指针的构造没有线程安全的问题。假设生产者和使用者线程共享的是对已构造指针的访问，该指针初始化为 null。

　　谁构造并初始化了指针？一般来说，在任何数据结构中都有一个根指针，通过它可以访问整个数据结构；它由构造初始数据结构的任何线程初始化。有些指针将用作某些数据元素的根，它们本身包含在另一个数据元素中。

　　现在，想象一个简单的单链表，其中每个列表元素的 next 指针是下一个元素的根，而列表的头则是整个列表的根。产生列表元素的线程必须将 next 指针初始化为空。然后，另一个生产者线程可以添加一个新元素并发布。

　　请注意，这偏离了数据一旦发布即不可变的一般规则。但是，这是没问题的，因为对线程安全唯一指针的所有更改都是原子的。

　　无论如何，在构造指针时没有线程可以访问它是至关重要的——这是一个非常常见的限制，大多数构造都不是线程安全的，即使它们的线程安全问题也是不适定的（ill-posed），因为对象在构造之前不存在，因此无法提供任何保证。

　　我们的指针不会为多个生产者线程提供任何同步。如果两个线程试图通过同一个指针发布它们的新数据元素，结果是未定义的，并且存在数据竞争（一些使用者线程会看到一组数据，而其他线程则会看到不同的数据）。如果有多个生产者线程对特定数据结构进行操作，则它们必须使用另一种同步机制。

　　最后，虽然我们的指针实现了线程安全的发布协议，但它不会安全地"取消发布"和删除数据。它是一个拥有性的指针，所以当它被删除时，它指向的数据也是如此。但是，任何使用者线程都可以使用它之前获取的值访问数据，即使在删除指针之后也是如此。因此，必须以其他方式处理数据所有权和生命周期的问题。

　　理想情况下，我们会在程序中有一个点，在该点上，不再需要整个数据结构或它的某个子集；任何使用者线程都不应尝试访问此数据，甚至不应保留指向它的任何指针。此时可以安全地删除根指针和可通过它访问的任何内容。在执行中安排这样一个点是一个不同性质的事情，它通常由整体算法控制。

　　有时我们需要一个指针以线程安全的方式管理数据的创建和删除。在这种情况下，我们需要一个线程安全的共享指针。

6.5.2　原子共享指针

　　如果不能保证程序中存在一个可以安全删除数据的已知点，则必须跟踪有多少使用者线程持有指向数据的有效指针。如果要删除该数据，则必须等到整个程序中只有一个指针指向。另外，删除数据和指针本身是安全的（或至少将其重置为空）。这是执行引用计数（reference count，RC）的共享指针的典型工作：它计算程序中仍有多少指向同一对象的指针，数据被最后一个这样的指针删除。

　　在谈论线程安全的共享指针时，准确理解指针需要哪些保证是至关重要的。C++标准共享指针 std::shared_ptr 通常被称为线程安全的。具体来说，它提供了以下保证：如果多个线程对指向同一对象的不同共享指针进行操作，那么即使两个线程同时导致计数器发生变化，对引用计数器的操作也是线程安全的。例如，如果一个线程正在复制其共享指针，而另一个线程正在删除其共享指针，并且在这些操作开始之前引用计数为 N，则计数器将增加到 N+1，然后减少返回到 N（或首先减少计数至 N-1，然后增加回到 N，具体取决于实际执行顺序）。无论如何，最后都将获得相同的值 N。这里的中间值可以是 N+1 或 N-1，但没有数据竞争，并且行为经过良好定义，包括其最终状态。这种保证意味着对引用计数器的操作是原子的。事实上，引用计数器是一个原子整数，实现将使用 fetch_add() 以原子方式递增或递减它。只要没有两个线程共享对同一共享指针的访问，此保证就适用。

　　如何让每个线程拥有自己的共享指针是另外一回事：因为所有指向同一个对象的共享指针都必须从第一个指向该对象的指针创建，这些指针必须在某个时间点从一个线程传递到另一个线程。

　　为简单起见，我们暂时假设复制共享指针的代码受互斥锁保护。如果两个线程访问相同的共享指针，则什么都有可能发生。例如，如果一个线程试图复制共享指针，而另一个线程在同一时间试图重置共享指针，则结果是不确定的。特别是，标准共享指针不能用于实现发布协议。但是，一旦共享指针的副本已分发给所有线程（可能处于锁定状态），则共享所有权将保持不变，并且可以按线程安全的方式处理对象的删除。一旦指向它的最后一个共享指针被删除，则该对象将被删除。

　　请注意，由于我们同意每个特定的共享指针永远不会由多个线程处理，因此这是完全安全的。在程序执行过程中，如果只有一个共享指针拥有我们的对象，那么也只有一个线程可以访问这个对象。其他线程不能复制这个指针（我们不让两个线程共享同一个指针对象）并且没有任何其他方法来获得指向同一个对象的指针，因此删除将有效地单线程进行。

这一切都很好，但是，如果不能保证两个线程不会尝试访问同一个共享指针呢？这种访问的第一个例子是发布协议：使用者线程正在读取指针的值，而生产者线程可能正在更改它。我们需要对共享指针本身的操作是原子的。

在 C++20 中，可以做到这一点：它允许编写 std::atomic<std::shared_ptr<T>>。

请注意，早期的建议曾经采用了一个新类 std::atomic_shared_ptr<T>来代替。但最终，这种方式未被采纳。

如果没有符合 C++20 的编译器和相应的标准库，或者不能在代码中使用 C++20，那么仍然可以对 std::shared_ptr 进行原子操作，但必须明确地这样做。为了使用在所有线程之间共享的指针 p_发布对象，生产者线程必须采用以下方式。

```
std::shared_ptr<T> p_;
T* data = new T;
… 完成初始化数据 …
std::atomic_store_explicit(
    &p_, std::shared_ptr<T>(data), std::memory_order_release);
```

另一方面，要获取指针，使用者线程必须采用以下方式。

```
std::shared_ptr<T> p_;
const T* data = std::atomic_load_explicit(
    &p_, std::memory_order_acquire).get();
```

与 C++20 原子共享指针相比，这种方法的主要缺点是无法防止意外的非原子访问。程序员应该记住始终使用原子函数对共享指针进行操作。

应该指出的是，虽然方便，但 std::shared_ptr 并不是一个特别高效的指针，原子访问将使它更慢。我们可以将它与 6.5.1 节中使用的线程安全发布指针进行比较，看看使用显式原子访问的共享指针发布对象的速度，结果如图 6.7 所示。

```
Benchmark                              Time             CPU    Iterations UserCounters...
BM_ptr_deref/real_time/threads:1    2283 ns         2281 ns        306644 items_per_second=14.0161M/s
BM_ptr_deref/real_time/threads:2    4322 ns         8635 ns        157174 items_per_second=7.40374M/s
BM_ptr_deref/real_time/threads:4    5772 ns        22916 ns        128648 items_per_second=5.54409M/s
```

图 6.7 原子共享发布指针（使用者线程）的性能

将图 6.7 与图 6.5 中的数字进行比较可以看到：发布指针在一个线程上的时间为 38.5 ns，比原子共享发布指针快 60 倍，并且优势随着线程数的增加而扩大。

　　当然，共享指针的全部意义在于它提供了共享资源所有权，所以自然需要更多的时间来做更多的工作。这样进行比较的目的是显示这种共享所有权的成本：如果能避免它，那么程序就会更有效率。如果确实需要共享所有权（如果没有它，有一些并发数据结构将很难设计），则一般来说，设计包含有限功能和最佳实现的引用计数指针会更好。

　　有一种很常见的方法是使用侵入式引用计数。侵入式共享指针（intrusive shared pointer）将其引用计数存储在它指向的对象中。当为特定对象（例如特定数据结构中的列表节点）设计时，可考虑该对象具有共享所有权并包含一个引用计数器。否则，可以为几乎任何类型使用包装类，并使用引用计数器对其进行扩充。

04_intr_shared_ptr_mbm.C

```
template <typename T> struct Wrapper {
    T object;
    Wrapper(… arguments …) : object(…) {}
    ~Wrapper() = default;
    Wrapper (const Wrapper&) = delete;
    Wrapper& operator=(const Wrapper&) = delete;
    std::atomic<size_t> ref_cnt_ = 0;
    void AddRef() {
        ref_cnt_.fetch_add(1, std::memory_order_acq_rel);
    }
    bool DelRef() { return
        ref_cnt_.fetch_sub(1, std::memory_order_acq_rel) == 1;
    }
};
```

　　在递减引用计数时，重要的是要知道它何时达到 0（或递减前为 1），然后共享指针必须删除该对象。

　　即使是最简单的原子共享指针的实现也相当冗长，在本章的示例代码中可以找到一个非常基本的示例。同样，此示例仅包含指针正确执行多项任务（例如发布对象和由多个线程并发访问同一指针）所需的最低限度的代码。该示例的目的是让你更容易理解实现此类指针的基本要素（即使如此，代码也有几页）。

　　除了使用侵入式引用计数器，与特定应用程序相关的共享指针也可以考虑放弃 std::shared_ptr 的其他功能。例如，许多应用程序不需要弱指针，但即使它从被未使用，也存在支持它的开销。

　　一个简约的引用计数指针可以比标准指针高效数倍，如图 6.8 所示。

　　对于指针的赋值和重新赋值、两个指针的原子交换以及对指针的其他原子操作，自定义的原子共享指针同样更有效（当然，这个共享指针仍然比唯一指针效率低得多），所以，如果可以显式管理数据所有权而无须引用计数，则可以考虑这样做。

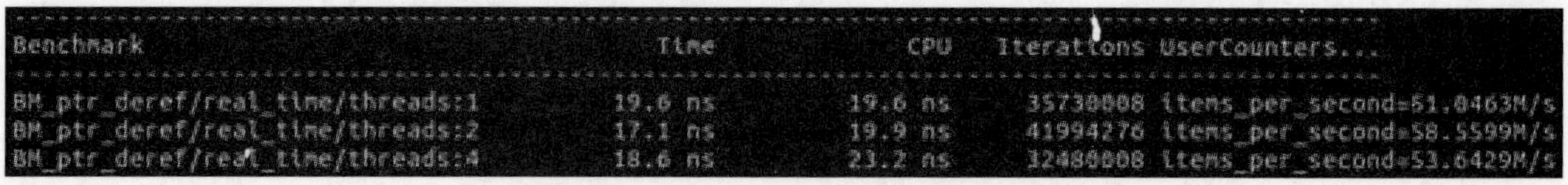

```
Benchmark                               Time          CPU    Iterations UserCounters...
BM_ptr_deref/real_time/threads:1       19.6 ns      19.6 ns    35738008 items_per_second=61.0463M/s
BM_ptr_deref/real_time/threads:2       17.1 ns      19.9 ns    41994276 items_per_second=58.5599M/s
BM_ptr_deref/real_time/threads:4       18.6 ns      23.2 ns    32480008 items_per_second=53.6429M/s
```

图 6.8　自定义原子共享发布指针（使用者线程）的性能

现在我们已经理解了几乎所有数据结构的两个关键构建块：我们可以添加新数据并发布（其实就是向其他线程显示）、跟踪所有权，甚至可以跨线程（尽管这是有代价的）。

6.6　小　　结

本章讨论了任何并发程序的基本构建块的性能。对共享数据的所有访问都必须受到保护或进行同步处理，但在实现此类同步时有多种选择。虽然互斥锁是最常用和最简单的替代方案，但本章还详细介绍了其他几个性能更好的选项：自旋锁及其变体，以及无锁同步。

高效并发程序的关键是让尽可能多的数据成为一个线程的本地数据，并尽量减少对共享数据的操作。每个问题的具体要求通常表明此类操作不能完全消除，因此本章的全部内容都和提高并发数据访问的效率有关。

我们研究了如何跨多个线程计数或累加结果，同样分有锁和无锁两种方式。数据依赖问题的解决让我们发现了发布协议及其在若干个线程安全智能指针中的实现，它们适用于不同的应用程序。

现在我们已经准备好，可以将我们的研究提升到一个新的水平，并将其中的几个构建块以更复杂的线程安全数据结构的形式组合在一起。在第 7 章中，将介绍如何使用这些技术为并发程序设计实用的数据结构。

6.7　思　考　题

（1）基于锁、无锁和无等待程序的定义属性是什么？
（2）如果算法是无等待的，是否意味着它可以完美扩展？
（3）锁的哪些弊端促使我们寻找替代品？
（4）共享计数器与数组或其他容器的共享索引有什么区别？
（5）发布协议的主要优势是什么？

第 7 章　并发数据结构

在第 6 章中，详细探讨了可用于确保并发程序正确性的同步原语，还研究了对于并发程序来说简单但实用的构建块：线程安全计数器（thread-safe counter）和指针（pointer）。

本章将继续讨论并发程序的数据结构。我们将学习如何设计几种基本数据结构的线程安全变体；还将指出几个一般性原则和观察结果，它们无论是对于设计数据结构以用于并发程序，还是评估用于组织和存储数据的最佳方法都很重要。

本章包含以下主题：

❑　了解线程安全数据结构，包括顺序容器、栈和队列、基于节点的容器和列表等。
❑　改进并发性、性能和顺序保证。
❑　设计线程安全数据结构的建议。

7.1　技术要求

同样，本章将需要一个 C++编译器和一个微基准测试工具，例如我们在前面各章中使用的 Google Benchmark 库，其网址如下。

https://github.com/google/benchmark

本章附带的代码可在以下网址找到。

https://github.com/PacktPublishing/The-Art-of-Writing-Efficient-Programs/tree/master/Chapter07

7.2　关于线程安全数据结构

在开始学习线程安全数据结构之前，我们必须知道它们是什么。你可能会说，这还不简单吗，不就是可以同时被多个线程使用的数据结构吗？看来你还没有对这个问题进行足够深入的思考。

每次开始设计将在并发程序中使用的新数据结构或算法时，不妨问自己一下这个问题，其重要性怎么强调都不为过。如果这句话让你警惕并让你停下来，那么它是有充分理由的：我们之前暗示过，线程安全数据结构并没有适合所有需求和每个应用程序的单一定义。情况确实如此，这是一个非常重要的理解点。

7.2.1　最好的线程安全性

让我们从一些应该很明显但在实践中经常被遗忘的事情开始。

高性能设计的一个非常普遍的原则是，不做事（零工作）总是比做一些事要更快。对于刚刚讨论的主题，这个一般性原则可以缩小到："你的数据结构需要任何类型的线程安全吗？"无论采取何种形式，确保线程安全都意味着需要由计算机完成一些工作。你不妨问问自己，我真的需要它吗？我可以安排计算以便每个线程都有自己的数据集来操作吗？

一个简单的例子是我们在第 6 章中使用的线程安全计数器。如果需要所有线程始终查看计数器的当前值，那么这是正确的解决方案。但是，如果所需要的只是计算发生在多个线程上的某些事件（例如在已划分给线程的大量数据中搜索某些内容），则线程并不需要知道计数的当前值即可进行搜索。当然，它需要知道计数的最新值才能进行递增，但只有当我们尝试增加所有线程上的单个共享计数时才如此，如下所示。

01a_shared_count.C

```
std::atomic<unsigned long> count;
…
for ( … counting loop … ) {              // 在每个线程上
    … 搜索 …
    if (… found …)
        count.fetch_add(1, std::memory_order_relaxed));
}
```

该计数本身的性能很差，我们可以在一个基准测试中看到这一点。在该基准测试中，仅执行了计数（没有执行搜索），如图 7.1 所示。

```
threads:1      6546127 ns        6553206 ns              108 items_per_second=152.762M/s
threads:2      8117089 ns       16251664 ns               86 items_per_second=123.197M/s
threads:4      9572229 ns       38330548 ns               72 items_per_second=104.469M/s
```

图 7.1　计数性能基准测试

可以看到，在多个线程上的计数性能反而下降了：尽管我们尽最大努力使用具有最小内存顺序要求的无等待计数，但在两个线程上获得相同的计数值比在一个线程上花费的时间还要长。当然，如果与计数相比搜索时间很长，那么计数的性能就无关紧要（但搜索代码本身对于全局数据或每个线程的副本执行某些操作时，可能会呈现相同的选择，因此这仍是一个很有启发性的例子）。

假设我们只关心计算最后的计数值，当然更好的解决方案是在每个线程上维护本地计数并且只增加共享计数一次。

01b_per_thread_count.C

```
unsigned long count;
std::mutex M;           // 保护计数
    …
// 在每个线程上
unsigned long local_count = 0;
for ( … counting loop … ) {
    … 搜索 …
    if (… found …) ++local_count;
}
std::lock_guard<std::mutex> L(M);
count += local_count;
```

为了强调共享计数递增现在不重要，我们将使用基本的互斥锁。通常而言，锁是更安全的选择，因为它更容易理解（因此也更难产生错误）。当然，在计数的情况下，原子整数实际上会产生更简单的代码。

如果每个线程在到达末尾之前多次增加本地计数并且必须增加共享计数，则多线程的扩展将接近完美，如图 7.2 所示。

```
threads:1      297794 ns      298119 ns      2358 items_per_second=3.35802G/s
threads:2      149726 ns      299781 ns      4646 items_per_second=6.67886G/s
threads:4       77404 ns      309659 ns      9056 items_per_second=12.9192G/s
```

图 7.2　多线程计数与每个线程的计数接近完美扩展

因此，最好的线程安全性将基于这一事实保证：不会从多个线程访问数据结构。

通常而言，这种安排是以一些开销为代价的。例如，每个线程维护一个容器或内存分配器，其大小反复增长和缩小。如果在程序结束之前不将内存释放给主分配器，则可以避免使用任何锁。

这样做的代价是一个线程上未使用的内存不能供其他线程使用，因此总内存使用量将是所有线程的峰值使用量的总和，即使这些峰值使用量发生在不同的时间。这是否可以接受取决于问题的细节和实现，这是每个程序都必须考虑的事情。

你可以说本小节实际上在逃避线程安全问题，从某种角度来看，确实如此，但在实践中，往往有很多不必要使用共享数据结构的地方，在这种情况下，上述方法的性能增益可能非常显著，因此该方法也应该在考虑之列。

接下来，我们将进入真正的线程安全性方面的讨论，也就是说，我们必须在线程之间共享数据结构。

7.2.2　真正的线程安全性

现在不妨假设我们确实需要同时从多个线程访问特定的数据结构，这意味着我们必须谈论线程安全问题。但是，仍然没有足够的信息来确定线程安全究竟意味着什么。

在第 6 章中，我们讨论了强线程安全和弱线程安全保证。在本章中我们将看到，即使这样的区分还不够仔细，但它仍使我们走上了正确的轨道：我们应该描述数据结构提供的关于并发访问的一组保证，而不是一般性的线程安全问题。

如前文所述，弱线程安全保证虽然很"弱"，但通常更容易提供，其核心是多个线程可以读取相同的数据结构（前提条件是数据结构保持不变）。

相对来说，强线程安全保证是指任何操作都可以由任意数量的线程在任何时间完成，并且数据结构保持良好定义的状态。这种保证通常很昂贵，并且在大部分时间可能是不必要的。程序可能需要数据结构支持的某些操作（但不是所有操作）提供这样的保证。它可能还有其他简化，例如一次访问数据结构的线程数量可能受到限制。

一般来说，程序员希望提供尽可能少（而不是更多）的保证，因为额外的线程安全功能往往非常昂贵，即使不使用它们也会产生开销。当然，前提是必须确保程序正确。

在掌握了这些基础概念之后，接下来我们将开始探索具体的数据结构，看看如何提供不同级别的线程安全保证。

7.3　线程安全栈

从并发的角度来看，最简单的数据结构是栈（stack）。栈上的所有操作都处理的是顶部元素，因此（至少在概念上）有一个位置需要防止竞争。

C++标准库为我们提供了 std::stack 容器，因此它是一个很好的起点。所有 C++容器，包括栈，都提供弱线程安全保证：一个只读容器可以被多个线程安全访问。换句话说，只要没有线程调用任何非 const 方法，任何数量的线程都可以同时调用任何 const 方法。

虽然这听起来很容易，几乎简单得不能再简单，但其实这里有一个微妙的点：在对象的最近修改和程序中它被认为是只读的这一部分之间，必须有某种同步事件伴随着内存屏障。换句话说，直到所有线程都执行内存屏障后，写访问才真正完成。至少，写入者必须进行释放，而所有读取者都必须获取。任何更强的屏障也能起作用，锁也是一样，但每个线程都必须采取这一步。

7.3.1 线程安全的接口设计

现在，如果至少有一个线程正在修改栈，而我们需要更强的保证，那该怎么办呢？最直接的方法是用互斥锁保护类的每个成员函数。这可以在应用程序级别完成，但这种实现不强制线程安全，因此容易出错，也很难调试和分析，因为锁与容器无关联。

更好的选择是使用我们自己的栈类包装，如下所示。

02_stack.C

```cpp
template <typename T> class mt_stack {
    std::stack<T> s_;
    std::mutex l_;
    public:
    mt_stack() = default;
    void push(const T& v) {
        std::lock_guard g(l_);
        s_.push(v);
    }
    …
};
```

请注意，我们可以使用继承而不是封装。这样做会更容易编写 mt_stack 的构造函数，因为只需要一个 using 语句即可。但是，使用公共继承会公开基类 std::stack 的每个成员函数，因此，如果我们忘记包装其中之一，则代码将编译，但会直接调用未受保护的成员函数。

采用 private（或 protected）继承可避免该问题，但存在其他危险。一些构造函数需要重新实现。例如，移动构造函数需要锁定正在移动的栈，因此无论如何它都需要自定义实现。其他几个构造函数在没有包装器的情况下会很危险，因为它们会读取或修改它们的参数。总的来说，如果必须编写我们想要提供的每个构造函数，那么使用包装会更安全。这与 C++的一般规则是一致的，更喜欢组合而不是继承。

我们的线程安全或多线程栈（上述代码使用 mt_stack 表示）现在具有压入（push）功能并已经可以接收数据。我们还需要接口的另一半：弹出（pop）。

我们当然可以按上述示例包装 pop()方法，但这还不够：STL 栈使用 3 个独立的成员函数从栈中删除元素。pop()将删除顶部元素但不返回任何内容，因此，如果想知道栈顶部的内容，则必须先调用 top()。如果栈为空，则调用其中任何一个函数都是未定义的行为，因此还必须先调用 empty()函数并检查结果。

现在我们可以将这 3 个方法都包装起来，但这其实根本给不了我们任何东西。在下面的代码中，假设栈的所有成员函数都由一个锁保护。

```
mt_stack<int> s;
… 将一些数据压入栈 …
int x = 0;
if (!s.empty()) {
    x = s.top();
    s.pop();
}
```

每个成员函数在多线程上下文中都是完全线程安全的，但其实也是完全无用的：栈可能在某一时刻（刚好调用 s.empty()的那一刻）是非空的，但在下一刻（调用 s.top()之前）就变空了，因为另一个线程可以同时删除顶部元素。

这很可能是整本书中最重要的一课：为了提供可用的线程安全功能，必须在考虑线程安全的情况下选择接口。更直白地说，我们不可能在现有设计之上添加线程安全。线程安全不像功能组件那样可以添加，而是在设计时就必须考虑。

这样说是有原因的：你可能会在设计中选择提供某些保证和不变量，但它们在并发程序中是无法维护的。例如，std::stack 提供了保证，如果调用 empty()并且返回了 false，那么只要在这两次调用之间不对栈执行任何其他操作，即可安全地调用 top()。但是，在多线程程序中实际上并没有真正有用的方法来维护这种保证。

幸运的是，因为无论如何我们都在编写自己的包装类，所以可不受限制地使用包装类的接口。那么，我们应该怎么做呢？

很明显，整个 pop 操作应该是一个成员函数，它应该从栈中移除顶部元素并将其返回给调用方。一个复杂的问题是当栈为空时该怎么办。这里有多种选择。我们可以返回一对值和一个指示栈是否为空的布尔标志（在这种情况下，该值必须是默认构造的）。我们可以单独返回布尔值并通过引用传递该值（如果栈为空，它将保持不变）。

在 C++17 中，自然的解决方案是返回 std::optional，如以下代码所示。它非常适合持有可能不存在的值的工作。

02_stack.C

```
template <typename T> class mt_stack {
    std::stack<T> s_;
    std::mutex l_;
    public:
    std::optional<T> pop() {
```

```
        std::lock_guard g(l_);
        if (s_.empty()) {
            return std::optional<T>(std::nullopt);
        } else {
            std::optional<T> res(std::move(s_.top()));
            s_.pop();
            return res;
        }
    }
};
```

可以看到，从栈中弹出元素的整个操作都受到锁的保护。这个接口的关键属性是它是事务性的：每个成员函数都可以将对象从一个已知状态转移到另一个已知状态。

如果对象必须通过一些未充分定义的中间状态进行转换，例如在调用 empty() 之后但调用 pop() 之前的状态，那么这些状态必须对调用方隐藏。而调用方将只会看到一个原子事务：要么返回顶部元素，要么通知调用方没有元素。这样就保证了程序的正确性。

接下来，让我们看看它的性能。

7.3.2　互斥锁保护的数据结构的性能

我们的栈性能如何？鉴于每个操作从头到尾都是锁定的，因此根本不应指望对栈成员函数的调用可以扩展（即线程的增多不会带来性能的提高）。充其量，所有线程都只会串行执行它们的栈操作，但实际上，我们应该预想到锁定还会带来一些开销。

如果要将多线程栈的性能与单线程上的 std::stack 性能进行比较，则可以在基准测试中测量此开销。

为了简化基准测试，可以选择围绕 std::stack 实现一个单线程非阻塞包装器，它将提供与我们的 mt_stack 相同的接口。

请注意，不能仅通过压入栈来进行基准测试：基准测试可能会耗尽内存。同样，除非你想测量从空栈中弹出的成本，否则你无法可靠地对弹出操作进行基准测试。如果基准测试运行的时间足够长，则必须同时结合压入栈和弹出栈。

最简单的基准测试可能如下所示。

02_stack.C

```
mt_stack<int> s;
void BM_stack(benchmark::State& state) {
    const size_t N = state.range(0);
    for (auto _ : state) {
```

```
        for (size_t i = 0; i < N; ++i) s.push(i);
        for (size_t i = 0; i < N; ++i)
            benchmark::DoNotOptimize(s.pop());
    }
    state.SetItemsProcessed(state.iterations()*N);
}
```

当运行多线程时，有可能在栈为空时发生一些 pop()操作，这对于你为其设计栈的应用程序来说可能是现实的。此外，由于基准测试仅给出了实际应用程序中数据结构性能的近似值，因此它可能无关紧要。

为了获得更准确的测量结果，可能需要模拟应用程序生成的压入和弹出栈操作的真实序列。无论如何，其结果应该如图 7.3 所示。

```
Benchmark           Time            CPU    Iterations UserCounters...
--------------------------------------------------------------------------
threads:1        33.3 ns        33.3 ns      21024679 items_per_second=30.0385M/s
threads:2         119 ns         237 ns       5231980 items_per_second=8.41451M/s
threads:4         125 ns         498 ns       5043812 items_per_second=7.9722M/s
threads:8         320 ns        2471 ns       2304256 items_per_second=3.12557M/s
```

图 7.3 互斥锁保护的栈的性能

请注意，这里的项目（item）是先压入栈，后弹出栈，因此 items_per_second（每秒项目数）的值显示了每秒可以通过栈发送多少数据元素。相比之下，没有任何锁的相同栈在单个线程上的执行速度要快 10 倍以上，如图 7.4 所示。

```
Benchmark           Time            CPU    Iterations UserCounters...
--------------------------------------------------------------------------
threads:1        2.06 ns        2.06 ns     339416266 items_per_second=484.903M/s
```

图 7.4 std::stack 的性能（与图 7.3 比较）

通过图 7.3 和图 7.4 的对比可以看到，使用互斥锁的栈的最简单实现的性能相当差。

但是，你不应该急于寻找或设计一些巧妙的线程安全栈，至少目前还不应该。相反，你应该做的是，先问自己一个问题：这重要吗？应用程序如何处理栈上的数据？例如，如果每个数据元素都需要花几秒的时间来处理，那么栈的速度可能并不重要（因为它在性能上的时间占比很低）。另一方面，如果栈是某个实时事务处理系统的核心，那么它的速度很可能是整个系统性能的关键。

值得一提的是，对于任何其他数据结构（如列表、双端队列、队列和树），其结果可能是相似的，即单线程操作比互斥锁上的操作快得多。但是，在尝试提高性能之前，我们必须准确考虑应用程序需要什么样的性能。

7.3.3　不同用途的性能要求

在本章的其余部分，不妨做出一种假设：数据结构的性能在应用程序中很重要。

现在我们可以讨论最快的栈实现了吗？还不能。因为我们还需要考虑使用模型，换句话说，就是要使用栈做什么，以及究竟是什么需要很快。例如，在上述示例中我们已经看到，互斥锁保护的栈性能不佳的关键原因是它的速度本质上受互斥锁本身的限制。

对栈操作进行基准测试与对互斥锁的锁定和解锁进行基准测试几乎相同。提高性能的方法之一是改进互斥锁的实现或使用另一种同步方案。另一种方法是不经常使用互斥锁，这种方法需要我们重新设计客户端代码。例如，调用方经常有多个项目必须压入栈。相应地，调用方也许能够一次从栈中弹出多个元素并处理它们。在这种情况下，我们可以使用数组或其他容器来实现批量压入或批量弹出，以便一次将多个元素复制到栈中或从栈中复制。

由于锁定的开销很大，因此我们可以预期，通过一次锁定/解锁操作将 1024 个元素压入/弹出栈比在单独的锁下压入/弹出单个元素要快。

事实上，基准测试也表明情况确实如此，如图 7.5 所示。

```
Benchmark          Time          CPU     Iterations UserCounters...
--------------------------------------------------------------------
threads:1        3063 ns       3060 ns      239037 items_per_second=334.313M/s
threads:2        4271 ns       6761 ns      174174 items_per_second=239.738M/s
threads:4        3915 ns       8006 ns      151912 items_per_second=261.531M/s
threads:8        4245 ns       8397 ns      177912 items_per_second=241.203M/s
```

图 7.5　批处理栈操作的性能（每个锁 1024 个元素）

我们应该搞清楚这种技术能够做到什么和不能做到什么。例如，如果临界区比锁操作本身快得多，那么它会减少锁的开销，但是它不会使锁保护的操作扩展（即线程增多并不会提高性能）。

此外，通过延长临界区，我们将强制线程在锁上等待更长的时间。如果所有线程大部分时间都在尝试访问栈，那么这样做效果很好（这就是基准测试变得更快的原因）。但是，如果在应用程序中，线程主要执行其他计算并且只是偶尔访问栈，则等待时间越长，可能越会降低整体性能。

由此可见，为了明确回答批量压入栈和批量弹出栈是否有益，我们必须在更现实的环境中对它们进行分析。

在其他应用场景下，搜索更有限的、特定于应用程序的解决方案可以获得更大的性能提升，其收益远远超过通用解决方案的任何改进实现。例如，以下场景在一些应用中很常见。单个线程预先将大量数据压入栈，然后多个线程从栈中取出数据并进行处理，并且可能将更多数据压入栈。在这种情况下，我们可以实现仅在单线程上下文中使用的未锁定压入以执行前期压入栈操作。虽然在多线程上下文中调用方绝不应使用此方法，但未锁定的栈比锁定的栈要快得多，因此这样的复杂性可能是值得的。

更复杂的数据结构提供了多种使用模型，但即使是栈，也可以通过简单的压入和弹出来使用，还可以在不删除它的情况下查看顶部元素。

std::stack 提供了 top()成员函数，但该函数不是事务性的，因此我们必须创建自己的函数。它与事务性的 pop()函数非常相似，只是不会删除顶部元素。

02_stack.C

```
template <typename T> class mt_stack {
    std::stack<T> s_;
    mutable std::mutex l_;
    public:
    std::optional<T> top() const {
        std::lock_guard g(l_);
        if (s_.empty()) {
            return std::optional<T>(std::nullopt);
        } else {
            std::optional<T> res(s_.top());
            return res;
        }
    }
};
```

请注意，为了允许将仅执行查找的函数 top()声明为 const，我们必须将互斥锁声明为 mutable。这应该谨慎进行，因为多线程程序的约定是：按照 STL，只要没有调用非 const 成员函数，所有 const 成员函数都可以安全地在多个线程上调用。这通常意味着 const 方法不修改对象，它们是真正只读的。可变（mutable）数据成员违反了这个假设，至少它们不应该代表对象的逻辑状态，它们只是实现细节。另外，在修改它们时应注意避免任何竞争状况。互斥锁满足这两个要求。

现在我们可以考虑不同的使用模式。在某些应用程序中，数据被压入栈并从中弹出。在其他情况下，可能需要在每次入栈和出栈之间多次检查栈顶元素。

我们首先关注后一种情况。再次来看看 top()方法的代码。这里有一个明显的低效率情形：因为有锁，任何时刻只有一个线程可以读取栈顶元素。但是，读取顶部元素是一个非修改（只读）操作。如果所有线程都这样做并且没有线程同时尝试修改栈，则根本不需要锁，并且 top()操作将完美扩展（线程越多，性能越高）。在本示例中，可以看到其性能类似于 pop() 方法,所以它不是高效率的。

在 top() 中不能省略锁的原因是,我们不能确定另一个线程没有同时调用 push() 或 pop()。但即便如此,我们也不需要让两个对 top() 的调用相互锁定,它们其实可以同步执行,只要锁定修改栈的操作即可。

有一种锁可以提供这样的功能,它通常被称为读写锁(read-write lock)。其中,读取锁可以由任意数量的线程获取,并且这些线程不会相互阻碍。但是,写入锁只能被一个线程占用,并且必须是在没有其他线程持有读取锁的情况下。

在 C++ 中,其术语不同,但功能是完全一致的。读取者(reader)线程使用共享锁(同一互斥锁上可以同时存在任意数量的共享锁),但写入者(writer)线程则需要唯一锁(在给定的互斥锁上只能存在一个这样的锁)。

如果另一个线程已经持有唯一锁,则尝试获取共享锁时将被阻塞;类似地,如果另一个线程在同一个互斥锁上持有任何锁,则尝试获取唯一锁时将被阻塞。

在使用共享互斥锁的情况下,可以准确使用我们需要的锁定类型来实现栈。top() 方法使用的是共享锁,因此任意数量的线程都可以同时执行它,但 push() 和 pop() 方法则需要唯一锁。

```cpp
template <typename T> class rw_stack {
    std::stack<T> s_;
    mutable std::shared_mutex l_;
    public:
    void push(const T& v) {
        std::unique_lock g(l_);
        s_.push(v);
    }
    std::optional<T> pop() {
        std::unique_lock g(l_);
        if (s_.empty()) {
            return std::optional<T>(std::nullopt);
        } else {
            std::optional<T> res(std::move(s_.top()));
            s_.pop();
            return res;
        }
    }
    std::optional<T> top() const {
        std::shared_lock g(l_);
        if (s_.empty()) {
            return std::optional<T>(std::nullopt);
```

```
        } else {
            std::optional<T> res(s_.top());
            return res;
        }
    }
};
```

遗憾的是，基准测试表明，即使是使用读写锁，调用 top()本身的性能也无法扩展（即多线程无法提供性能），如图 7.6 所示。

```
--------------------------------------------------------------------------------
Benchmark           Time           CPU   Iterations UserCounters...
--------------------------------------------------------------------------------
threads:1        29.0 ns       29.0 ns     24139006 items_per_second=34.4833M/s
threads:2        58.6 ns        117 ns     11839016 items_per_second=17.0594M/s
threads:4        76.4 ns        304 ns      8927808 items_per_second=13.0956M/s
threads:8         179 ns       1397 ns      3982056 items_per_second=5.59858M/s
```

图 7.6　使用 std::shared_mutex 的栈性能（只读操作）

更糟糕的是，与常规互斥锁相比，需要唯一锁的操作的性能下降得更多，如图 7.7 所示。

```
--------------------------------------------------------------------------------
Benchmark           Time           CPU   Iterations UserCounters...
--------------------------------------------------------------------------------
threads:1        57.9 ns       57.8 ns     12121416 items_per_second=17.2735M/s
threads:2         335 ns        651 ns      1795156 items_per_second=2.98789M/s
threads:4         873 ns       3227 ns       764812 items_per_second=1.14536M/s
threads:8        1622 ns      11279 ns       436640 items_per_second=616.558k/s
```

图 7.7　使用 std::shared_mutex 的栈性能（写操作）

将图 7.6 和图 7.7 与图 7.4 中的早期测量结果进行比较，可以看到读写锁根本没有给我们带来任何改进。这个结论与普遍经验相差较远（普遍经验是：不同互斥锁的性能取决于实现和硬件）。

当然，一般来说，更复杂的锁（如共享互斥锁）会比简单的锁有更多的开销。它们的目标应用程序是不同的：如果临界区本身花费更长的时间（例如，时间以毫秒而不是微秒计）并且大多数线程执行的是只读代码，那么不锁定只读线程将有很大的价值，并且其几微秒的开销也不那么明显。

更长的临界区的观察结果非常重要：如果栈元素要大得多并且复制成本非常高，那么与复制大对象的成本相比，锁的开销就不那么重要了，我们将开始看到线程的扩展效应。

当然，我们的总体目标是使程序运行速度更快，而不是炫耀可扩展的栈实现，因此，我们将通过完全消除昂贵的复制操作并使用指针栈来优化整个应用程序。

尽管我们在读写锁方面遇到了挫折，但更有效的实现这一思路仍走在了正确的轨道上。在设计这样一个实现之前，我们必须更详细地了解每个栈操作到底做了什么，以及必须防范的每一步可能的数据竞争是什么。

7.3.4　有关栈性能的细节讨论

当我们试图提高线程安全栈（或任何其他数据结构）的性能，使其超出简单的锁保护实现的性能时，必须首先了解每个操作所涉及的步骤细节，以及它们如何与在不同线程上执行的其他操作交互。本小节的主要价值不是更快的栈，而是这种分析：事实证明，这些低级步骤对于许多数据结构都是通用的。

让我们从压入栈的操作开始。大多数栈实现都建立在一些类似数组的容器之上，因此可以将栈顶部视为连续的内存块，如图 7.8 所示。

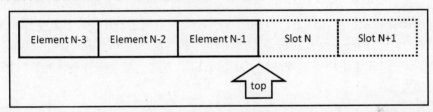

图 7.8　压入操作的栈顶

在该栈上有 N 个元素，因此元素计数也是下一个元素所在的第一个空闲槽的索引。压入栈的操作必须将顶部索引（也是元素的计数）从 N 增加到 N+1 以保留其槽，然后在槽 N 中构造新元素。

请注意，这个顶部索引（top index）是数据结构中执行压入操作的线程之间唯一可以相互交互的部分：只要索引递增操作是线程安全的，则只有一个线程可以看到索引的每个值。第一个执行压入的线程将顶部索引递增到 N+1 并保留第 N 个槽位，下一个线程将索引增加到 N+2 并保留第 N+1 个槽位，依此类推。

这里的关键点是槽位本身没有竞争：只有一个线程可以获得特定的槽位，因此它可以在其中构造对象，而没有任何其他线程干扰它的危险。

这为压入栈的操作提出了一个非常简单的同步方案：我们需要的只是顶部索引的单个原子值，示例如下。

```
std::atomic<size_t> top_;
```

压入操作将按原子方式递增这个索引，然后在由索引的旧值索引的数组槽位中构造新元素，具体如下所示。

```
const size_t top = top_.fetch_add(1);
new (&data[top]) Element(… constructor arguments … );
```

同样，这里没有必要保护构造步骤免受其他线程的影响。原子索引就是我们使压入操作线程安全所需的全部。

值得一提的是，如果使用数组作为栈内存，那么这是正确的。但是，如果使用的是诸如 std::deque 之类的容器，则不能简单地在其内存上构造一个新元素：必须调用 push_back 来更新容器的大小，并且即使 deque 无须分配更多的内存，该调用也不是线程安全的。出于这个原因，性能超越基本锁的数据结构实现通常也必须管理它们自己的内存。

说到内存，到目前为止，我们已经假设该数组完全有空间来添加更多元素，并且不会耗尽内存。现在让我们坚持这个假设。

至此，我们所拥有的是一种在特定情况下实现线程安全压入操作的非常有效的方法：多个线程可能会将数据压入栈上，但在所有压入操作完成之前，没有线程会读取数据。

如果有一个已经压入元素的栈，那么同样的思路也适用于弹出栈操作（并且不再添加新元素）。图 7.8 也适用于这种情况：线程按原子方式递减顶部计数，然后将顶部元素返回给调用方。

```
const size_t top = top_.fetch_sub(1);
return std::move(data[top]);
```

原子递减保证只有一个线程可以访问每个数组槽位（作为顶部元素）。当然，这仅在栈不为空时才有效。我们可以将顶部元素索引从无符号整数更改为有符号整数；然后，当索引变为负数时，即可知道栈是空的。

这也是在非常特殊的条件下实现线程安全弹出栈操作的一种非常有效的方法：栈已经填充，并且没有添加新元素。在这种情况下，我们还知道栈上有多少元素，因此可以轻松避免尝试弹出空栈。

在某些特定的应用程序中，这可能具有一定的价值：如果栈首先由多个线程填充而没有任何弹出操作，并且程序中有一个明确定义的点，可从添加数据切换到删除数据，那么我们对于每个一半问题（要么压入栈，要么弹出栈）都有一个很好的解决方案。

现在让我们继续讨论更一般的情况。

我们非常高效的压入操作在需要从栈中读取时没有帮助。让我们再次思考一下如何实现弹出顶部元素的操作。我们有顶部索引，但它只能告诉我们当前正在构造多少个元素，它没有说明已经构建完成的最近一个元素的位置（在图 7.9 中，最近构建完成的元素是 N-3）。

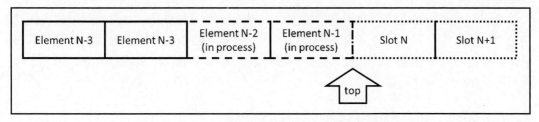

图 7.9　压入栈和弹出栈操作的栈顶

原　　文	译　　文
in process	构造过程中

　　当然，执行压入操作并因此而构建元素的线程在完成时是知道该位置的。也许我们需要的是另一个计数，显示有多少个元素已经构造完成。但是，事情没有这么简单。在图 7.9 中，假设线程 A 正在构造元素 N-2，而线程 B 正在构造元素 N-1。显然，线程 A 是第一个增加顶部索引的，但这并不意味着它也将是第一个完成压入的，也可能是线程 B 先完成构建。现在，栈中最近一个构造完成的元素的索引为 N-1，因此我们可以将已构造的计数递增到 N-1（注意，我们跳过了元素 N-2，它仍然在构造过程中）。

　　现在我们要弹出顶部元素。元素 N-1 已经准备好，我们可以将其返回给调用方并从栈中移除；构造的计数现在减少到 N-2。但是，接下来应该弹出哪个元素？元素 N-2 仍然没有准备好，但我们的栈中没有任何相关警告。对于已完成的元素，我们只有一个计数，其值为 N-1。就这样，现在在栈上构造新元素的线程和试图弹出它的线程之间发生了数据竞争。

　　即使没有发生这样的竞争，也还有另一个问题：我们只是弹出元素 N-1，这在当时是正确的做法。但是在发生这种情况时，在线程 C 上请求了一个压入，应该使用哪个槽位？如果使用槽位 N-1，就有可能覆盖线程 A 当前正在访问的相同元素。如果使用槽位 N，那么一旦所有操作完成，就会在数组中出现一个空洞，顶部元素是 N，但下一个不是 N-1，因为它已经被弹出，我们必须跳过它。但是这个数据结构中并没有任何代码告诉我们必须这样处理。

　　你也许会说，我们可以跟踪哪些元素是真实存在的，哪些是空洞，但这会让问题变得越来越复杂，并且以线程安全的方式进行此类操作将需要额外的同步，这会降低性能。此外，留下许多未使用的数组槽位也会浪费内存。

　　也许可以尝试为压入栈的新元素重新使用空洞，但这样的话，元素就不再是连续存储，原子顶部计数也不再起作用，整个结构开始类似于列表（如果你认为列表是实现线程安全栈的好方法，那么不妨等到本章末尾看看实现线程安全列表需要哪些东西）。

意识到这些问题之后，我们必须暂停对实现细节的深入研究，并再次回顾解决问题的更通用的方法。我们必须采取两个步骤：从对栈实现细节的更深入理解中推广归纳出结论，并进行一些性能估计，以大致了解哪些解决方案可能会产生性能改进。接下来，我们将从后一个步骤开始。

7.3.5 同步方案的性能估计

我们在没有锁的非常简单的栈实现上的第一次尝试为特殊情况产生了一些有趣的解决方案，但并没有通用的解决方案。在花费更多的时间构建复杂的设计之前，我们应该尝试估计它比简单的基于锁的设计更有效的可能性有多大。

当然，这看起来像是一个无解的循环推理：为了估计性能，必须先有一些内容供评估，但是我们又不想在努力可能毫无回报的情况下进行复杂的设计，而究竟有没有回报这是需要以性能估计为依据的，于是问题回到了原点——总要先有一些东西。

幸运的是，我们可以回到之前了解到的一般性观察结果：并发数据结构的性能在很大程度上取决于有多少共享变量被并发访问。

现在假设我们可以想出一个聪明的方法，用一个原子计数器来实现栈。可以合理地假设：每次压入和弹出栈都必须对该计数器进行至少一次原子递增或递减（除非执行的是批处理操作，但我们已经知道它们更快）。如果制作一个基准测试，将单线程栈上的 push 和 pop 与共享原子计数器上的原子操作相结合，即可获得合理的性能估计。

该方案没有同步进行，因此我们必须为每个线程使用单独的栈以避免竞争。

```cpp
std::atomic<size_t> n;
void BM_stack0_inc(benchmark::State& state) {
    st_stack<int> s0;
    const size_t N = state.range(0);
    for (auto _ : state) {
        for (size_t i = 0; i < N; ++i) {
            n.fetch_add(1, std::memory_order_release);
            s0.push(i);
        }
        for (size_t i = 0; i < N; ++i) {
            n.fetch_sub(1, std::memory_order_acquire);
            benchmark::DoNotOptimize(s0.pop());
        }
    }
    state.SetItemsProcessed(state.iterations()*N);
}
```

　　在这里，st_stack 是一个栈包装器，它提供与基于锁的 mt_stack 相同的接口，但没有任何锁。真正的实现会稍微慢一些，因为栈顶也在线程之间共享，但这会给我们一个从宽考虑的估计：任何真正线程安全的实现都不太可能超过这个人工基准。

　　我们的结果将要与什么进行比较？图 7.3 中基于锁的栈的基准测试显示，基于锁的栈的性能在 1 个线程上大概是每秒 30 MB 的 push/pop 操作，在 8 个线程上大概是每秒 3.1 MB 的 push/pop 操作。我们还知道，没有任何锁的栈的基准性能约为每秒 485 MB 操作（见图 7.4）。在同一台机器上，使用单个原子计数器的性能估计会产生如图 7.10 所示的结果。

```
-----------------------------------------------------------------------
Benchmark           Time            CPU     Iterations UserCounters...
-----------------------------------------------------------------------
threads:1       14.4 ns         14.3 ns       48743567 items_per_second=69.6549M/s
threads:2       25.2 ns         50.3 ns       23452678 items_per_second=39.7544M/s
threads:4       31.1 ns          124 ns       21580096 items_per_second=32.1606M/s
threads:8       31.0 ns          247 ns       23312432 items_per_second=32.233M/s
```

图 7.10　使用单个原子计数器的假设栈的性能估计

　　结果似乎喜忧参半：一方面，即使在最佳条件下，我们的栈也不会扩展（线程数增加不会带来性能的提升）。同样，这主要是因为我们正在测试一个包含很小的元素的栈；如果元素很大并且复制成本很高，则会看到扩展效应，因为多个线程可以同时复制数据。但之前的观察结果表明，如果复制数据变得如此昂贵以至于需要许多线程来完成，则最好使用一个指针栈而根本不复制任何数据。

　　另一方面，原子计数器比基于互斥锁的栈快得多。当然，这是从宽考虑的估计，但它也表明无锁栈有这种可能性。当然，基于锁的栈也是如此：当我们需要锁定非常短的临界区时，有比 std::mutex 更有效的锁。在第 6 章中已经讨论了这样一个锁，当时我们实现了一个自旋锁。如果在基于锁的栈中使用了自旋锁，则会得到如图 7.11 所示的结果，而不是图 7.2。

```
-----------------------------------------------------------------------
Benchmark           Time            CPU     Iterations UserCounters...
-----------------------------------------------------------------------
threads:1       14.6 ns        '14.6 ns       47831880 items_per_second=68.3325M/s
threads:2       14.3 ns         15.2 ns       48985370 items_per_second=70.1592M/s
threads:4       13.2 ns         16.4 ns       53113176 items_per_second=75.6926M/s
threads:8       14.4 ns         19.3 ns       48557344 items_per_second=69.2251M/s
```

图 7.11　基于自旋锁的栈的性能

　　将这个结果与图 7.10 所示结果进行比较，则可以看到一幅非常令人沮丧的图景：我们不会提出一种可以超越简单自旋锁的无锁设计。在某些情况下，自旋锁可以胜过原子递增的原因与特定硬件上不同原子指令的相对性能有关。因此，倒也不必做过度解读。

　　还可以尝试使用原子交换或比较和交换（compare-and-swap，CAS）而不是原子增量来进行相同的估计。随着你掌握了更多有关设计线程安全数据结构方面的知识，你将了解哪一种同步协议可能有用，以及应该进行哪些操作以进行估算。

　　此外，如果你使用特定硬件，则应该运行简单的基准测试来确定哪些操作在该硬件上更高效。迄今为止，我们的所有结果都是在基于 x86 的硬件上获得的。如果是在专为高性能计算（HPC）应用程序设计的基于 ARM 的大型服务器上运行相同的估计，则可能会得到截然不同的结果。

　　例如，在 ARM HPC 系统上，基于锁的栈的基准测试产生如图 7.12 所示的结果。

```
--------------------------------------------------------------------------------
Benchmark            Time            CPU    Iterations UserCounters...
--------------------------------------------------------------------------------
threads:1          33.6 ns         33.6 ns    20804899 items_per_second=29.7589M/s
threads:2          33.6 ns         34.7 ns    20902790 items_per_second=29.7765M/s
threads:4          32.3 ns         52.4 ns    20461444 items_per_second=30.9381M/s
threads:8          54.9 ns          119 ns    17176144 items_per_second=18.2063M/s
threads:16         37.7 ns          112 ns    15062560 items_per_second=26.5308M/s
threads:32         42.8 ns          338 ns    13016384 items_per_second=23.3686M/s
threads:64         63.4 ns         2164 ns    12413824 items_per_second=15.7702M/s
threads:128         659 ns        35048 ns     9646080 items_per_second=1.51857M/s
threads:160        1477 ns        98013 ns      496640 items_per_second=676.971k/s
```

图 7.12　基于锁的栈在 ARM HPC 系统上的性能

　　ARM 系统通常比 x86 系统具有更多的内核，而单个内核的性能较低。这个特定的系统在两个物理处理器上有 160 个内核，当程序在两个 CPU 上运行时，锁的性能显著下降。无锁栈性能上限的估计应该使用比较和交换（CAS）指令而不是原子递增来完成（后者在这些处理器上特别低效）。

　　图 7.13 显示了在 ARM 处理器上使用单个 CAS 操作的栈的性能结果。

```
--------------------------------------------------------------------------------
Benchmark            Time            CPU    Iterations UserCounters...
--------------------------------------------------------------------------------
threads:1          15.9 ns         15.9 ns    44232742 items_per_second=62.9712M/s
threads:2          27.1 ns         28.0 ns    20000000 items_per_second=36.8916M/s
threads:4          32.1 ns         65.6 ns    33407716 items_per_second=31.1766M/s
threads:8          35.8 ns         92.5 ns    15243080 items_per_second=27.9423M/s
threads:16         55.7 ns          200 ns    10769440 items_per_second=17.9589M/s
threads:32         94.0 ns         3007 ns    12184736 items_per_second=10.6431M/s
threads:64         75.5 ns         4830 ns     9406208 items_per_second=13.2502M/s
threads:128        46.5 ns         5325 ns    12061440 items_per_second=21.5078M/s
threads:160        48.4 ns         5750 ns    15838240 items_per_second=20.6429M/s
```

图 7.13　使用单个 CAS 操作（ARM 处理器）的假设栈的性能估计

　　根据图 7.13 中的估计，在使用大量线程的情况下，我们完全有可能设计出比简单的基于锁的栈更好的结构。

　　我们将继续努力开发无锁栈，这有两个原因：首先，这种努力最终会在某些硬件上得到回报。其次，这种设计的基本元素稍后会在许多其他数据结构中看到，此类栈为我们提供了一个了解它们的简单测试用例。

7.3.6 无锁栈

现在我们已经决定尝试无锁栈，看看它能否超越一个简单的基于锁的实现。

我们需要考虑从探索压入和弹出操作中获得的经验教训。每个操作本身都非常简单，但两者的相互作用造成了复杂性。这是一种很常见的情况：正确同步在多个线程上运行的生产者和使用者操作比仅处理生产者或仅处理使用者要困难得多。

在设计自己的数据结构时请记住这一点：如果你的应用程序允许对操作进行任何类型的限制，例如生产者和使用者在时间上是分开的，或者只有一个生产者（或使用者）线程，那么几乎可以肯定你为这些有限的操作设计了一个更快的数据结构。

假设我们需要一个完全通用的栈，生产者-使用者交互问题的本质可以通过一个非常简单的例子来理解。同样，在这里我们假设栈是在数组或类数组容器的顶部实现的，并且元素是连续存储的。

假设当前在栈上有 N 个元素。生产者线程 P 正在执行压入栈的操作，而使用者线程 C 正在执行弹出栈的操作。结果应该是什么？虽然尝试提出无等待设计很诱人（就像我们只为使用者或只为生产者所设计的那样），但任何允许两个线程无须等待就继续执行的设计都将打破关于如何存储元素的基本假设：线程 C 要么等待线程 P 完成压入，要么返回当前的顶部元素 N。类似地，线程 P 要么等待线程 C 完成弹出，要么在槽位 N+1 中构造一个新元素。如果两个线程都没有等待，则结果就是数组中有一个空洞：最后一个元素的索引为 N+1，但槽位 N 中没有存储任何内容，因此当我们从栈中弹出数据时，必须以某种方式跳过它。也就是说，看起来我们不得不放弃无等待栈实现的想法，让其中一个线程等待另一个线程完成其操作。

当顶部索引为 0 并且使用者线程试图进一步递减索引时，还必须处理空栈的可能性。此外，当顶部索引指向最后一个元素并且生产者线程需要另一个槽位时，在数组的上界也会出现类似的问题。这两个问题都需要有界原子递增操作：除非值等于指定的界限，否则执行递增（或递减）操作。在 C++中（或在当今可用的任何主流硬件上）没有现成的原子操作，但是可以使用比较和交换（compare-and-swap，CAS）实现，示例如下。

```
std::atomic<int> n_ = 0;
int bounded_fetch_add(int dn, int maxn) {
    int n = n_.load(std::memory_order_relaxed);
    do {
        if (n + dn >= maxn || n + dn < 0) return -1;
```

```
    } while (!n_.compare_exchange_weak(n, n + dn,
            std::memory_order_release,
            std::memory_order_relaxed));
    return n;
}
```

这是一个典型的示例，说明了如何使用 CAS 操作来实现复杂的无锁原子操作。

（1）读取变量的当前值。

（2）检查必要条件。在本示例中，验证递增不会给出指定边界[0, maxn)之外的值。如果有界递增失败，则通过返回-1 向调用方发出信号（这是一个任意选择。一般来说，对于越界情况，需要执行特定操作）。

（3）如果当前值仍然等于之前读取的值，则以原子方式将值替换为所需的结果。

（4）如果步骤（3）失败，则当前值已经更新，再次检查，重复步骤（3）和（4），直到成功。

虽然这似乎是一种锁，但它有一个根本的区别：CAS 比较在一个线程上失败的唯一方式是它在另一个线程上成功（并且原子变量递增），所以，出现共享资源竞争时，任何时候都将保证至少有一个线程向前递增。

还有一个更重要的观察结果可以帮助我们区分可扩展的实现和非常低效的实现。如前文所述，CAS 循环对大多数现代操作系统的调度算法非常不利：循环失败的线程也会消耗更多的 CPU 时间，并将获得更高的优先级（详见 6.3.3 节）。这与我们想要的结果完全相反，我们希望当前正在执行有用工作的线程运行得更快。

针对这种情况的解决方案是让线程在几次不成功的 CAS 尝试后对调度程序让步。这是由依赖于操作系统的系统调用完成的，但 C++具有独立于系统的 API，它需要调用 std::this_thread::yield()。

在 Linux 上，通常可以通过调用 nanosleep()函数在循环的每几次迭代中以最短可能的时间（1 ns）休眠来获得更好的性能。

```
int i = 0;
while ( … ) {
    if (++i == 8) {
        static constexpr timespec ns = { 0, 1 };
        i = 0;
        nanosleep(&ns, NULL);
    }
}
```

可以使用相同的方法来实现更复杂的原子事务，例如栈压入和弹出操作。但首先，我们必须弄清楚需要哪些原子变量。对于生产者线程，需要数组中第一个空闲槽位的索引。对于使用者线程，则需要最后一个完全构造的元素的索引。这是我们需要的有关栈当前状态的所有信息，并且不允许数组中出现空洞，如图 7.14 所示。

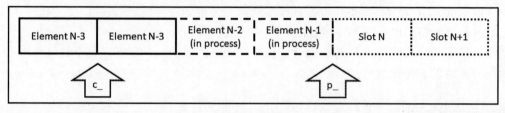

图 7.14　无锁栈

(c_ 是最近一个完全构造的元素的索引，p_ 是数组中第一个空闲槽的索引。)

原　　文	译　　文
in process	构造过程中

首先，如果两个索引当前不相等，则压入和弹出操作都不能继续。不同的计数意味着正在构造新元素或正在复制出当前顶部元素。这种状态下的任何栈修改都可能导致在数组中产生空洞。如果两个索引相等，那么操作可以继续。要进行压入，需要以原子方式递增生产者索引 p_（以数组的当前容量为界）。然后可以在刚刚保留的槽位中构造新元素（由 p_的旧值索引）。再递增使用者索引 c_以指示新元素可用于使用者线程。

请注意，即使在构造完成之前，另一个生产者线程也可以抢占下一个槽位，但必须等到所有新元素都构造完毕后，才能允许任何使用者线程弹出一个元素。这样的实现是可能的，但是会更复杂，它倾向于支持当前执行的操作：如果当前正在进行压入，则弹出必须等待，但可以立即进行另一个压入。这样的结果很可能是在所有使用者线程都在等待时执行大量压入操作。如果有一个弹出操作正在进行，则其效果是类似的——它倾向于支持另一个弹出操作，从而导致在所有生产者线程都在等待时执行大量的弹出操作。

弹出操作的实现类似，只是先递减使用者索引 c_以保留顶部槽位，然后在对象被复制或移出栈后递减 p_。

我们还需要掌握一个技巧，那就是如何以原子方式操作这两个计数。例如，我们之前说过，线程必须等待两个索引变得相等。如何做到这一点？

如果以原子方式读取一个索引，然后以原子方式读取另一个索引，则第一个索引有可能在读取后发生了变化。因此，必须在单个原子操作中读取两个索引。对索引的其他操作也是如此。

C++允许我们声明一个由两个整数组成的原子结构；但是，该操作必须小心，因为很少有硬件平台有双 CAS 指令,可以按原子方式操作两个长整数,即便如此,它通常也很慢。

更好的解决方案是将两个值打包成一个 64 位字(在 64 位处理器上)。硬件原子指令(如 load 或 compare-and-swap)并不真正关心你将如何解释它们读取或写入的数据,它们只是复制和比较 64 位字。稍后,可以将这些位视为 long、double 或一对 int(原子递增当然是不同的,这就是不能在 double 值上使用它的原因)。现在,剩下的就是将上述算法转换成以下代码。

02b_stack_cas.C

```cpp
template <typename T> class mt_stack {
    std::deque<T> s_;
    int cap_ = 0;
    struct counts_t {
        int p_ = 0; // 生产者索引
        int c_ = 0; // 使用者索引
        bool equal(std::atomic<counts_t>& n) {
            if (p_ == c_) return true;
            *this = n.load(std::memory_order_relaxed);
            return false;
        }
    };
    mutable std::atomic<counts_t> n_;
    public:
    mt_stack(size_t n = 100000000) : s_(n), cap_(n) {}
    void push(const T& v);
    std::optional<T> pop();
};
```

这两个索引是打包成 64 位原子值的 32 位整数。方法 equal()可能看起来很奇怪,但它的目的很快就会变得明显。如果两个索引相等则返回 true;否则,它会从指定的原子变量更新存储的索引值。这遵循了我们之前看到的 CAS 模式:如果不满足所需条件,则再次读取原子变量。

请注意,我们不能再在 STL 栈之上构建线程安全栈:容器本身在线程之间共享,并且其上的 push()和 pop()操作在没有锁定的情况下不是线程安全的,即使容器没有增长。

为简单起见,在我们的示例中,使用了一个用足够多的默认构造元素初始化的双端队列。只要不调用任何容器成员函数,就可以独立地从不同线程对容器的不同元素进行操作。

请记住,这只是避免同时处理内存管理和线程安全的捷径:在任何实际实现中,都不想预先默认构造所有元素（元素类型甚至可能没有默认的构造函数）。

一般来说，高性能并发软件系统无论如何都有自己的自定义内存分配器。否则，还可以使用与栈元素类型具有相同大小和对齐方式的虚拟类型的 STL 容器，但具有简单的构造函数和析构函数（其实现非常简单，故留给读者作为一项练习）。

压入操作实现了我们之前讨论的算法——等待索引变得相等，递增生产者索引 p_，构造新对象，完成后递增使用者索引 c_。

02b_stack_cas.C

```
void push(const T& v) {
    counts_t n = n_.load(std::memory_order_relaxed);
    if (n.p_ == cap_) abort();
    while (!n.equal(n_) ||
        !n_.compare_exchange_weak(n, {n.p_ + 1, n.c_},
            std::memory_order_acquire,
            std::memory_order_relaxed)) {
        if (n.p_ == cap_) { … allocate more memory … }
    };
    ++n.p_;
    new (&s_[n.p_]) T(v);
    assert(n_.compare_exchange_strong(n, {n.p_, n.c_ + 1},
        std::memory_order_release, std::memory_order_relaxed);
}
```

最后一个 CAS 操作应该永远不会失败，除非代码中存在错误：一旦调用线程成功递增 p_，则在同一线程递增 c_ 以进行匹配之前，没有其他线程可以更改任何一个值（正如我们之前已经讨论过的，这是低效率的，但修复它是以更高的复杂性为代价的）。

另外，请注意，为简洁起见，我们在循环内省略了对 nanosleep()或 yield()的调用，但它在任何实际实现中都是必不可少的。

弹出操作与此类似，只是它首先递减使用者索引 c_，然后，当完成从栈中移除顶部元素时，递减 p_ 以匹配 c_。

02b_stack_cas.C

```
std::optional<T> pop() {
    counts_t n = n_.load(std::memory_order_relaxed);
    if (n.c_ == 0) return std::optional<T>(std::nullopt);
    while (!n.equal(n_) ||
        !n_.compare_exchange_weak(n, {n.p_, n.c_ - 1},
            std::memory_order_acquire,
            std::memory_order_relaxed)) {
```

```
        if (n.c_ == 0) return std::optional<T>(std::nullopt);
    };
    --n.cc_;
    std::optional<T> res(std::move(s_[n.p_]));
    s_[n.pc_].~T();
    assert(n_.compare_exchange_strong(n, {n.p_ - 1, n.c_},
        std::memory_order_release, std::memory_order_relaxed));
    return res;
}
```

同样，如果程序正确，最后一次 CAS 应该不会失败。

无锁栈是一种简单的无锁数据结构，但它已经相当复杂。想要验证实现是否正确，其所需的测试并不简单：除了所有单线程单元测试，还必须验证没有竞争状况。最新的 GCC 和 CLANG 编译器中提供的 Thread Sanitizer（TSAN）等线程检查工具使这项任务变得更加容易。这些线程检查工具的优点是它们可以检测潜在的数据竞争，而不仅仅是测试期间实际发生的数据竞争（在一个小型测试中，观察到两个线程同时错误地访问同一内存的机会相当渺茫）。

在经过上述努力之后，无锁栈的性能如何？正如预期的那样，在 x86 处理器上，它的性能并不优于基于自旋锁的版本，如图 7.15 所示。

```
----------------------------------------------------------------
Benchmark          Time           CPU      Iterations UserCounters...
threads:1        45.3 ns        45.2 ns      15462348 items_per_second=22.0902M/s
threads:2        42.1 ns        46.9 ns      16349270 items_per_second=23.7578M/s
threads:4        40.7 ns        50.4 ns      17170732 items_per_second=24.5901M/s
threads:8        42.4 ns        59.8 ns      16422144 items_per_second=23.6032M/s
```

图 7.15　x86 CPU 上无锁栈的性能（与图 7.11 比较）

自旋锁保护的栈每秒可以在同一台机器上执行大约 70 M 的操作（见图 7.11），而图 7.15 中的结果表明，在 x86 CPU 上无锁栈的性能还是有较大的差距。这其实也与我们的预期一致。当然，同样的估计表明无锁栈在 ARM 处理器上可能更胜一筹。如图 7.16 所示的基准测试结果表明我们的努力并没有白费。

可以看到，虽然基于锁的栈的单线程性能更胜一筹，但是，如果线程数量较多，则无锁栈的速度要快得多。如果基准测试包含大部分 top()调用（即许多线程在一个线程弹出顶部元素之前读取顶部元素），或者如果生产者和使用者线程不同（一些线程只调用 push()，而其他线程只调用 pop()），则无锁栈的优势会变大。

```
-------------------------------------------------------------------------
Benchmark         Time           CPU    Iterations UserCounters...
-------------------------------------------------------------------------
threads:1        53.6 ns        53.6 ns   13193592 items_per_second=18.6595M/s
threads:2        52.8 ns        54.8 ns   14487646 items_per_second=18.954M/s
threads:4        47.2 ns        99.8 ns   11795564 items_per_second=21.1826M/s
threads:8        50.4 ns         138 ns   14672864 items_per_second=19.824M/s
threads:16       44.3 ns         122 ns   16898512 items_per_second=22.5975M/s
threads:32       49.5 ns         181 ns   15305120 items_per_second=20.2042M/s
threads:64       52.4 ns         256 ns   13373504 items_per_second=19.0812M/s
threads:128       118 ns        5661 ns    6491008 items_per_second=8.44097M/s
threads:160       183 ns        3158 ns    4137120 items_per_second=5.46998M/s
```

图 7.16 无锁栈在 ARM CPU 上的性能（与图 7.12 比较）

本节探索了线程安全栈数据结构的不同实现。要理解线程安全的需要，必须分别分析每个操作，以及多个并发操作的交互行为。以下是我们已经获得的经验。

❑ 通过良好的锁实现，锁保护栈可提供合理的性能并且比替代方案简单得多。

❑ 对于特定应用程序来说，存在一些有关数据结构使用限制的知识，利用这些知识，我们可以按较低的成本获得性能。这对于开发通用解决方案用途不大，但是，我们可以反过来，通过实现尽可能少的功能来获得性能优势。

❑ 通用的无锁实现是可能的，但即使对于像栈一样简单的数据结构，它也非常复杂。有时，这种复杂性甚至是合理的。

到目前为止，我们已经绕过了内存管理的问题，它隐藏在栈耗尽其容量时模糊分配更多内存的背后。稍后我们将回到这一点。但首先让我们来看看更多不同的数据结构。

7.4 线程安全队列

我们要考虑的下一个数据结构是队列（queue）。它又是一个非常简单的数据结构，概念上是一个可以从两端访问的数组，只允许在表的前端（front）进行删除操作，而在表的后端（back）进行插入操作。进行插入操作的端称为队尾，进行删除操作的端称为队头。在实现方面，队列和栈之间有一些非常重要的区别，但也有很多相似之处，因此我们会经常参考 7.3 节。

就像栈一样，STL 有一个队列容器 std::queue，它在并发方面也有完全相同的问题：移除元素的接口不是事务性的，需要 3 个单独的成员函数调用。如果要使用带锁的 std::queue 来创建线程安全队列，则必须像处理栈一样对其进行包装。

03_queue.C

```
template <typename T> class mt_queue {
    std::queue<T> s_;
```

```
    mutable spinlock l_;
    public:
    void push(const T& v) {
        std::lock_guard g(l_);
        s_.push(v);
    }
    std::optional<T> pop() {
        std::lock_guard g(l_);
        if (s_.empty()) {
            return std::optional<T>(std::nullopt);
        } else {
            std::optional<T> res(std::move(s_.front()));
            s_.pop();
            return res;
        }
    }
};
```

我们决定立即使用自旋锁（一个简单的基准测试可以再次确认自旋锁比互斥锁更快）。如果需要，front()方法可以按与pop()方法类似的方式实现，只是不删除前端元素。

基本的基准测试可再次测量将元素压入队列并将其弹出所需的时间。使用与 7.3 节中相同的 x86 机器进行测试，可以获得如图 7.17 所示的结果。

```
Benchmark          Time           CPU      Iterations UserCounters...
----------------------------------------------------------------------
threads:1          15.5 ns        15.5 ns    45231678 items_per_second=64.6135M/s
threads:2          12.6 ns        15.8 ns    54795510 items_per_second=79.5163M/s
threads:4          13.2 ns        16.9 ns    53454312 items_per_second=75.7439M/s
threads:8          14.1 ns        19.9 ns    49915888 items_per_second=70.9185M/s
```

图 7.17　自旋锁保护的 std::queue 的性能

作为一项比较，在相同的硬件上，在没有任何锁的情况下，std::queue 每秒传递大约 280M 项目（这里的一个项目是指一个压入操作和一个弹出操作，因此我们测量的是每秒可以通过队列发送多少个元素）。

到目前为止，我们所看到的队列与之前讨论的栈非常相似。为了比锁保护版本做得更好，我们必须尝试提出一个无锁实现。

7.4.1　无锁队列

在深入设计无锁队列之前，对每个事务进行详细分析很重要，就像我们对栈所做的一样。同样，我们将假设队列建立在数组或类似数组的容器之上（并且我们将推迟讨论有关数组已满时会发生什么的问题）。将元素插入队列看起来就像栈操作一样，如图 7.18 所示。

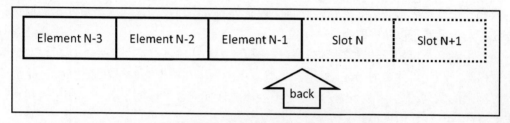

图 7.18　将元素添加到队列的后面（生产者的视角）

我们只需要数组中第一个空槽位的索引。当然，从队列中删除元素与栈上的相同操作完全不同，可以在图 7.19 中看到这一点（可与图 7.9 进行比较）。

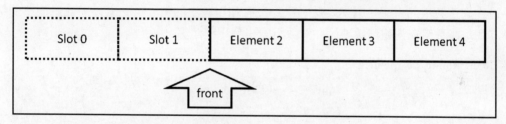

图 7.19　从队列前面删除元素（使用者的视角）

元素将从队列的前面删除，因此我们需要第一个尚未删除的元素（队列的当前前面）的索引，并且该索引也将被提前。

现在来看看队列和栈之间的关键区别。在栈中，生产者和使用者都在同一个位置操作：栈的顶部（top）。我们已经看到了这种方式的后果，即一旦生产者开始在栈顶构造一个新元素，使用者就必须等待它完成。压入栈操作如果不能返回到最后构造的元素，则会在数组中留下一个空洞，并且在构造完成之前，它不能返回正在构造的元素。队列的情况完全不同。只要队列不为空，生产者和使用者就不交互。push 操作不需要知道 front 索引是什么，pop 操作也不关心 back 索引在哪里，只要在 front 前面的某个地方即可。生产者和使用者不会竞争访问相同的内存位置。

当我们遇到有若干种不同的方式来访问数据结构并且它们（大多数）不相互交互时，一般建议首先考虑将这些角色分配给不同线程的情况。进一步的简化则可以从每种线程的情况开始。在我们的例子中，有一个生产者线程和一个使用者线程。由于只有生产者需要访问 back 索引，而且只有一个生产者线程，因此我们甚至不需要这个索引的原子整数。同理，front 索引只是一个常规整数。

　　两个线程唯一交互的时间是队列变空时。在这种情况下，我们需要一个原子变量——队列的大小。生产者在第一个空槽中构造新元素并递增 back 索引（可以按任何顺序，因为只有一个生产者线程）。然后，它将递增队列的大小以反映这样一个事实，即队列现在还有一个元素可以从中取出。

　　使用者必须以相反的顺序操作。首先，检查大小以确保队列不为空。然后，从队列中取出第一个元素并递增 front 索引。当然，不能保证在检查它的时间和访问 front 元素的时间之间队列的大小不会改变，但这不会造成任何问题，因为只有一个使用者线程，生产者线程只能递增大小。

　　在讨论栈时，我们推迟了向数组添加更多内存的问题，并假设以某种方式知道栈的最大容量并且不会超过它（如果超过该容量，则导致压入操作失败）。对于队列来说，同样的假设是不够的：随着元素的添加和从队列中删除，front 索引和 back 索引都会递增并最终到达数组的末尾。当然，此时已经没有使用数组的第一个元素，因此最简单的解决方案是将数组视为循环缓冲区并对数组索引使用模运算。

03a_atomic_pc_queue.C

```cpp
template <typename T> class pc_queue {
    public:
    explicit pc_queue(size_t capacity) :
        capacity_(capacity),
        data_(static_cast<T*>(::malloc(sizeof(T)*capacity_))) {}
    ~pc_queue() { ::free(data_); }
    bool push(const T& v) {
        if (size_.load(std::memory_order_relaxed) >= capacity_)
            return false;
        new (data_ + (back_ % capacity_)) T(v);
        ++back_;
        size_.fetch_add(1, std::memory_order_release);
        return true;
    }
    std::optional<T> pop() {
        if (size_.load(std::memory_order_acquire) == 0) {
            return std::optional<T>(std::nullopt);
        } else {
            std::optional<T> res(
                std::move(data_[front_ % capacity_]));
            data_[front_ % capacity_].~T();
            ++front_;
```

```
            size_.fetch_sub(1, std::memory_order_relaxed);
            return res;
        }
    }
    private:
    const size_t capacity_;
    T* const data_;
    size_t front_ = 0;
    size_t back_ = 0;
    std::atomic<size_t> size_;
};
```

由于我们已经接受了其设计上的约束，因此该队列需要一个特殊的基准测试，即一个生产者线程和一个使用者线程。

03a_atomic_pc_queue.C

```
pc_queue<size_t> q(1UL<<20);
void BM_queue_prod_cons(benchmark::State& state) {
    const bool producer = state.thread_index & 1;
    const size_t N = state.range(0);
    for (auto _ : state) {
        if (producer) {
            for (size_t i = 0; i < N; ++i) q.push(i);
        } else {
            for (size_t i = 0; i < N; ++i)
                benchmark::DoNotOptimize(q.pop());
        }
    }
    state.SetItemsProcessed(state.iterations()*N);
}
BENCHMARK(BM_queue_prod_cons)->Arg(1)->Threads(2)->UseRealTime();
BENCHMARK_MAIN();
```

为了进行比较，应该在相同条件下对锁保护的队列进行基准测试（锁的性能通常对线程之间争用的确切性质很敏感）。在同一台 x86 机器上，两个队列以大致相同的吞吐量执行：每秒 100 MB 整数元素。而在 ARM 处理器上，锁的成本相对较高，一般来说，队列也不例外，其结果如图 7.20 所示。

但是，即使在 x86 机器上，我们的分析也尚未完成。在 7.3 节中提到过，如果栈元素很大，则复制它们比线程同步（锁定或原子操作）花费的时间更长。我们无法充分利用它，因为在大多数情况下，一个线程仍然需要等待另一个线程完成复制，因此建议使用替代方案：指针栈，将实际数据存储在其他地方。其缺点是需要另一个线程安全的容器来存储这些数据（尽管一般来说，程序无论如何都需要将其存储在某个地方）。

```
Benchmark              Time          CPU    Iterations UserCounters...
lock/threads:2       19.0 ns      20.7 ns     35751840 items_per_second=52.7533M/s
atomic/threads:2     6.66 ns      13.3 ns    102595788 items_per_second=150.108M/s
```

图 7.20   ARM 上基于锁的整数队列与无锁整数队列的性能

这对于队列来说仍然是一个可行的建议，但现在我们有了另一种选择。如前文所述，队列中的生产者和使用者线程不会相互等待，它们的交互在检查大小后即已结束。按理说，如果数据元素比较大，无锁队列会有优势，因为两个线程可以同时复制数据，或者两个线程竞争访问相同的内存位置（锁或原子值）的时间要短得多。

要执行这样的基准测试，只需要创建一个较大对象的队列，如一个包含大数组的结构体。正如预期的那样，无锁队列现在执行得更快，即使在 x86 硬件上也是如此，如图 7.21 所示。

```
Benchmark              Time          CPU    Iterations UserCounters...
lock/threads:2       1743 ns      3088 ns       372874 items_per_second=573.82k/s
atomic/threads:2      685 ns      1370 ns       967384 items_per_second=1.45913M/s
```

图 7.21   x86 机器上基于锁的队列和无锁队列性能的比较（包含大元素）

即使有强加的限制，这也是一个非常有用的数据结构：该队列可用于在生产者和使用者线程之间传输数据。当然，前提条件是我们知道可以排队的元素数量的上限，或可以处理当生产者在压入更多数据之前必须等待的情况。

队列的效率很高。对于某些应用程序来说，更重要的是它具有非常低且可预测的延迟：队列本身不仅是无锁的，而且是无须等待的。除非队列已满，否则一个线程永远不必等待另一个线程。

值得一提的是，如果使用者必须对它从队列中取出的每个数据元素进行某些处理，并且开始落后直到队列被填满，一种常见的方法是让生产者处理它无法入队的元素。这样可以延迟生产者线程，直到使用者可以赶上（这种方法并不适用于每个应用程序，因为它可以无序处理数据，但很多时候它是有效的）。

对于有许多生产者或使用者线程的情况，队列的泛化将使实现更加复杂。即使我们可以使 front 和 back 索引原子化，基于原子大小的简单无等待算法也不再起作用。举例来说，也许有使用者线程读取到大小的非零值，但这不再足以让所有线程继续进行，因为在有多个使用者线程的情况下，大小可能在被一个线程检查并发现非零后，却迅速递减变为零（这种情况意味着在该线程检查了大小之后，还没来得及访问队列的前面，其他的线程就已经弹出了所有剩余元素）。

一种通用的解决方案是使用和前面的栈处理相同的技术，将 front 索引和 back 索引打包到一个 64 位原子字中，并使用 CAS 以原子方式访问它们。其实现与栈类似。如果你完全理解了 7.3 节中的代码，那么实现这样的队列并无难度。

在文献中还可以找到其他无锁队列解决方案。本章已经提供了足够的背景知识来理解、比较和测试这些实现。

正确实现复杂的无锁数据结构是一个耗时的项目，需要一定的技巧并投入大量精力。在实现完成之前进行一些性能估计是很好的，这样我们就可以知道努力是否有可能得到回报。前文已经讨论了一种对尚不存在的代码进行基准测试的方法，即一种模拟的基准测试，它可以结合对非线程安全数据结构的操作（每个线程的本地操作）和对共享变量的操作（锁或原子数据），以获得比较结果。

我们的目标是提出可以进行基准测试的计算等效代码片段，它永远都不会是完美的，但是，如果我们有一个包含 3 个原子变量（每个变量一个 CAS 操作）的无锁队列的思路，并且发现估计的基准测试比基于自旋锁保护的队列慢若干倍，则实现这样的队列就没什么意义了，因为不太可能得到回报。

对部分实现的代码进行基准测试的第二种方法是构建基准测试，以避免出现我们尚未实现的某些极端情况。例如，如果希望队列大部分时间都不是空的，并且初始实现没有处理空队列的情况，则在对该实现进行基准测试时应进行一些限制，以使队列永远不会变空。该基准测试将告诉我们是否走在正确的轨道上：它将显示在非空队列的典型情况下可以预期的性能。当我们推迟处理栈或队列内存不足的情况时，实际上就已经采用了这种方法。我们只是假设它不会经常发生，并构建了基准测试来避免这种情况。

还有另一种类型的并发数据结构实现通常也是很高效的，接下来我们将学习这项技术。

7.4.2 非顺序一致的数据结构

我们首先复习一个简单的问题：什么是队列？它是一种数据结构，首先添加的元素也首先被检索。从概念上讲，在许多实现中，这是由元素添加到底层数组的顺序保证的，也就是说，我们有一个已经排好队的元素的数组，新条目添加到前面，而最早的条目从后面读取。

但是，让我们仔细检查一下这个定义是否仍然适用于并发队列。从队列中读取元素时执行的代码如下所示。

```
T pop() {
    T return_value;
    return_value = data[back];
    --back;
    return return_value;
}
```

返回值可以包含在 std::optional 中或通过引用传递，这不重要。重要的是顺序：先从队列中读取值，然后递减 back 索引，最后控制权返回给调用方。

我们知道，在多线程程序中，线程可以随时被抢占。假设有两个线程：A 和 B，并且线程 A 从队列中读取最早的元素，但是线程 B 首先完成 pop() 的执行并将其值返回给调用方。如果按该顺序将两个元素 X 和 Y 入队，并让多个线程将它们出队并打印它们的值，则程序会先打印 Y，然后打印 X。

当多个线程将元素插入队列时，可能会发生相同类型的重新排序。最终的结果是，即使队列本身保持严格的顺序（如果要暂停程序并检查内存中的数组，则元素的顺序是正确的），程序的其余部分观察到的出队元素的顺序也不能保证与它们入队的顺序完全一致。

当然，这个顺序也不是完全随机的。即使在并发程序中，栈看起来也与队列有很大的不同。从队列中检索数据的顺序与添加值的顺序大致相同。严重的重排很少见（当一个线程由于某种原因延迟了很长时间时才会发生这种情况）。

队列还保留了另一个非常重要的属性：顺序一致性（sequential consistency）。顺序一致的程序产生的输出与线程操作执行的顺序相同（一次一个操作，没有任何并发性），并且任何特定线程执行的操作的顺序都不会改变。换句话说，此类程序会将所有线程执行的操作序列进行交织，但不重新排列它们。

顺序一致性是一个很方便的特性：分析此类程序的行为要容易得多。例如，在使用队列的情况下，我们将获得保证，如果两个元素 X 和 Y 被线程 A 入队，先入队 X，然后是 Y，并且它们恰好都被线程 B 出队，则它们将按正确的顺序出队。但是，你也可以说，在实践中，这并不重要，因为这两个元素可能被两个不同的线程出队，在这种情况下，它们可能以任何顺序出现，因此程序必须能够处理。

如果我们愿意放弃顺序一致性，这就开辟了一种设计并发数据结构的全新方法。让我们仍以队列为例来探讨一下。其基本思想是：我们可以有多个单线程子队列，而不是单个队列的线程安全队列。每个线程必须以原子方式获得这些子队列之一的独占所有权。实现这一点的最简单方法是使用指向子队列的原子指针数组，如图 7.22 所示。为了获得所有权，同时防止任何其他线程访问队列，我们将以原子方式让子队列指针与空指针交换。

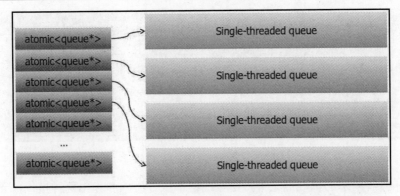

图 7.22　基于通过原子指针访问的数组子队列的非顺序一致队列

原　　文	译　　文
Single-threaded queue	单线程队列

　　需要访问队列的线程必须先获取一个子队列。可以从指针数组的任何元素开始，如果它为空，则该子队列当前正忙，继续尝试下一个元素，依此类推，直到保留一个子队列。此时子队列上只有一个线程在运行，所以不需要线程安全（子队列甚至可以是 std::queue）。

　　在操作（压入或弹出）完成后，线程通过原子方式将子队列指针写回数组，将子队列的所有权归还给队列。

　　压入操作必须持续尝试保留子队列，直至找到一个（或者，也可以允许压入操作在尝试一定次数后失败并向调用方发出队列太忙的信号）。

　　弹出操作可能会保留一个子队列，直至发现它是空的。在这种情况下，必须尝试从另一个子队列中弹出（我们可以保持队列中元素的原子计数，这样，如果队列为空，即可快速返回）。

　　当然，弹出操作可能会在一个线程上失败，并报告队列为空，而实际上，这并不是因为另一个线程已将新数据压入队列中。但这可能发生在任何并发队列中：一个线程检查队列大小，发现队列为空，但在控制权返回给调用方之前，队列又变为非空。

　　顺序一致性对多线程可以观察到的不一致类型设置了一些限制，而非顺序一致性队列则使传出元素的顺序变得不太确定。尽管如此，其顺序仍保持在平均水平。这不是适用于每个问题的正确数据结构，但是，如果能接受大多数时间保持与队列类似的顺序，那么它可以使性能明显改进，尤其是在具有许多线程的系统中。

　　在运行多个线程的大型 x86 服务器上，可以观察到非顺序一致队列具有扩展效应，如图 7.23 所示。

```
--------------------------------------------------------------------------
Benchmark               Time             CPU     Iterations UserCounters...
--------------------------------------------------------------------------
threads:1            5737 ns         5737 ns       1086358 items_per_second=174.307k/s
threads:2            3402 ns         6716 ns       1928072 items_per_second=293.935k/s
threads:4            3989 ns        11788 ns       2387356 items_per_second=250.698k/s
threads:8            2865 ns        11618 ns       3020096 items_per_second=349.089k/s
threads:16           1841 ns        10826 ns       3538512 items_per_second=543.244k/s
threads:32           1364 ns        13223 ns       5124128 items_per_second=733.347k/s
threads:64           1044 ns        17840 ns       6503808 items_per_second=957.496k/s
threads:112           906 ns        29997 ns       7608272 items_per_second=1.10371M/s
```

图 7.23   非顺序一致队列的性能

在如图 7.23 所示的基准测试中，所有线程都执行压入和弹出两种操作，元素都比较大（复制每个元素需要复制 1 KB 的数据）。作为比较，自旋锁保护的 std::queue 在单个线程上可提供相同的性能（大约每秒 170 k 个元素），但根本没有扩展效应（整个操作被锁定），并且在增加线程数时性能反而缓慢下降到大约每秒 130 k 个元素（原因是锁的开销）。当然，如果为了性能而愿意接受非顺序一致程序的混乱，那么许多其他数据结构都可以从这种方法中受益。

当涉及栈和队列等并发顺序容器时，我们需要讨论的最后一个主题是：当它们需要更多内存时该如何处理？

7.4.3　并发数据结构的内存管理

到目前为止，我们一直在回避内存管理的问题，并假设数据结构的初始内存分配应该是足够的，至少对于没有使整个操作变成单线程的无锁数据结构来说是如此。本章讨论的锁保护和非顺序一致的数据结构就没有这个问题：在锁或独占所有权下，只有一个线程在操作特定的数据结构，因此其内存分配方式和平常一样。

对于无锁数据结构，内存分配是一个重大挑战。这通常是一个相对较长的操作，尤其是在必须将数据复制到新位置的情况下。

尽管多个线程都可能会检测到数据结构内存不足，但通常只有一个线程可以添加新内存，其余线程则必须等待。这个问题没有很好的通用解决方案，但我们可提供以下几个建议。

首先，最好的选择是完全避免这个问题。在很多情况下，当需要一个无锁数据结构时，可以估计其最大容量并预先分配内存。例如，我们可能知道要入队的数据元素的总数。或者，也可以将问题推回到调用方：我们可以告诉调用方数据结构容量不足，而不是增加内存。在某些问题中，这对于无锁数据结构的性能来说可能是可以接受的折中方案。

其次，如果需要添加内存，则最好只是添加内存而不需要复制整个现有数据结构。

这意味着我们不能简单地分配更多内存并将所有内容复制到新位置。相反，我们必须将数据存储在固定大小的内存块中，就像 std::deque 那样。当需要更多内存时，可以再分配一个块，通常有几个指针需要改变，但不需要复制数据。

　　在内存分配完成的情况下，出现内存不足一定是一个不常见的事件。否则，我们几乎可以肯定，使用受锁或临时独占所有权保护的单线程数据结构会更好。这一罕见事件的性能并不重要，我们可以简单地锁定整个数据结构，并让一个线程进行内存分配和所有必要的更新。关键要求是尽可能快地制作公共执行路径，即不需要更多内存的执行路径。

　　该思路很简单：我们当然不想每次都获取每个线程的内存锁，这样会序列化整个程序。我们也不需要这样做，因为大多数时候都不存在内存不足的问题，也不需要这个锁。因此，我们将检查一个原子标志。仅当当前正在进行内存分配时才设置该标志，并且此时所有线程都必须等待。

```
std::atomic<int> wait;        // 管理内存时为 1
if (wait == 1) {
    … 等待内存分配完成 …
}
if ( … 内存不足 … ) {
    wait = 1;
    … 分配更多内存 …
    wait = 0;
}
… 正常进行操作 …
```

　　这里的问题是，多个线程可能会在其中一个设置等待标志之前同时检测到内存不足情况，然后它们都会尝试向数据结构添加更多内存。这通常会造成竞争（重新分配底层存储很少是线程安全的）。针对这个问题有一种简单的解决方案，称为双重检查锁定（double-checked locking）。它同时使用互斥锁（或其他锁）和原子标志。如果没有设置标志，则一切都很好，可以照常进行；如果设置了标志，则必须获取锁并再次检查标志。

```
std::atomic<int> wait;        // 管理内存时为 1
std::mutex lock;
while (wait == 1) {};         // 正在进行内存分配
if ( … 内存不足 … ) {
    std::lock_guard g(lock);
    if ( … 内存不足 … ) {     // 我们先来！
        wait = 1;
        … 分配更多内存 …
        wait = 0;
    }
```

```
}
... 正常进行操作 ...
```

第一次，在没有任何锁定的情况下检查内存不足情况。这很快，而且在大多数情况下不会出现内存不足的问题。

第二次，在锁下检查，保证一次只有一个线程正在执行。可能会有多个线程检测到内存不足，但是，第一个获得锁的线程是先来的，所以它将处理这种情况，其他线程都必须等待锁；当它们获得锁时，会再次检查（这就是双重检查锁定的含义），然后将发现不再有内存不足的问题了。

这种方法可以推广到处理任何很少发生的特殊情况，相形之下，如果要以无锁方式实现，则会困难得多。在某些情况下，它甚至可能对诸如空队列之类的情况有用。如前文所述，如果两组线程不必相互交互，则处理多个生产者或多个使用者只需要一个简单的原子递增索引即可。在一个特定的应用程序中，如果我们保证队列很少变空，则可以使用一种对非空队列来说非常快（无等待）的实现，而在队列可能为空的情况下则回退到使用全局锁。

在对顺序数据结构（sequential data structure）有了足够详细的了解之后，接下来是研究节点数据结构（nodal data structure）的时候了。

7.5　线程安全列表

到目前为止，我们所研究的都是顺序数据结构，其数据存储在一个数组中（或者至少是一个由内存块组成的概念数组）。现在我们将考虑一种完全不同类型的数据结构，其中数据通过指针链接在一起。最简单的例子是每个元素单独分配的列表（list），但我们在这里讨论的所有内容都适用于其他节点容器，例如树（tree）、图（graph）或任何其他每个元素单独分配，并且数据通过指针链接在一起的数据结构。

7.5.1　列表的挑战

为简单起见，我们将考虑一个单链表。在 STL 中，它可以作为 std::forward_list 使用，如图 7.24 所示。

因为每个元素都是单独分配的，所以也可以单独释放。一般来说，轻量级内存分配器即可适用于这些数据结构，其中内存以大块的形式分配，这些块被划分为节点大小的片段。当一个节点被释放时，内存不会返回给操作系统，而是被放在一个空闲列表中供下一个分配请求。就我们的目的而言，内存是直接从操作系统分配还是由专门的分配器处理在很大程度上无关紧要（尽管后者通常效率更高）。

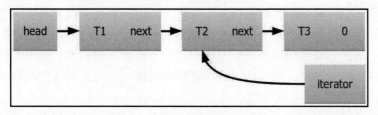

图 7.24　带有迭代器的单链表

原　　文	译　　文
iterator	迭代器

列表迭代器在并发程序中带来了额外的挑战。正如在图 7.24 中看到的，这些迭代器可以指向列表中的任何地方。如果从列表中删除一个元素，我们期望它的内存最终可用于构造和插入另一个元素（如果不这样做并保留所有内存直到整个列表被删除，则重复添加和删除一些元素可能会浪费很多内存）。但是，如果有指向它的迭代器，则不能删除列表节点。在单线程程序中固然如此，在并发程序中管理通常要困难得多。

在并发程序中，由于多个线程可能与迭代器一起工作，因此通常无法通过操作的执行流程来保证没有迭代器指向将要删除的元素。在这种情况下，需要迭代器来延长它们指向的列表节点的生命周期。当然，这是引用计数智能指针（如 std::shared_ptr）的工作。

让我们从现在开始假设列表中的所有指针，包括将节点链接在一起的指针和迭代器内部的指针，都是智能指针（std::shared_ptr 或具有更强线程安全保证的类似指针）。

就像我们对顺序数据结构所做的一样，对线程安全列表数据结构的第一次尝试应该是一个锁保护的实现。一般而言，在知道自己可以使用一个无锁数据结构之前，永远不要设计无锁数据结构：开发无锁代码可能很酷，但要在其中查找错误绝对会让你苦不堪言。

就像我们之前所做的那样，必须重新设计接口的一部分，因此所有操作都是事务性的。例如，无论列表是否为空，pop_front() 都应该工作。

我们可以用锁保护所有操作。对于诸如 push_front() 和 pop_front() 之类的操作，可以期待它们将获得与之前观察到的栈或队列类似的性能。但是，列表也给我们带来了之前没有遇到过的额外挑战。

首先，列表支持在任意位置插入。在使用 std::forward_list 列表的情况下，insert_after() 将在迭代器指向的元素之后插入一个新元素。如果同时在两个线程上插入两个元素，则我们希望的是插入同时进行，除非这两个位置彼此靠近并影响同一个列表节点。但是，我们不能用一个锁来保护整个列表。考虑到需要很长时间运行的操作，例如在列表中搜索具有所需值（或满足某些其他条件）的元素，情况会更糟。我们必须为整个搜索操作锁定列表，因此在遍历列表时不会向列表添加或删除元素。当然，如果需要频繁执行搜索，则列表不是正确的数据结构，但是树和其他节点数据结构也有同样的问题：如果需要遍历数据结构的大部分，则锁会一直持有整个操作，防止所有其他线程访问甚至与当前操作的节点无关的节点。

当然，如果你从未遇到过这些问题，则不必担心。如果你的列表仅从前端和后端访问，那么锁保护的列表可能就足够了。正如我们多次看到的，在设计并发数据结构时，不必要的通用性是障碍，仅构建自己需要的结构即可。

当然，在大多数情况下，节点数据结构不仅仅从后端访问，或者在树或图的情况下，实际上没有任何后端。如果程序大部分时间都在操作这个数据结构，那么锁定整个数据结构以便一次只能被一个线程访问是不可接受的。

你可能会考虑的下一个想法是分别锁定每个节点。在使用列表的情况下，可以为每个节点添加一个自旋锁，并在需要更改它时锁定该节点。遗憾的是，这种方法遇到了所有基于锁的解决方案的祸根：死锁。任何需要在多个节点上操作的线程都必须获得多个锁。假设线程 A 持有节点 1 上的锁，现在它需要在节点 2 之后插入一个新节点，因此它也尝试获取该锁。同时，线程 B 持有节点 2 上的锁，它想删除节点 1 之后的节点，因此它试图获取节点 1 上的锁。这两个线程将永远等待。除非我们对线程访问列表的方式（在任何时候只持有一个锁）实施非常严格的限制，否则这个问题是无法避免的，因为线程可以按任意顺序获取很多的锁，这意味着我们将冒着很大的活锁的风险，很多线程会不断释放和重新获取锁。

如果真的需要一个列表或另一个并发访问的节点数据结构，则必须想出一个无锁实现。如前文所述，无锁代码不容易编写，更难正确编写。一般来说，更好的选择是提出一种不需要线程安全节点数据结构的不同算法。

通常而言，这可以通过将全局数据结构的一部分复制到特定于线程的数据结构中来完成，然后由单个线程访问。在计算结束时，所有线程的片段再次放在一起。

有时，对数据结构进行分区会更容易，因此不会有节点被同时访问（例如，可以将图分区并在一个线程上处理每个子图，然后处理边界节点）。但是，如果你真的需要一个线程安全的节点数据结构，则 7.5.2 节将解释它所面临的问题，并为你提供一些实现选项。

7.5.2　无锁列表

无锁列表（lock-free list）或任何其他节点容器背后的基本思想非常简单，它基于比较和交换（compare-and-swap，CAS）来操作指向节点的指针。

让我们从更简单的操作（即插入）开始。图 7.25 描述的是在列表头部的插入，在任何其他节点之后的插入工作方式是一样的。

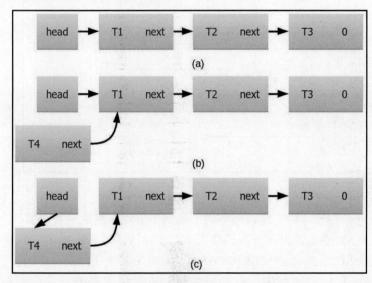

图 7.25　在单链表的头部插入一个新节点

假设我们想在图 7.25（a）所示的列表的头部插入一个新节点。第一步是读取当前头指针，即指向第一个节点的指针。然后创建具有所需值的新节点，它的下一个指针与当前的头指针相同，所以这个节点链接到当前第一个节点之前的列表中，如图 7.25（b）所示。此时，新节点还不能被任何其他线程访问，因此可以并发访问数据结构。最后执行比较和交换（CAS），如果当前的头指针仍然没有改变，则用指向新节点的指针以原子方式替换它，如图 7.25（c）所示。如果头指针不再具有第一次读取时的值，则需要读取新值，将其写入新节点的下一个指针，然后再次尝试原子 CAS。

这是一个简单而可靠的算法。它是我们在第 6 章中讨论的发布协议的推广：新数据是在一个线程上创建的，不用考虑线程安全问题，因为其他线程还不能访问它。

最后一个动作是，线程通过以原子方式改变可以访问所有数据的根指针（在我们的示例中是列表的头部）来发布数据。如果要在另一个节点之后插入新节点，则将以原子方式更改该节点的下一个指针。唯一的区别是多个线程可能同时尝试发布新数据。为了避免数据竞争，必须使用比较和交换。

现在来考虑一下相反的操作——删除列表的前端节点。这也分 3 步完成，如图 7.26 所示。

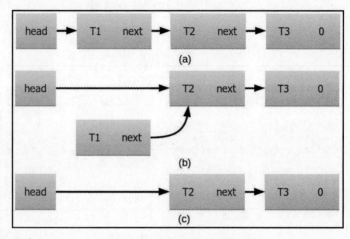

图 7.26　单链表头部的无锁移除

首先，读取头指针，用它来访问链表的第一个节点，然后读取它的下一个指针，如图 7.26（a）所示。然后，以原子方式将下一个指针的值写入头指针，如图 7.26（b）所示，但前提是头指针没有改变（使用 CAS）。此时，其他任何线程都无法访问之前的第一个节点，但线程仍然拥有头指针的原始值，可以使用它来删除已删除的节点，如图 7.26（c）所示。这同样是简单而可靠的。但是，当我们尝试将这两种操作结合起来时就会出现问题。

假设两个线程同时对列表进行操作。线程 A 试图删除列表的第一个节点。第一步是读取头指针和指向下一个节点的指针；这个指针即将成为列表的新头，但比较和交换（CAS）还没有发生。目前，头指针没有变化，新的头指针是一个 head'，它只存在于线程 A 的某个局部变量中。图 7.27（a）捕获了这一时刻。

就在此时，线程 B 成功移除了链表的第一个节点。然后它也将删除下一个节点，使列表处于图 7.27（b）所示的状态（线程 A 没有取得更多进展）。

然后线程 B 在链表的头部插入一个新节点，如图 7.27（c）所示。当然，由于两个被删除节点的内存被释放，节点 T4 的新分配重用了旧分配，因此节点 T4 被分配在与原来的节点 T1 相同的地址。只要已删除节点的内存可用于新分配，这很容易发生；事实上，大多数内存分配器更愿意返回最近释放的内存，假设它在 CPU 的缓存中仍然处于活跃状态。

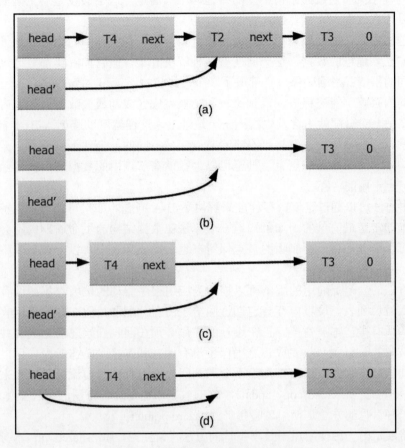

图 7.27　单链表头部的无锁插入和移除

　　现在，线程 A 终于再次运行，它即将执行的操作是比较和交换（CAS）：如果头指针自上次线程 A 读取以来没有改变，则新的头指针变为 head'。

　　遗憾的是，就线程 A 而言，头指针的值仍然相同，因为它无法观察到整个更改的历史。CAS 操作成功，新的头指针指向节点 T2 以前所在的未使用的内存，而节点 T4 不再可访问，如图 7.27（d）所示。整个列表已损坏。

　　这种故障机制在无锁数据结构中很常见，以至于它有一个专有的名称：A-B-A 问题（A-B-A problem）。这里的 A 和 B 指的是内存位置，问题是数据结构中的某个指针将其值从 A 更改为 B，然后又返回到 A。

　　另一个线程仅观察初始值和最终值，根本看不到任何变化。比较和交换操作成功，执行路径为程序员假定数据结构不变的路径。糟糕的是，这个假设是不正确的：数据结构几乎可以任意改变，除了观察到的指针的值恢复到以前的值。

该问题的根源在于，如果内存被释放和重新分配，则内存中的指针或地址并不能唯一标识存储在该地址的数据。这个问题有多种解决方案，但它们其实都是通过不同的方式完成相同的事情：必须确保一旦读取了一个最终将被比较和交换（CAS）使用的指针，则该地址的内存就不能被释放，直到比较和交换完成（成功或失败）。如果内存没有被释放，那么另一个分配就不会发生在同一个地址上，这样就可以避免 A-B-A 问题。

请注意，"不释放内存"与"不删除节点"是不同的：当然可以使节点无法从其余的数据结构中访问（删除节点），甚至可以为存储在节点中的数据调用析构函数，只是无法释放节点占用的内存。

有很多方法可以通过延迟内存释放来解决 A-B-A 问题。如果可能，采用特定于应用程序的选项通常是最简单的。如果知道一个算法在数据结构的生命周期内不会删除许多节点，则可以简单地将所有删除的节点保留在延迟释放列表中，以便在删除整个数据结构时删除。

这种方法的一个更通用的版本可以描述为应用程序驱动的垃圾收集：所有释放的内存首先进入垃圾列表。垃圾内存会定期返回给主内存分配器，但在此垃圾回收期间，对数据结构的所有操作都被暂停。正在进行的操作必须在回收开始之前完成，并且所有新操作都会被阻塞，直到回收完成。这确保了没有比较和交换（CAS）操作可以跨越垃圾收集的时间间隔，因此，任何操作都不会遇到回收的内存。目前流行且一般来说非常有效的读取-复制-更新（read-copy-update，RCU）技术也是这种方法的一种变体。

还有一种常见的方法是使用风险指针（hazard pointer）。

本书将展示另一种使用原子共享指针的方法（请注意，std::shared_ptr 本身不是原子的，但该标准包含了对共享指针进行原子操作的必要函数，或者可以为特定的应用程序编写自己的函数并使其更快）。让我们重新看一下图 7.27（b），但现在让所有指针都是原子共享指针。只要至少有一个这样的指向节点的指针，该节点的内存就不能被释放。在相同的事件序列中，线程 A 仍然具有指向原始节点 T1 的旧头指针，以及指向节点 T2 的预期新头指针 head'，如图 7.28 所示。

如图 7.28 所示，线程 B 已经从链表中删除了两个节点，但是内存并没有被释放。新节点 T4 被分配在某个其他地址，不同于所有当前分配的节点的地址。这样，当线程 A 恢复执行时，它会发现新的链表头与旧的头指针的值不同，比较和交换（CAS）将失败，线程 A 将再次尝试该操作。此时，它会重新读取头指针（并获取节点 T3 的地址）。

头指针的旧值现在不见了，由于它是指向节点 T1 的最后一个共享指针，因此该节点没有更多引用并被删除。

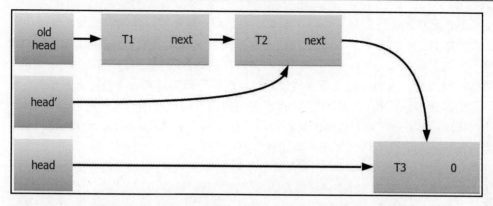

图 7.28　在具有共享指针的单链表的头部进行无锁插入和移除

原　文	译　文
old head	旧头指针

　　类似地，一旦共享指针 head'被重置为其新的预期值（节点 T3 的下一个指针），则节点 T2 就被删除。现在节点 T1 和 T2 都没有指向它们的共享指针，因此最终被删除。

　　当然，这需要注意在前面的插入操作。为了允许在任何地方插入和删除，我们必须将所有指向节点的指针变成共享指针。这包括所有节点的下一个指针以及指向隐藏在列表迭代器中的节点的指针。

　　这样的设计还有另一个主要优点：可以解决与插入和删除操作同时发生的列表遍历（如搜索操作）的问题。

　　如果一个列表节点被删除，同时又有一个迭代器指向该节点（见图 7.29），则该节点将保留已分配的内存，并且迭代器有效。即使我们移除下一个节点（T3），它也不会被释放，因为有一个共享指针指向它（节点 T2 的下一个指针）。迭代器可以遍历整个列表。

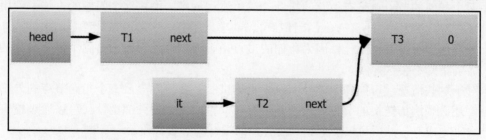

图 7.29　具有原子共享指针的无锁列表的线程安全遍历

原　文	译　文
it	迭代器

当然，这种遍历可能包括不再在链表中的节点，即不能再从链表的头部到达的节点。这是并发数据结构的特性：没有以有意义的方式来获取列表的当前内容，知道列表内容的唯一方式是从头到最后一个节点迭代。但是，当迭代器到达列表的末尾时，之前的节点可能已经改变，遍历的结果不再是最新的。这种思维方式需要一些时间来适应。

我们不会展示无锁列表与锁保护列表的任何基准测试，因为这些基准测试必须特定于应用程序。如果只对列表头部的插入和删除进行基准测试（push_front()和 pop_front()），自旋锁保护的列表会更快（原子共享指针并不便宜）。

另一方面，如果要对同时插入和搜索进行基准测试，则可以根据需要使无锁列表更快：遍历 1M 元素的列表，同时锁保护列表始终锁定，而无锁列表可以在每个线程上同时进行迭代，以及插入和删除。不管原子指针有多慢，只要让无锁列表足够长，它就会更快。

这并不是一个毫无道理的观察结果：如果应用程序需要执行将长时间锁定列表的操作，那么，除非可以按某种方式对列表进行分区，否则难以避免死锁。如果确实需要执行长时间锁定列表的操作，那么无锁列表是迄今为止最快的。如果只需要迭代几个元素，而不是同时在许多不同的位置迭代，则使用锁保护列表即可。

我们列出的 A-B-A 问题和解决方案不仅适用于列表，还适用于所有节点数据结构，如双向链表、树和图等。

在由多个指针链接的数据结构中，可能会遇到其他问题。

首先，即使所有的指针都是原子的，一个接一个地改变两个原子指针也不是原子操作，这会导致数据结构出现暂时的不一致。例如，你可能期望从一个节点到下一个节点并返回到上一个节点会让你回到原始节点，但在并发的情况下，情况并非总是如此：如果在此位置插入或删除了节点，则其中一个指针可能会在另一个指针之前更新。

第二个问题与共享指针或任何其他使用引用计数的实现有关：如果数据结构有指针循环，即使没有更多外部引用，循环中的节点也不会被删除。最简单的例子是双向链表，其中两个相邻的节点总是有彼此的指针。在单线程程序中解决这个问题的方法是使用弱指针（在双向链表中，所有 next 指针都可以共享，所有 previous 指针都是弱指针）。这对于并发程序来说效果不佳，因为我们的重点是延迟内存的释放，直到不再有对它的引用，而弱指针不会这样做。

对于这些情况，可能需要额外的垃圾收集机制：在删除最后一个指向节点的外部指针后，还必须遍历链接的节点并检查是否有任何指向它们的外部指针（可以通过检查引用计数来完成），然后可以安全删除没有外部指针的列表片段。

对于此类数据结构，可能首选其他方法，例如风险指针或显式垃圾收集。读者应参考有关无锁编程的专业出版物，以获取有关这些方法的更多信息。

有关并发编程的高性能数据结构的讨论到此结束。

7.6 小　结

如果说本章有一条最重要的经验的话，那么这条经验就是：为并发程序设计数据结构很困难，你应该抓住一切机会简化它。在设计和使用数据结构时，与特定应用程序相关的限制可用于使它们更简单和更快速。

你必须做出的第一个决定是代码的哪些部分需要线程安全，哪些不需要。一般来说，最好的解决方案是让每个线程都有自己要处理的数据：单个线程使用的任何数据根本不需要线程安全。

如果无法做到这一点，则可以寻找其他与特定应用程序相关的限制：是否有多个线程修改特定的数据结构？如果只有一个写入者线程，则实现通常会更简单。是否有任何可以利用的与特定应用程序相关的保证？知道数据结构最大是多少吗？是否需要在删除数据结构中数据的同时进行添加操作？是否可以及时将这些操作分开？是否存在某些数据结构不发生变化的明确定义的时期？如果是这样，那么不需要任何同步来读取它们。像这样的与特定应用程序相关的限制可用于大大提高数据结构的性能。

第二个重要决定是：你将支持对数据结构进行哪些操作？提供支持的另一种方式是实现最小的必要接口。实现的任何接口都必须是事务性的，即每个操作都必须针对数据结构的任何状态具有明确定义的行为。任何只有在数据结构处于某种状态时才有效的操作都不能在并发程序中安全地调用，除非调用方使用客户端锁定将多个操作组合成一个事务（在这种情况下，这些操作可能应该是一个操作）。

本章还介绍了若干种实现不同类型数据结构的方法，以及评估其性能的方法。虽然只有在实际应用程序的上下文环境中使用实际数据才能最终获得准确的性能测量，但是，有用的近似基准测试仍可以在潜在替代方案的开发和评估过程中节省大量时间。

在第 8 章中将讨论 C++标准对并发的支持。

7.7 思　考　题

（1）为线程安全而设计的数据结构接口最关键的特性是什么？

（2）为什么功能受限的数据结构通常比它们的通用变体更有效？

（3）无锁数据结构总是比基于锁的数据结构快吗？

（4）在并发应用程序中管理内存的挑战是什么？

（5）什么是 A-B-A 问题？

第 8 章　C++中的并发

本章的目的是介绍最新添加到 C++语言中的并发编程特性，包括 C++17 和 C++20 标准。虽然现在谈论使用这些特性以获得最佳性能的实践为时尚早，但我们可以描述它们的作用以及编译器支持的当前状态。

本章包含以下主题：

- ❑ C++11 中的并发支持。
- ❑ C++17 中的并行 STL 算法。
- ❑ C++20 中的协程。

学习本章后，你将了解 C++提供的帮助编写并发程序的功能。本章并不是 C++并发特性的综合手册。相反，它是对可用语言功能的一种概述，是你可以进一步探索你所感兴趣的主题的起点。

8.1　技　术　要　求

如果想试验最新的 C++版本提供的语言功能，则需要一个非常新的编译器。对于某些功能，可能还需要安装其他工具。我们将在描述特定语言功能时指出这一点。

本章附带的代码可在以下网址找到。

https://github.com/PacktPublishing/The-Art-of-Writing-Efficient-Programs/tree/master/Chapter08

8.2　C++11 中的并发支持

在 C++11 之前，C++标准没有提到并发。当然，在实践中，程序员早在 2011 年之前就用 C++编写了多线程和分布式程序。这之所以成为现实，是因为编译器编写者自愿采用额外的限制和保证，通常是通过遵守 C++标准（针对语言）和其他标准（如 POSIX）来实现并发支持。

C++11 通过引入 C++内存模型（memory model）改变了这一点。内存模型描述了线程如何通过内存进行交互。C++语言第一次在并发性方面打下了坚实的基础。当然，其直接的实际影响相当小，因为新的 C++内存模型与大多数编译器编写者已经支持的内存模型非常相似。这些模型之间仅存在一些细微的差异，新标准只不过是保证了这些程序的可移植行为。

新标准更实际的用途是直接支持多线程的几种语言特性。首先，该标准引入了线程的概念。虽然对线程行为的保证很少，但大多数实现只是使用系统线程来支持 C++线程。这在最低级别的实现中没问题，但对于除最简单的程序之外的任何程序都是不够的。例如，为程序必须执行的每个独立任务创建一个新线程的简单尝试几乎肯定会失败：启动新线程需要时间，而且很少有操作系统可以有效地处理数百万个线程。另一方面，对于实现线程调度程序的开发人员来说，C++线程接口没有提供对线程行为的足够控制（大多数线程属性是与特定操作系统相关的）。

其次，该标准还引入了几个同步原语，用于控制对内存的并发访问。该语言提供了 std::mutex，它通常使用常规系统互斥锁实现（在 POSIX 平台上，这通常是 POSIX 互斥锁）。该标准提供了互斥锁的定时和递归变体（同样，这也遵守 POSIX 标准）。为简化异常处理，应避免直接锁定和解锁互斥锁，以支持 RAII 模板 std::lock_guard。为了安全地锁定多个互斥锁，而没有死锁的风险，该标准提供了 std::lock()函数（虽然它可以保证没有死锁，但它使用的算法是未指定的，具体实现的性能差异很大）。

另一个常用的同步原语是条件变量 std::condition_variable，以及相应的等待和信令操作。此功能也严格遵循相应的 POSIX 特性。

此外，它还支持低级原子操作 std::atomic，以及诸如比较和交换（CAS）之类的原子操作和内存顺序说明符。我们在第 5～7 章中介绍了它们的行为和应用。

最后，该语言添加了对异步执行的支持：可以使用 std::async 异步调用函数（可能在另一个线程上）。虽然这可能支持并发编程，但实际上，此功能对于高性能应用程序几乎完全无用。大多数实现要么提供非常有限的并行性，要么在自己的线程上执行每个异步函数调用。大多数操作系统在创建和加入线程方面有相当高的开销（在 IBM 开发的 AIX 操作系统上，其并发编程非常简单，每个任务都可以启动一个线程，如果需要，它甚至支持数百万个线程，这是唯一能这样做的操作系统，在其他操作系统上，这么做必然导致一团乱麻）。

总的来说，就并发而言，C++11 在概念上向前迈出了一大步，但提供的直接实际收益有限。C++14 的改进集中在其他地方，所以在并发方面没有什么值得注意的变化。

接下来，让我们看看 C++17 有哪些新的发展。

8.3　C++17 中的并发支持

C++17 带来了一项重大进步，并对与并发相关的功能进行了一些调整。我们先快速介绍一下对相关功能的调整。C++11 中引入的 std::lock()函数现在具有相应的 RAII 对象 std::scoped_lock。它添加了共享互斥锁 std::shared_mutex，也称为读写互斥锁（read-write mutex），同样，它也匹配了相应的 POSIX 特性。只要多个线程不需要对锁定资源的独占访问，该互斥锁就允许多个线程继续运行。一般来说，此类线程执行只读操作，而写线程则需要独占访问，因此称为读写锁（read-write lock）。理论上这是一个很聪明的想法，但大多数实现表明它提供的性能不尽如人意。

新标准值得一提的是它的一个新特性，它允许确定 L1 缓存的缓存行大小，使用的是 std::hardware_corruption_interference_size 和 std::hardware_constructive_interference_size。这些常量有助于创建避免错误共享的缓存优化数据结构。

现在来看看 C++17 中的主要新特性——并行算法（parallel algorithm）。熟悉的 STL 算法现在有了并行版本（总的来说，并行算法集通常被称为并行 STL）。std::for_each 的基本调用代码如下。

```
std::vector<double> v;
… 添加数据到 v …
std::for_each(v.begin(), v.end(),[](double& x){ ++x; });
```

在 C++17 中，可以要求该库在所有可用处理器上并行执行此计算。

```
std::vector<double> v;
… 添加数据到 v …
std::for_each( std::execution::par,
              v.begin(), v.end(),[](double& x){ ++x; });
```

STL 算法的并行版本现在有了一个新的参数：执行策略。请注意，该执行策略不是单一类型，而是模板参数。

该标准提供了几种执行策略，上述代码中使用的并行策略 std::execution::par 允许算法在多个线程上执行。线程的数量和计算在线程内的划分方式是未指定的，并且取决于实现。顺序策略 std::execution::seq 可在单个线程上执行算法，与在没有任何策略的情况下（或在 C++17 之前）执行的方式相同。

还有一个并行的未排序策略 std::execution::par_unseq。这两种并行策略之间的区别很微妙，但对它们的理解很重要。该标准表示，未排序策略允许在单个线程内交错计算，从而允许额外的优化，如向量化。但是，优化编译器在生成机器代码时可以使用像 AVX

这样的向量指令，并且不需要任何来自 C++源代码的帮助：编译器只是找到向量化机会并用向量指令替换常规的单字指令。那么，这里究竟有什么不同呢？

为了理解未排序策略的性质，必须考虑一个更复杂的例子。假设我们不是要简单地操作每个元素，而是想要执行一些使用共享数据的计算。

```cpp
double much_computing(double x);
std::vector<double> v;
… 添加数据到 v …
double res = 0;
std::mutex res_lock;
std::for_each(std::execution::par, v.begin(), v.end(),
    [&](double& x){
        double term = much_computing(x);
        std::lock_guard guard(res_lock);
        res += term;
    }
);
```

上述示例会对每个向量元素进行一些计算，然后累加结果的总和。计算本身可以并行完成，但累加计算必须由锁保护，因为所有线程都会增加相同的共享变量 res。

由于锁定，并行执行策略可以安全使用。但是，在这里不能使用无序策略。如果同一个线程同时（交错）处理多个向量元素，那么它可能会尝试多次获取相同的锁。这是一个有保证的死锁，如果一个线程持有锁并试图再次锁定它，则第二次尝试将被阻塞，并且线程无法继续前进到它应该解锁其锁的点。

该标准调用了诸如我们在上一个示例中使用的向量化不安全（vectorization-unsafe）之类的代码，并声明此类代码不应与未排序策略（std::execution::par_unseq）一起使用。

现在我们已经在理论上了解了并行算法是如何工作的，那么实际该怎么使用呢？这并不困难，但是也有一些地方要注意，下面进行具体讲解。

在可以实际使用并行算法之前，必须做一些工作来准备构建环境。一般来说，要编译 C++程序，只需要安装所需的编译器（如 GCC）即可，但并行算法并非如此。到目前为止，其安装过程有些烦琐。

最新版本的 GCC 和 Clang 包括并行 STL 头文件（在某些安装中，Clang 需要安装 GCC，因为它使用 GCC 提供的并行 STL）。问题出现在较低级别。这两个编译器使用的运行时线程系统是英特尔线程构建块（threading building block，TBB），它作为一个库提供，带有自己的一组头文件。这两个编译器都没有在其安装中包含 TBB。更复杂的是，每个版本的编译器都需要相应版本的 TBB，更早的版本和更新的版本都不起作用（故障可能在编译和链接时表现出来）。

要运行与 TBB 链接的程序，可能需要将 TBB 库添加到库路径中。

一旦解决了这些问题并配置了编译器和必要库的工作安装，则使用并行算法并不比使用任何 STL 代码更难。那么，它的扩展效应如何？我们可以运行一些基准测试。

让我们从没有任何锁的 std::for_each 开始，并为每个元素进行大量计算（函数 work() 的成本是很高昂的，确切的操作对于我们当前关注的扩展效应并不重要）。

parallel_algorithm.C

```
std::vector<double> v(N);
std::for_each(std::execution::par,
              v.begin(), v.end(),[](double& x){ work(x); });
```

图 8.1 显示了在两个线程上运行的顺序版本与并行版本的性能。

```
BM_foreach/32768        16.5685M items/s
BM_foreach_par/32768    25.8462M items/s
```

图 8.1　在两个 CPU 上并行 std::for_each 的基准测试

可以看到，扩展效应还算不错。请注意，向量大小 N 相当大，有 32 K 个元素。对于较大的向量，扩展性确实有所改善。但是，对于相对较少的数据，并行算法的性能则很差，如图 8.2 所示。

```
BM_foreach/1024         19.035M items/s
BM_foreach_par/1024     11.3053M items/s
```

图 8.2　短序列的并行 std::for_each 的基准测试

对于 1024 个元素的向量，并行版本比顺序版本慢。原因是执行策略在每个并行算法开始时启动所有线程并在最后加入它们。启动新线程需要大量时间，因此当计算时间很短时，开销会超过我们从并行性中获得的任何加速。这不是标准强加的要求，而是 GCC 和 Clang 中并行 STL 的当前实现管理其与 TBB 系统交互的方式。

当然，并行算法提高性能的大小取决于硬件、编译器及其并行性的实现，以及每个元素的计算量。例如，我们可以尝试一个非常简单的按元素计算。

```
std::for_each(std::execution::par,
              v.begin(), v.end(),[](double& x){ ++x; });
```

现在处理相同的 32 K 元素向量则没有获得并行性的好处，如图 8.3 所示。

```
BM_foreach/32768        4.32752G items/s
BM_foreach_par/32768    2.3405G items/s
```

图 8.3　使用低成本的按元素计算执行的并行 std::for_each 的基准测试

对于更大的向量，除非内存访问速度限制了单线程和多线程版本的性能（这是一个非常受内存限制的计算），否则并行算法可能会领先。

也许更令人印象深刻的是更难以并行化的算法的性能，如 std::sort。

```
std::vector<double> v(N);
std::sort(std::execution::par, v.begin(), v.end());
```

其测试结果如图 8.4 所示。

```
BM_sort/32768          63.7289M items/s
BM_sort_par/32768     107.261M items/s
```

图 8.4　并行 std::sort 的基准测试

同样，在并行算法生效之前，我们需要足够多的数据（对于 1024 个元素，单线程排序更快）。这是一项了不起的成就：排序并不是最容易并行化的算法，而且双精度（比较和交换）上的每个元素计算成本很低。尽管如此，并行算法仍显示出非常好的加速比，如果元素比较更昂贵，那么它还会变得更好。

你可能想知道并行 STL 算法如何与你的线程交互，也就是说，如果同时在两个线程上运行两个并行算法会发生什么？

首先，就像在多个线程上运行的任何代码一样，必须要确保线程安全（无论使用哪一种排序，在同一个容器上并行运行两种排序都是一个坏主意）。除此之外，你会发现多个并行算法共存得很好，但是你无法控制作业调度：它们中的每一个都试图在所有可用的 CPU 上运行，因此它们会竞争资源。根据各种算法的扩展程度，并行运行多个算法可能会也可能不会获得更高的整体性能。

总的来说，我们可以得出结论，并行版本的 STL 算法在处理足够大的数据量时可以提供非常好的性能（当然，这个所谓的"足够大"取决于特定的计算）。可能需要额外的库来编译和运行使用并行算法的程序，并且配置这些库可能需要一些经验。此外，并非所有的 STL 算法都有它们的并行等价物（例如，std::accumulate 就没有）。

接下来，我们将介绍 C++20。

8.4　C++20 中的并发支持

C++20 在多个地方对现有的并发支持添加了一些增强功能，但我们将重点讨论其主要的新增功能：协程（coroutine）。

一般来说，协程是可以被中断和恢复的函数。它们在一些主要应用程序中很有用，因为它们可以大大简化编写事件驱动程序的过程。对于工作窃取线程池来说，协程几乎是不可避免的，并且它们将使编写异步 I/O 和其他异步代码变得更加容易。

8.4.1　协程的基础知识

协程有两种样式：有栈式（stackful）和无栈式（stackless）。

❑　有栈式协程有时也称为纤程（fiber），就是为每个协程创建一个单独的栈，以用于处理函数调用。

❑　无栈式协程就像它的名称所揭示的那样，没有相应的栈分配，它们的状态存储在堆（heap）上。

一般来说，有栈式协程更强大、更灵活，但无栈式协程效率要高得多。

本书将专注于无栈式协程，因为这是 C++20 所支持的。这是一个不同以往的概念，在演示 C++特定的语法和示例之前，需要对其进行一些解释。

常规 C++函数始终具有相应的栈帧（stack frame）。只要函数在运行，这个栈帧就一直存在，所有的局部变量和其他状态都存储在栈帧中。以下是一个简单的函数 f()。

```
void f() {
    …
}
```

该函数有一个相应的栈帧。函数 f()可以调用另一个函数 g()。

```
void g() {
    …
}
void f() {
    …
    g();
    …
}
```

函数 g()也有一个在函数运行时存在的栈帧，如图 8.5 所示。

当函数 g()退出时，它的栈帧被销毁，只剩下函数 f()的栈帧。

相比之下，无栈式协程的状态不是存储在栈上，而是存储在堆上，这种分配称为激活帧（activation frame）。激活帧与协程句柄（coroutine handle）相关联。协程句柄是一个充当智能指针的对象，函数调用可以由它进行和从它返回，但只要句柄没有被销毁，激活帧就会持续存在。

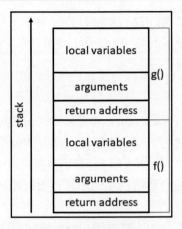

图 8.5　常规函数的栈帧

原　　文	译　　文	原　　文	译　　文
stack	栈	arguments	实参
local variables	局部变量	return address	返回地址

　　协程也需要栈空间，例如，如果它调用其他函数，该空间分配在调用方的栈上。以下是它的工作原理（真正的 C++语法是不同的，所以现在可将与协程相关的代码视为伪代码）。

```
void g() {
    …
}
void coro() {                            // 协程
    …
    g();
    …
}
void f() {
    …
    std::coroutine_handle<???> H;        // 不是真正的语法
    coro();
    …
}
```

对应的内存分配如图 8.6 所示。

　　函数 f()可创建一个协程句柄对象，该对象拥有激活帧。然后它调用协程函数 coro()。在这一点上有一些栈分配，特别是，协程在栈上存储了返回地址——如果挂起，它将返回该地址（请记住，协程可以挂起自己的函数）。

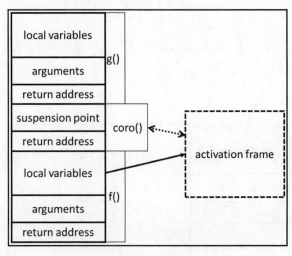

图 8.6　协程调用

原　　文	译　　文	原　　文	译　　文
activation frame	激活帧	return address	返回地址
local variables	局部变量	suspension point	挂起点
arguments	实参		

协程可以调用另一个函数 g()，并在栈上分配 g()的栈帧。此时，协程不能再挂起自己，只能从协程函数的顶层挂起。

无论由谁调用，函数 g()都以相同的方式运行并最终返回，这会销毁其栈帧。协程现在可以挂起自己，所以不妨假设它就会这么做。

这是有栈式协程和无栈式协程的主要区别：有栈式协程可以在任意深度的函数调用处挂起，并且可以从该点恢复。但是这种灵活性在内存方面有很高的成本，尤其是运行时。相比之下，无栈式协程由于状态分配有限，其效率更高。

当协程挂起自身时，恢复它所需的部分状态存储在激活帧中。然后协程的栈帧被销毁，控制权返回给调用方，直到协程被调用。

如果协程运行到完成，则也会发生同样的情况，但是调用方有一种方法可以找出协程是挂起还是已完成。调用方继续其执行并可能调用其他函数。

```
void h() {
    …
}
void coro() {…}          // 协程
```

```
void f() {
    …
    std::coroutine_handle<???> H;          // 不是真正的语法
    coro();
    h();                                    // coro()挂起后调用
    …
}
```

内存分配如图 8.7 所示。

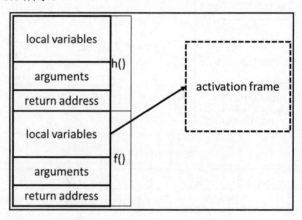

图 8.7   协程暂停，执行继续

原　　文	译　　文	原　　文	译　　文
activation frame	激活帧	arguments	实参
local variables	局部变量	return address	返回地址

请注意，协程没有对应的栈帧，只有堆分配的激活帧。只要句柄对象还处于活动状态，协程就可以恢复。它不必是调用和恢复协程的同一个函数。

例如，如果函数 h()可以访问句柄，则可以恢复它。

```
void h(H) {
    H.resume();                             // 不是真正的语法
}
void coro() {…}                             // 协程
void f() {
    …
    std::coroutine_handle<???> H;          // 不是真正的语法
    coro();
    h(H);                                   // coro()挂起后调用
    …
}
```

协程从它挂起的点恢复。它的状态从激活帧中恢复，任何必要的栈分配都将照常进行，如图 8.8 所示。

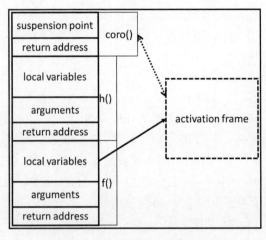

图 8.8　协程从不同的函数中恢复

原　　文	译　　文	原　　文	译　　文
activation frame	激活帧	return address	返回地址
local variables	局部变量	suspension point	挂起点
arguments	实参		

最终，协程完成，句柄被销毁。这会释放与协程关联的所有内存。

下面总结了有关 C++20 协程的重要知识。

❑　协程是可以自行挂起的函数。这与挂起线程的操作系统不同，挂起协程是由程序员显式完成的（协作多任务）。

❑　与和栈帧相关联的常规函数不同，协程具有的是句柄对象。只要句柄处于活动状态，协程状态就会一直存在。

❑　协程挂起后，控制权返回给调用方，调用方继续以与协程完成相同的方式运行。

❑　协程可以从任何位置恢复，它不必是调用方本身。此外，协程甚至可以从不同的线程恢复（下文可看到一个示例）。协程从挂起点恢复并继续运行，就好像什么也没发生一样（但可能在不同的线程上运行）。

现在来看看所有这些是如何在真正的 C++中完成的。

8.4.2　协程 C++语法

现在来看看用于协程编程的 C++语言结构。

首要任务是获得支持此功能的编译器。GCC 和 Clang 的最新版本都支持协程，但方式不同。对于 GCC 来说，需要版本 11 或更高版本。对于 Clang 来说，在版本 10 中添加了部分支持，并在以后的版本中进行了改进，尽管仍然是"实验性的"。

首先，为了编译协程代码，需要在命令行上有一个编译器选项（仅使用--std=c++20 选项启用 C++ 20 是不够的）。

- ❑ 对于 GCC，选项是-fcoroutines。
- ❑ 对于 Clang，选项是-stdlib=libc++-fcoroutines-ts。
- ❑ 最新版本的 Visual Studio 不需要除/std:c++20 之外的其他选项。

其次，需要包含协程头文件。在 GCC 和 Visual Studio（及其标准）中，头文件是 #include <coroutine>，并且它声明的所有类都在命名空间 std 中。在 Clang 中，头文件是 #include <experimental/coroutine>，并且命名空间是 std::experimental。

声明一个协程并没有特殊的语法：协程在语法上只是普通的 C++函数，使它们成为协程的是挂起操作符 co_await 或其变体 co_yield 的使用。

当然，在函数体中调用这些操作符之一是不够的：C++中的协程对其返回类型有严格的要求。标准库没有提供声明这些返回类型和使用协程所需的其他类的帮助。该语言仅提供了使用协程进行编程的框架。因此，直接使用 C++20 构造的协程代码非常冗长、重复，并且包含大量样板代码。在实践中，每个使用协程的程序员都会使用几个可用的协程库之一。

对于实际编程，也应该如此。本书展示了用 C++编写的示例。我们这样做是因为不想将你引向任何特定的库，因为那样做会掩盖对真正发生的事情的理解。对协程的支持是最近才出现的，并且库正在迅速发展。我们希望你在 C++级别而不是在特定库呈现的抽象级别理解协程代码，然后你应该根据自己的需要选择一个库并使用其抽象。

对与协程相关的语法结构的全面描述非常不直观：它是一个框架，而不是一个库。出于这个原因，我们将使用示例来完成演示的其余部分。如果你真的想了解协程的所有语法要求，则必须查找最近的出版物（或阅读相关的标准）。但是，本章提供的示例能让你对协程可以做什么有足够的了解，你也可以阅读协程库的说明文档并在程序中使用它。

8.4.3　协程示例

第一个示例可能是 C++中协程最常见的用法（标准提供了一些明确设计的语法）。我们将实现一个惰性生成器（lazy generator）。该生成器是生成数据序列的函数，每次调用该生成器时，都会获得序列的一个新元素。顾名思义，惰性生成器是一种按需计算元素的生成器。

以下是一个基于 C++ 20 协程的惰性生成器。

coroutines_generator1.C

```
generator<int> coro(){
    for (int i = 0;; ++i) {
        co_yield i;
    }
}
int main() {
    auto h = coro().h_;
    auto& promise = h.promise();
    for (int i = 0; i < 3; ++i) {
        std::cout << "counter: " << promise.value_ <<
            std::endl;
        h();
    }
    h.destroy();
}
```

这是非常低级的 C++代码，很少见到，但它使得我们可以解释所有步骤。

首先，协程 coro()看起来像任何其他函数，co_yield 操作符除外。co_yield 操作符可挂起协程并将值 i 返回给调用方。因为协程是挂起的，不是终止的，所以该操作符可以被执行多次。就像任何其他函数一样，协程在控制到达右大括号时终止；此时，它无法恢复。可以通过执行语句 co_return 随时退出协程（不应使用常规的 return 语句）。

其次，协程的返回类型（generator）是我们即将定义的一种特殊类型。它有很多要求，这导致出现冗长的样板代码（任何协程库都会预定义此类类型）。可以看到，generator 包含一个嵌套的数据成员 h_，这是协程句柄。该句柄的创建也导致了激活帧的创建。句柄与一个 promise 对象相关联，这与 C++ 11 中的 std::promise 完全无关。事实上，它根本不是标准类型之一：我们必须根据标准中列出的一组规则来定义它。在执行结束时，句柄被销毁，这也销毁了协程状态。因此，句柄实际上类似于指针。

最后，句柄是一个可调用对象。调用句柄会恢复协程，句柄会生成下一个值并立即再次挂起自己，因为 co_yield 操作符在循环中。

通过为协程定义适当的返回类型，将这些联系在了一起。就像 STL 算法一样，整个系统都受惯例约束：对这个过程中涉及的所有类型都有期望，如果不满足这些期望，则某些地方将无法编译。

现在来看看 generator 类型。

```
template <typename T> struct generator {
```

```
struct promise_type {
    T value_ = -1;
    generator get_return_object() {
        using handle= std::coroutine_handle<promise_type>;
        return generator{handle::from_promise(*this)};
    }
    std::suspend_never initial_suspend() { return {}; }
    std::suspend_never final_suspend() noexcept { return
        {}; }
    void unhandled_exception() {}
    std::suspend_always yield_value(T value) {
        value_ = value;
        return {};
    }
};
std::coroutine_handle<promise_type> h_;
};
```

首先，return 类型不必从模板生成。我们可以声明一个整数生成器。一般来说，它是根据生成的序列中元素的类型参数化的模板。

其次，其名称 generator 并没有什么特别之处，可以随意调用此类型（大多数库都提供类似的模板并将其称为 generator）。

另一方面，嵌套类型 generator::promise_type 必须调用 promise_type，否则程序将无法编译。通常而言，嵌套类型本身被称为其他类型，并使用类型别名。

```
template <typename T> struct generator {
    struct promise { … };
    using promise_type = promise;
};
```

promise_type 类型必须是 generator 类的嵌套类型（或者，一般来说，是协程返回的任何类型），但是 promise 类不必是嵌套类。通常而言是如此，但也可以在外部声明。

这里强制的是 promise 类型的一组必需成员函数，包括它们的签名。请注意，某些成员函数被声明为 noexcept。这也是要求的一部分：如果省略此规范，程序将无法编译。当然，如果不抛出异常，任何函数都可以声明为 noexcept。

对于不同的生成器，这些所需函数的主体可能更复杂。我们将简要描述它们各自的作用。

❑ 第一个非空函数 get_return_object()是样板代码的一部分，通常看起来与之前的函数完全一样。该函数从一个句柄构造一个新的生成器，而句柄又是从一个

promise 对象构造的。编译器调用该函数来获取协程的结果。

❑ 第二个非空函数是 yield_value()，每次调用操作符 co_yield 时都会调用该函数。其参数是 co_yield 值，将值存储在 promise 对象中，这是协程常见的将结果传递给调用方的方式。

❑ 第一次遇到 co_yield 时，编译器会调用 initial_suspend()函数。协程通过 co_return 产生最后的结果后将调用 final_suspend()函数，之后不能挂起。

❑ 如果协程在没有 co_return 的情况下结束，则调用 return_void()方法。

❑ 如果协程抛出一个异常，则调用 unhandled_exception()方法。

可以自定义这些方法以对每种情况进行特殊处理，尽管有些方法很少会被使用。

现在来看看它们是如何结合在一起为我们提供一个惰性生成器的。

首先，创建协程句柄。在本示例中，不会保留 generator 对象，而只保留句柄。这不是必须的，我们也可以保留 generator 对象并销毁其析构函数中的句柄。协程会一直运行，直至遇到 co_yield 并挂起自身；控制权由调用方返回，而 co_yield 的返回值在 promise 中被捕获。调用程序将检索该值并通过调用句柄恢复协程。协程将从它挂起的点开始运行，直至遇到下一个 co_yield。

该生成器可以永远运行（或者直至达到平台上的最大整数值），序列永远不会结束。如果需要一个有限长度的序列，则可以执行 co_return 或者在序列结束后退出循环。

参考以下代码。

```
generator<int> coro(){
    for (int i = 0; i < 10; ++i) {
        co_yield i;
    }
}
```

现在我们有一个 10 元素的序列。在尝试恢复协程之前，调用方必须检查句柄成员函数 done()的结果。

如前文所述，协程可以从代码中的任何地方恢复（当然是在它被挂起之后）。它甚至可以从不同的线程恢复。在这种情况下，协程开始在一个线程上执行、被挂起，然后在另一个线程上运行其剩余的代码。

来看一个示例。

coroutines_change_threads.C

```
task coro(std::jthread& t) {
    std::cout << "Coroutine started on thread: " <<
        std::this_thread::get_id() << '\n';
```

```
        co_await awaitable{t};
        std::cout << "Coroutine resumed on thread: " <<
            std::this_thread::get_id() << '\n';
        std::cout << "Coroutine done on thread: " <<
            std::this_thread::get_id() << '\n';
}
int main() {
        std::cout << "Main thread: " <<
            std::this_thread::get_id() << '\n';
        std::jthread t;
        coro(t);
        std::cout << "Main thread done: " <<
            std::this_thread::get_id() << std::endl;
}
```

这里我们需要先了解一个细节: std::jthread 是 C++ 20 新增的标准, 它只是一个可加入的线程, 被加入到对象的析构函数中(几乎所有使用线程的程序员都为此写了一个类, 但现在有一个标准的了)。

现在可以转到重要的部分——协程本身。

首先, 来看看协程的返回类型。

```
struct task{
    struct promise_type {
        task get_return_object() { return {}; }
        std::suspend_never initial_suspend() { return {}; }
        std::suspend_never final_suspend() noexcept { return {}; }
        void return_void() {}
        void unhandled_exception() {}
    };
};
```

这实际上是协程的最小可能返回类型: 它包含所有必需的样板文件, 仅此而已。具体来说, 该返回类型是一个定义嵌套类型 promise_type 的类。该嵌套类型必须定义多个成员函数, 如上述代码所示。上一个示例中的 generator 类型除具有这些, 还包括一些用于将结果返回给调用方的数据。当然, 该任务也可以根据需要具有内部状态。

与上一个示例相比, 本示例的第二个变化是任务挂起的方式: 我们使用了 co_await 而不是 co_yield。操作符 co_await 实际上是最通用的挂起协程的方式, 就像 co_yield 一样, 它可以挂起函数并将控制权返回给调用方。不同之处在于参数类型, co_yield 返回一个结果, 而 co_await 的参数则是一个具有通用功能的 awaiter 对象。同样, 对此对象的类型也有特定要求。如果满足要求, 则该类称为 awaitable, 这种类型的对象是一个有效的 awaiter

（如果不满足要求，则某些地方将无法编译）。

以下是我们的 awaitable。

```
struct awaitable {
    std::jthread& t;
    bool await_ready() { return false; }
    void await_suspend(std::coroutine_handle<> h) {
        std::jthread& out = t;
        out = std::jthread([h] { h.resume(); });
    }
    void await_resume() {}
    ~awaitable() {}
    awaitable(std::jthread& t) : t(t) {}
};
```

awaitable 所需的接口是 3 个函数。

第 1 个函数是 await_ready()，在协程挂起后调用。如果它返回 true，则协程的结果已经准备好，没有必要真的挂起协程。在实践中，它几乎总是返回 false，从而导致协程挂起：协程的状态（如局部变量和挂起点）都存储在激活帧中，并将控制权返回给调用方或恢复者。

第 2 个函数是 await_resume()，在协程恢复后继续执行之前调用。如果它返回结果，则是整个 co_await 操作符的结果（在我们的例子中没有结果）。

第 3 个函数是 await_suspend()，当一个协程被挂起时，它会用当前协程的句柄调用，并且可以有若干种不同的返回类型和值。如果它返回 void，就像本示例这样，则协程被挂起，控制权返回给调用方或恢复者。不要被本示例中 await_suspend() 的内容所迷惑，它不会恢复协程。相反，它会创建一个新线程来执行一个可调用对象，并且正是这个对象恢复了协程。该协程可能会在 await_suspend() 完成后或仍在运行时恢复，因此，此示例实际上演示了将协程用于异步操作。

综合起来，可得到以下顺序。

（1）主线程调用协程。

（2）协程被操作符 co_await 挂起。该过程涉及对 awaitable 对象的成员函数的多次调用，其中一个可创建一个新线程，其负载将恢复协程（移动分配线程对象的操作已经完成，因此我们将在主程序中删除新线程并避免一些竞争状况）。

（3）控制权返回给协程的调用方，所以主线程从协程调用后的那一行继续运行。如果主线程在协程完成之前到达，那么它将阻塞在线程对象 t 的析构函数中。

（4）协程由新线程恢复，并从 co_await 之后的那一行继续在该线程上执行。由

co_await 构造的 awaitable 对象被销毁。协程运行到最后，全都在第二个线程上。到达协程的末尾意味着它已经完成，就像其他函数一样。现在可以加入运行协程的线程。如果主线程正在等待线程 t 的析构函数完成，那么它现在将解除阻塞并加入线程（如果主线程还没有到达析构函数，那么当它到达时不会阻塞）。

该顺序也可以由程序的输出确认。

```
Main thread: 140003570591552
Coroutine started on thread: 140003570591552
Main thread done: 140003570591552
Coroutine resumed on thread: 140003570587392
Coroutine done on thread: 140003570587392
```

可以看到，协程 coro() 首先在一个线程上运行，然后在执行过程中更改为另一个线程。如果它有任何局部变量，则这些变量将通过此转换被保留。

如前文所述，co_await 是挂起协程的通用操作符。实际上，co_yield x 操作符等效于 co_await 的特定调用，如下所示。

```
co_await promise.yield_value(x);
```

上述代码中的 promise 是与当前协程句柄关联的 promise_type 对象。单独使用操作符 co_yield 的原因是，从协程内部访问自己的 promise 会导致非常冗长的语法，因此标准添加了一个快捷方式。

这些示例演示了 C++ 中协程的功能。协程被认为有用的情况是工作窃取（将协程的执行转移到另一个线程很容易）、惰性生成器和异步操作（I/O 和事件处理）。尽管如此，C++ 协程出现的时间还不够长，还没有出现任何应用模式，因此技术社区尚未提出使用协程的最佳实践。同样，现在谈论协程的性能还为时过早，我们必须等待编译器支持成熟并开发出更大规模的应用程序。

总的来说，在忽略并发多年之后，C++ 标准正在跃马扬鞭，加速追赶。

8.5　小　　结

C++ 11 是第一个承认线程存在的标准版本。它为记录并发环境中 C++ 程序的行为奠定了基础，并在标准库中提供了一些有用的功能。在这些功能中，基本的同步原语和线程本身是最有用的。后续版本以相对较小的增强功能扩展并完善了这些功能。

C++ 17 带来了并行 STL 形式的重大进步。当然，其性能是由具体实现决定的。只要数据语料库足够大，即使在搜索和分区等难以并行化的算法上，观察到的性能也相当不错。但是，如果数据序列太短，则并行算法实际上会降低性能。

　　C++ 20 添加了协程支持。我们已经在理论上和一些基本示例中了解了无栈式协程的工作原理。但是，现在谈论使用 C++ 20 协程的性能和最佳实践还为时过早。

　　对并发的探索至此结束。接下来，我们继续学习 C++语言本身的使用对程序性能的影响方式。

8.6　思　考　题

　　（1）为什么 C++ 11 奠定的并发编程基础很重要？

　　（2）如何使用并行 STL 算法？

　　（3）什么是协程？

第 3 篇

设计和编写高性能程序

本篇旨在帮助你将迄今为止学到的知识应用于编写C++程序的实践中。你将了解哪些语言特性有助于实现更好的性能，哪些会导致意外的低效率，以及如何帮助编译器生成更好的目标代码。最后，还将学习着眼于性能的程序设计艺术。

本篇包括以下章节：

第 9 章　高性能 C++

从本章开始，我们将讨论重点从硬件资源的优化使用转移到特定编程语言的优化应用。到目前为止，我们所学的一切都可以直接应用到任何语言的任何程序中，但本章不同，我们将讨论适用于 C++的特性。你将了解到 C++语言的哪些功能可能会导致性能问题以及如何避免这些问题。

本章包含以下主题：
- ❑　C++语言的效率和开销。
- ❑　注意使用 C++语言结构时可能存在的低效率。
- ❑　避免低效的 C++代码。
- ❑　优化内存访问和条件操作。

9.1　技术要求

本章需要一个 C++编译器和一个微基准测试工具，例如在前面章节中使用的 Google Benchmark 库，其网址如下。

https://github.com/google/benchmark

本章附带的代码可在以下网址找到。

https://github.com/PacktPublishing/The-Art-of-Writing-Efficient-Programs/tree/master/Chapter09

本章还需要一种方法来检查编译器生成的汇编代码：许多开发环境都有显示汇编的选项，GCC 和 Clang 可以产生汇编代码而不是目标代码；调试器和其他工具可以从目标代码生成汇编（反汇编）。使用哪种工具取决于个人喜好。

9.2　关于编程语言的效率

程序员经常谈论一种语言是否高效。特别是 C++的开发目标更明确，即效率。但与此同时,它在某些圈子中也有"低效"的名声。这是为什么呢?

效率在不同的情况下或对不同的人可能意味着不同的事情。例如:

❑ C++设计遵循零开销(zero overhead)原则,即除了少数例外,程序员无须为任何不使用的功能支付任何运行时成本。从这个意义上说,它达到了语言效率的极限。

❑ 显然,程序员必须为使用的语言功能付出一些代价,至少在它们转换为某些运行时工作时必须如此。C++非常擅长不需要任何运行时代码来完成可以在编译期间完成的工作(尽管编译器的实现和标准库的效率各不相同)。一种高效的语言不会为执行请求的工作而必须生成的代码增加任何开销,同样,C++在这方面也表现得非常好。当然,这也是有代价的,程序员必须非常熟悉它才行。

❑ 如果上述情况属实,那么,C++又是如何从某些人那里获得"低效"标签的?现在我们从另一个角度来看待效率:用这种语言编写高效的代码有多容易?答案是:虽然C++能非常有效地完成程序员要求它完成的工作,但是,在语言中准确表达程序员想要的内容并不总是那么容易,而且,编写代码的自然方式有时会强加给程序员不想要并且可能没有意识到的额外要求或约束,而这些约束具有运行成本。

从语言设计者的角度来看,最后一个问题并不是语言效率低下的问题:程序员让机器执行任务 X 和 Y,执行任务 X 和 Y 需要时间,所以语音并没有做超出要求的任何事情。但是从程序员的角度来看,如果程序员只想执行任务 X 而不关心 Y(但没有准确表达自己的意思,从而让机器以为要同时执行任务 X 和 Y),那么程序员就有可能认为这是一种低效的语言。

因此,在编写代码时,程序员应该清楚而准确地表达希望机器做什么,本章的目标正是在这方面帮助你。

你可能认为你的主要受众是编译器:通过准确描述你想要什么以及编译器可以自由更改的内容,你可以让编译器自由生成更高效的代码。但是,对于程序的读者来说其实也是一样的,他们只能推断出你在代码中表达的内容,而不能推断出你打算表达的内容。如果代码改变了其行为的某些方面,优化代码是否安全?这种行为是故意的还是可以改变的实现上的问题?这里有必要强调的是,编程主要是与同行进行交流的一种方式,然后才是与机器进行交流的方式。

我们将从看似容易避免的简单低效率代码开始讨论,说是简单,但即使是一些老练程序员的代码也可能会出现此类问题。

9.3　不必要的复制

不必要的对象复制可能是 C++被贴上"低效"标签原因中的第一名。最主要的原因是它很容易做到，并且很难注意到。考虑以下代码：

```
std::vector<int> v = make_v(… 一些参数 …);
do_work(v);
```

在这个程序中制作了向量 v 的多少个副本？答案取决于函数 make_v()和 do_work()的详细信息以及编译器优化。这个小例子涵盖了我们将要讨论的该语言的几个微妙之处。

9.3.1　复制和参数传递

我们将从函数 do_work()开始进行研究。这里重要的是声明：如果函数通过引用获取参数，则无论是否为 const，都不会进行复制。

```
void do_work(std::vector<int>& vr) {
    … vr 是对 v 的引用 …
}
```

如果函数使用值传递，则必须进行复制。

```
void do_work(std::vector<int> vc) {
    … vc 是 v 的副本 …
}
```

如果向量很大，则复制向量是一项成本高昂的操作，因为必须复制向量中的所有数据。这是一个昂贵的函数调用。如果工作本身不需要向量的副本，那么它也非常低效。例如，如果只需要计算向量中所有元素的总和（或其他函数），则并不需要副本。

这乍一看似乎不是我们想要的，函数调用本身并没有说是否要复制副本，但它就是会复制副本。进行复制的决定是由函数的实现者做出的，只有在考虑了要求和算法的选择后才能做出这种决定。这也是我们要强调的：程序员应该清楚而准确地表达希望机器做什么，如果是程序员表达不清楚（或对语言的理解不深），则显然不能责怪语言低效。

对于前面提到的累加所有元素总和的问题，正确的决定显然是通过（const）引用传递向量，如下所示。

```
void do_work(const std::vector<int>& v) {
    int sum = 0;
```

```
    for (int x: v) sum += x;
    … 使用 sum …
}
```

在这种情况下，使用传值（pass-by-value）是一种明显的低效率，它可能被认为是一个错误，但它发生的频率比想象的要高。特别是，它出现在模板代码中，开发者只考虑了小而轻的数据类型，但最终代码的使用比预期的更广泛。

另一方面，如果我们需要创建参数的副本作为满足函数要求的一部分，则使用参数传递会与其他方法一样好。

```
void do_work(std::vector<int> v) {
    for (int& x : v) x = std::min(x, 255);
    … 对新值进行计算 …
}
```

上述代码中，在进一步处理数据之前，需要对数据应用所谓的限定循环。假设我们多次读取限定值，为每次访问调用 std::min()可能比创建结果的缓存副本效率更低。我们也可以进行显式复制，效率可能会稍微高一些，但这种优化不应该仅限于猜测，它只能通过一个基准测试来得出明确的答案。

C++ 11 引入了移动语义（move semantics）作为对不必要复制的部分回答。在我们的例子中可以观察到，如果函数参数是一个右值（rvalue），则可以按任何我们想要的方式使用它，包括改变它（调用方在调用完成后无法访问该对象）。利用移动语义的常见方法是使用右值引用版本重载函数。

```
void do_work(std::vector<int>&& v) {
    … 可以更改 v 数据 …
}
```

当然，如果对象本身支持移动，那么简单传值版本就会焕发出新的光彩。参考以下代码：

```
void do_work(std::vector<int> v) {
    … 破坏性地使用 v …
}
std::vector<int> v1(…);
do_work(v1);                        // 制作本地副本
do_work(std::vector<int>(…));       // 右值
```

第一次调用 do_work()使用了左值（lvalue）参数，因此在函数内部创建了一个本地副本（该参数是按值传递的）。第二次调用 do_work()使用了右值或未命名的临时值。由于向量有一个移动构造函数，函数参数将移动（未复制）到其参数中，并且移动向量非常快。通过函数的单一实现，没有任何重载，即可有效地处理右值和左值参数。

现在我们已经看到了两个极端的例子。在第一个示例中，不需要参数的副本，创建这样一个副本就是低效的。在第二个示例中，制作副本是一个合理的做法。正如我们即将看到的，并非所有情况都属于这些极端之一。

9.3.2　将复制作为一种实现技术

还有一种中间立场，即所选择的实现需要参数的副本，但实现本身并不是最佳的。例如，考虑以下需要按排序顺序打印向量的函数。

01_vector_sort.C

```
void print_sorted(std::vector<int> v) {
    std::sort(v.begin(), v.end());
    for (int x: v) std::cout << x << "\n";
}
```

对于整数向量，这可能是最好的方法。我们对容器本身进行排序并按顺序打印。因为不应该修改原始容器，所以我们需要一个副本，而且利用编译器来制作一个副本也没有错。但是，如果向量的元素不是整数而是一些大对象呢？在这种情况下，复制向量需要大量内存，而排序则需要花费大量时间来复制大对象。因此，更好的实现可能是在不移动原始对象的情况下创建和排序指针向量。

01_vector_sort.C

```
template <typename T>
void print_sorted(const std::vector<T>& v) {
    std::vector<const T*> vp; vp.reserve(v.size());
    for (const T& x: v) vp.push_back(&x);
    std::sort(vp.begin(), vp.end(),
        [](const T* a, const T* b) { return *a < *b;});
    for (const T* x: vp) std::cout << *x << "\n";
}
```

我们一再强调，永远不要猜测性能，因此需要通过基准测试来确认。在本示例中，由于对已经排序的向量进行排序不需要任何复制，因此基准测试的每次迭代都需要一个新的、未排序的向量，如下所示。

01_vector_sort.C

```
void BM_sort(benchmark::State& state) {
    const size_t N = state.range(0);
```

```
std::vector<int> v0(N); for (int& x: v0) x = rand();
std::vector<int> v(N);
for (auto _ : state) {
    v = v0;
    print_sorted(v);
}
state.SetItemsProcessed(state.iterations()*N);
}
```

当然，在这里我们应该禁用实际打印，因为本示例的重点并不是 I/O 基准测试。另一方面，我们应该在未排序的情况下对向量复制进行基准测试，这样就知道在设置测试上花费了多少测量时间。

该基准测试证实，对于整数，复制整个向量并对副本进行排序会更快，如图 9.1 所示。

```
BM_sort_cpy/1024/real_time_median                16926 ns    57.6958M items/s
BM_sort_ptr/1024/real_time_median                18450 ns    52.9291M items/s
BM_sort_cpy/1048576/real_time_median          86244760 ns    11.5949M items/s
BM_sort_ptr/1048576/real_time_median         134682075 ns     7.42489M items/s
```

图 9.1　整数向量排序的基准测试（直接复制与间接指针对比）

请注意，如果向量很小并且所有数据都可以放入低级缓存，则无论采用哪种方式处理都非常快，并且速度差异很小。如果对象很大且复制成本很高，则间接访问变得相对更高效，如图 9.2 所示。

```
BM_sort_cpy/1024/real_time_median               187240 ns     5.21558M items/s
BM_sort_ptr/1024/real_time_median                79852 ns    12.2296M items/s
BM_sort_cpy/1048576/real_time_median         884212444 ns     1.13095M items/s
BM_sort_ptr/1048576/real_time_median         383868169 ns     2.60506M items/s
```

图 9.2　大对象向量排序基准测试（直接复制与间接指针对比）

当实现需要复制对象时，还有另一种特殊情况，这也是接下来我们将要讨论的内容。

9.3.3　复制以存储数据

在 C++中，我们会遇到另一种数据复制的特殊情况。它常发生在类构造函数中，其中对象必须存储数据的副本，因此必须创建一个长期副本，其生命周期超过构造函数调用的生命周期。考虑以下示例：

```
class C {
    std::vector<int> v_;
    C(std::vector<int> ??? v) { … v_ 是 v 的副本 … }
};
```

上述代码的目的是制作副本。其低效的原因是制作多个中间副本或制作不必要的副本。完成此操作的标准方法是通过 const 引用获取对象并在类中进行复制。

```
class C {
    std::vector<int> v_;
    C(const std::vector<int>& v) : v_(v) { … }
};
```

如果构造函数的参数是一个左值，则这已经做到了尽可能高效。但是，如果参数是一个右值（一个临时值），则更应该将它移到类中并且根本不进行复制。这需要构造函数的重载，示例如下。

```
class C {
    std::vector<int> v_;
    C(std::vector<int>&& v) : v_(std::move(v)) { … }
};
```

其缺点是需要编写两个构造函数，而且，如果构造函数接收多个参数，并且每个参数都需要复制或移动，则情况会变得更糟。按照这种模式，我们需要 6 个构造函数重载来处理 3 个参数。

另一种方法是通过值传递所有参数并从参数移动，示例代码如下。

```
class C {
    std::vector<int> v_;
    C(std::vector<int> v) : v_(std::move(v))
    { … 这里不使用 v !!! … }
};
```

请务必记住，参数 v 现在是一个处于移动状态的对象，不应在构造函数的主体中使用它。如果参数是左值，则创建一个副本来构造参数 v，然后移动到类中。如果参数是右值，则将其移入参数 v 并再次移入类中。如果对象移动的成本很低，则此模式非常有效。但是，如果对象移动的成本很高，或者根本没有移动构造函数（所以它们被复制），最终会复制两个而不是一个。

到目前为止，我们一直专注于将数据放入函数和对象中的问题。但是，当我们需要返回结果时，也会发生复制。此时的考虑完全不同，需要单独审查。

9.3.4 复制返回值

本节开头的示例包括两种复制，特别是以下一行。

```
std::vector<int> v = make_v(… 一些参数 …);
```

这意味着结果向量 v 是从另一个向量创建的，该向量由函数 make_v()返回。

02_rvo.C

```
std::vector<int> make_v(… 一些参数 …) {
    std::vector<int> vtmp;
    … 添加数据到 vtmp …
    return vtmp;
}
```

理论上，这里可以进行不止一次复制：将局部变量 vtmp 复制到函数 make_v()的（未命名的）返回值中，进而复制到最终的结果 v 中。

但是，在实践中，这并不会发生。首先，make_v()的未命名临时返回值被移动而不是被复制到 v 中。最有可能的是，这也不会发生。如果你使用自己的类而不是 std::vector 尝试此代码，则将看到既没有使用复制也没有使用移动构造函数。

02_rvo.C

```
class C {
    int i_ = 0;
    public:
    explicit C(int i) : i_(i) {
        std::cout << "C() @" << this << std::endl;
    }
    C(const C& c) : i_(c.i_) {
        std::cout << "C(const C&) @" << this << std::endl;
    }
    C(C&& c) : i_(c.i_) {
        std::cout << "C(C&&) @" << this << std::endl;
    }
    ~C() { cout << "~C() @" << this << endl; }
    friend std::ostream& operator<<(   std::ostream& out,
                                       const C& c) {
        out << c.i_; return out;
    }
};
C makeC(int i) { C ctmp(i); return ctmp; }
int main() {
    C c = makeC(42);
    cout << c << endl;
}
```

该程序的输出内容如图 9.3 所示（在大多数编译器上，必须打开一定级别的优化）。

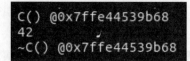

图 9.3　按值返回对象的程序输出

可以看到，只有一个对象被构建和销毁。这是编译器优化的结果。此处使用的特定优化称为返回值优化（return value optimization，RVO）。该优化本身非常简单，编译器识别出所涉及的 3 个对象——局部变量 ctmp、未命名的临时返回值和最终结果 c，这些都是相同的类型。

此外，我们编写的任何代码都不可能同时观察这些变量中的任何两个。因此，在不改变任何可观察行为的情况下，编译器可以对所有 3 个变量使用相同的内存位置。

在调用函数之前，编译器需要分配最终结果 c 将被构造的内存。该内存的地址由编译器传递给函数，用于在同一位置构造局部变量 ctmp。结果就是，当函数 makeC()结束时，根本没有什么可返回：结果已经在它应该在的地方了。简而言之，这就是返回值优化（RVO）。

虽然 RVO 看起来很简单，但它有几个微妙之处。

首先，请记住这是一种优化。这意味着编译器通常不必这样做（如果你的编译器不会进行优化，那么你需要一个更好的编译器）。当然，这是一种非常特殊的优化。一般来说，编译器可以对程序做任何它想做的事情，只要它不改变可观察的行为即可。可观察行为包括输入和输出以及访问易失性存储器。但是，这种优化也导致了一个可观察到的变化：复制构造函数和匹配的析构函数的预期输出无处可见。事实上，这是铁定规则的一个例外：允许编译器消除对复制或移动构造函数和相应析构函数的调用，即使这些函数具有包括可观察行为在内的副作用。此例外不仅限于 RVO。这意味着，一般来说，你不能仅仅因为你编写了一些似乎在执行复制的代码就指望调用复制和移动构造函数。这被称为复制省略（copy elision）。对于移动构造函数，这也称为移动省略（move elision）。

其次，请记住这是一种优化。是的，这和第一点的表述完全一样，但是这一次我们要强调的重点不一样。代码必须先编译，然后才能优化。如果对象没有任何复制或移动构造函数，则此代码将无法编译，并且我们将永远不会进入优化步骤，删除对这些构造函数的所有调用。如果删除示例中的所有复制和移动构造函数，那么这很容易看出。

```
class C {
    …
    C(const C& c) = delete;
    C(C&& c) = delete;
};
```

编译现在将失败。确切的错误消息取决于编译器和 C++标准级别。在 C++ 17 中，它看起来如图 9.4 所示。

```
02b_rvo.C:14:36: error: call to deleted constructor of 'C'
C makeC(int i) { C ctmp(i); return ctmp; }
                                   ^~~~
02b_rvo.C:9:5: note: 'C' has been explicitly marked deleted here
    C(C&& c) = delete;
    ^
```

图 9.4　使用 C++ 17 或 C++ 20 的 Clang 编译输出

有一种特殊情况，即使删除了复制和移动操作，程序也会编译。例如，可以对 makeC() 函数稍作改动，如下所示。

```
C makeC(int i) { return C(i); }
```

这在 C++ 11 或 C++ 14 中没有任何变化。但是，在 C++ 17 及更高版本中，此代码编译良好。请注意其与之前版本的细微差别：返回的对象曾经是一个左值，它有一个名称，现在它是一个右值，是一个未命名的临时变量。这让一切都变得不一样，虽然命名的 RVO（named RVO，NRVO）仍然是一种优化，但自 C++ 17 以来，未命名的 RVO 是强制性的，不再被视为复制省略。相反，该标准说首先不需要复制或移动。

最后，你可能想知道是否必须内联函数，以便编译器在编译函数本身时知道返回值的位置。通过一个简单的测试，你可以说服自己事实并非如此。即使函数 makeC() 在单独的编译单元中，RVO 仍然会发生。因此，编译器必须在调用点将结果的地址发送给函数。如果你根本不从函数返回结果，而是将结果的引用作为附加参数传递，那么你可以自己做类似的事情。当然，必须首先构造该对象，而编译器生成的优化则不需要额外的构造函数调用。

也有人建议不要依赖 RVO，而是强制执行返回值的移动。

```
C makeC(int i) { C c(i); return std::move(c); }
```

这里有争议的是，如果 RVO 没有发生，则程序将承担复制操作的性能损失，而移动操作无论如何成本都很低。但是，这种说法是错误的。要理解原因，请仔细查看图 9.4 中的错误消息：编译器抱怨移动构造函数被删除，即使 ctmp 是左值并且应该被复制。这不是编译器错误，而是反映了标准要求的行为：在可以进行返回值优化但编译器决定不这样做的上下文中，编译器必须首先尝试找到 move 构造函数来返回结果。如果没有找到 move 构造函数，则进行第二次查找；这一次，编译器正在寻找一个复制构造函数。在这两种情况下，编译器确实在执行重载解析，因为可以有许多复制或 move 构造函数。

因此，没有理由编写一个显式的移动：编译器会为我们这样做。但是，这样做的害处是使用显式移动会禁用 RVO；你要求移动，就会得到一个。虽然移动仅可能需要很少的工作，但 RVO 根本不需要工作，并且不需要工作总是比执行一些工作更快。

如果删除移动构造函数而不是复制构造函数会发生什么？在两个构造函数都被删除的情况下编译仍然失败。这是该语言的又一个微妙之处：声明一个已删除的成员函数与不声明任何成员函数是不一样的。

如果编译器对一个 move 构造函数执行重载解析，那么它会找到一个构造函数，即使这个构造函数被删除。编译失败，因为重载解析选择了一个已删除的函数作为最佳（或唯一）重载。如果想要强制使用复制构造函数，则根本不必声明任何 move 构造函数。

现在，你必须看到隐藏在代码每个暗角后面的意外复制对象和影响程序性能的危险。程序员能做些什么来避免无意的复制？稍后我们会有一些建议，但首先，让我们回到已经简单使用过的一种方法——使用指针。

9.3.5　使用指针避免复制

在传递对象时避免复制对象的方式之一是传递指针。如果不必管理对象的生命周期，那么这是最简单的。如果某个函数需要访问一个对象但不需要删除它，则通过引用或原始指针传递对象是最好的方法（在这种情况下，引用实际上只是一个不能为空的指针）。

类似地，我们可以使用指针从函数中返回一个对象，但这需要更加小心。首先，对象必须在堆上分配。绝不能返回对局部变量的指针或引用。来看以下代码。

```
C& makeC(int i) { C c(i); return c; }        // 永远不要这样做
```

其次，调用方现在负责删除对象，所以函数的每个调用方都必须知道对象是如何构造的（运算符 new 是最常见的构造对象的方法，但并不是唯一方法）。这里最好的解决方案是返回一个智能指针。

03_factory.C

```
std::unique_ptr<C> makeC(int i) {
    return std::make_unique<C>(i);
}
```

请注意，即使调用方可能使用共享指针来管理对象的生命周期，这样的工厂函数（factory function）也应该返回唯一指针：从唯一指针移动到共享指针既简单又便宜。

说到共享指针，它们通常用于传递生命周期由智能指针管理的对象。除非意图也是传递对象的所有权，否则这又是一个不必要且低效的复制示例。复制共享指针并不便宜。那么，如果我们有一个由共享指针管理的对象和一个需要对该对象进行操作而不取得所有权的函数，该怎么办？此时可使用原始指针。

```
void do_work1(C* c);
void do_work2(const C* c);
std::shared_ptr<C> p { new C(…) };
do_work1(&*p);
do_work2(&*p);
```

函数 do_work1()和 do_work2()的声明告诉我们程序员的意图：两个函数都操作而不删除对象。第一个函数将修改对象；第二个函数则没有。这两个函数都希望在没有对象的情况下被调用，并将处理这种特殊情况（否则，参数将通过引用传递）。

类似地，只要对象的生命周期在别处管理，就可以创建原始指针的容器。如果希望容器管理其元素的生命周期，但又不想将对象存储在容器中，那么唯一指针的容器就可以完成这项工作。

下面来讨论一些通用指南，以避免不必要的复制及其可能导致的低效率。

9.3.6　避免不必要的复制

如果移动可以实现得比复制更便宜，那么要减少意外的、无意的复制，你可以做的最重要的事情就是确保所有数据类型都是可移动的。如果你有容器库或其他可重用代码，则也应确保它们也支持移动。

下一个建议有点笨拙，但它可以节省大量的调试时间：如果类型复制成本很高，则应从一开始就使它们不可复制。将复制和赋值操作声明为已删除。如果类支持快速移动，则可以改为提供移动操作。这样无疑可防止任何有意或无意的复制。

一般来说，特意需要进行复制的情况很少见，如果要这样做，则可以实现一个特殊的成员函数（如clone()）来创建对象的副本。采用这种方式时，至少所有复制在代码中都是明确可见的。

如果某个类既不可复制也不可移动，则无法将其与 STL 容器一起使用。在这种情况下，唯一指针的容器是一个很好的备选项。

向函数传递参数时，应尽可能使用引用或指针。如果函数需要复制参数，则可以考虑按值传递并从参数移动。请记住，这仅适用于允许移动的类型，请参阅上述第一条准则。

上述传递函数参数的所有指南也可以应用于临时局部变量（毕竟，函数参数基本上是函数作用域中的临时局部变量）。除非你需要副本，否则它们都应该是引用。但是，这并不适用于整数或指针等内置类型，因为复制它们比间接访问更便宜。

在模板代码中，无法知道类型是大还是小，因此通常使用引用，并依靠编译器优化来避免对内置类型进行不必要的间接访问。

从函数返回值时，首选应该是依赖 RVO 和复制省略。仅当发现编译器不执行此优化并且在特定情况下这很重要时，才需要考虑替代方案。这些替代方法是：使用具有输出参数的函数，使用在动态分配的内存中构造结果的工厂函数，并返回拥有的智能指针（如 std::unique_ptr）。

最后，检查算法和实现，特别注意是否有不必要的复制。请记住，恶意复制对性能的影响与无意复制一样糟糕。

C++ 程序低效的第一个根源就是对象的不必要的复制，在了解了这一问题的根源和解决方案之后，让我们来看看紧随其后的第二个因素：低效的内存管理。

9.4　低效的内存管理

C++ 中有关内存管理的内容非常复杂，完全值得用一本专著来进行讨论。有数十篇甚至数百篇论文专门讨论 STL 分配器的问题。因此，本章将择其要者，重点关注几个对性能影响较大的问题。

有些问题有很简单的解决方案，而对于另外一些问题，则只能描述具体现象并概述一些可能的解决方法。

在性能方面，可能会遇到以下两类与内存相关的问题。

（1）使用太多内存：程序耗尽内存，或不满足内存使用要求。

（2）受到内存限制：程序的性能受到内存访问速度的限制。

一般来说，在这些情况下，程序的运行时间与其使用的内存量直接相关，减少内存使用也可能会使程序运行得更快。

本节介绍的内容对处理内存受限程序或需要频繁大量分配内存的程序很有帮助。让我们从内存分配本身的性能影响开始。

9.4.1　不必要的内存分配

与内存使用相关的常见的性能问题之一是不必要的内存分配。这是一个很常见的问题，用类似 C++ 的伪代码描述如下。

```
for ( … 多次迭代 … ) {
    T* buffer = allocate(… size …);
    do_work(buffer);          // 计算使用内存
    deallocate(buffer);
}
```

　　一个编写良好的程序将使用 RAII 类来管理内存释放，但为了清晰起见，我们希望明确进行内存分配和释放。分配操作通常隐藏在管理自己内存的对象中，如 STL 容器。这种程序将大部分时间花在内存分配和释放函数（如 malloc()和 free()）上的情况并不少见。

　　我们可以在一个非常简单的基准测试中看到对性能的影响。

04_buffer.C

```
void BM_make_str_new(benchmark::State & state) {
    const size_t NMax = state.range(0);
    for (auto _ : state) {
        const size_t N = (random_number() % NMax) + 1;
        char * buf = new char[N];
        memset(buf, 0xab, N);
        delete[] buf;
    }
    state.SetItemsProcessed(state.iterations());
}
```

　　这里的工作是通过初始化一个字符串来表示的，random_number()函数可返回随机整数值（它可能只是 rand()，但如果我们预先计算并存储随机数以避免对随机数生成器进行基准测试，则基准测试会更清晰）。

　　可能还需要用点儿技巧让编译器不进行优化：如果通常的 benchmark::DoNotOptimize() 不足以实现这一点，则需要插入一个带有永远不会发生的条件（但编译器不知道）的打印语句，如 rand() < 0。

　　从基准测试中得到的数字本身毫无意义，我们需要将其与某些数据进行比较。在本示例中，基线很容易弄清楚：我们必须做同样的工作，但没有任何内存分配。这可以通过将内存的分配和释放移出循环来完成，因为我们知道最大内存大小。

04_buffer.C

```
char * buf = new char[NMax];
for (auto _ : state) {
    …}
delete[] buf;
```

　　在此类基准测试中观察到的性能差异在很大程度上取决于操作系统和系统库，我们可能会看到类似图 9.5 所示的结果（使用了随机大小最高达 1 KB 的字符串）。

```
Benchmark                                    Time      UserCounters...
BM_make_str_new/1024/real_time/threads      97.5 ns    items_per_second=10.2591M/s
BM_make_str_max/1024/real_time/threads      38.4 ns    items_per_second=26.0226M/s
```

图 9.5　内存分配-释放模式的性能影响

应该注意的是，微基准测试中的内存分配通常比内存分配模式复杂得多的大型程序上下文中的内存分配更有效，因此频繁分配和释放内存给性能带来的实际影响可能更大。即使是在小型基准测试中，每次都需要分配内存的实现的运行速度也是仅一次分配最大可能内存量的版本速度的 40%。

当然，如果提前知道在计算过程中需要的最大内存量，那么预先分配并从一次迭代到下一次重复使用它就是一个简单的解决方案。该解决方案也适用于许多容器：对于向量或双端队列，可以在迭代开始之前保留内存，并利用调整容器大小不会限缩其功能这一事实。

如果事先不知道最大内存大小，则解决方案会稍微复杂一些。这种情况可以使用仅增长缓冲区来处理。这是一个可以增长但永远不会缩小的简单缓冲区。

04_buffer.C

```cpp
class Buffer {
    size_t size_;
    std::unique_ptr<char[]> buf_;
    public:
    explicit Buffer(size_t N) : size_(N), buf_(new char[N]) {}
    void resize(size_t N) {
        if (N <= size_) return;
        char* new_buf = new char[N];
        memcpy(new_buf, get(), size_);
        buf_.reset(new_buf);
        size_ = N;
    }
    char* get() { return &buf_[0]; }
};
```

同样，此代码对于演示和探索也很有用。在实际程序中，你可能会使用 STL 容器或自己的库类，但它们都应该具有增加内存容量的能力。我们可以通过简单地修改基准测试来比较这个仅增长缓冲区的性能与固定大小的预分配缓冲区的性能。

04_buffer.C

```cpp
void BM_make_str_buf(benchmark::State& state) {
    const size_t NMax = state.range(0);
```

```
    Buffer buf(1);
    for (auto _ : state) {
        const size_t N = (random_number() % NMax) + 1;
        buf.resize(N);
        memset(buf.get(), 0xab, N);
    }
    state.SetItemsProcessed(state.iterations());
}
```

同样，在实际程序中，你可能会通过更智能的内存增长策略获得更好的结果（增长略多于请求，因此不必经常增加内存——大多数 STL 容器采用某种形式的这种策略）。但是，我们的演示是希望使事情尽可能简单。在同一台机器上，基准测试的结果如图 9.6 所示。

```
Benchmark                                    Time        UserCounters...
BM_make_str_buf/1024/real_time/threads       52.1 ns     items_per_second=19.1869M/s
```

图 9.6　仅增长缓冲区的性能（与图 9.5 比较）

仅增长缓冲区比固定大小缓冲区慢，但比每次分配和取消分配内存快得多。同样，更好的增长策略将使得该缓冲区更快，接近固定大小缓冲区的速度。

当然这并不是全部。在多线程程序中，良好的内存管理甚至更重要，因为对系统内存分配器的调用不能很好地扩展并且可能涉及全局锁。使用 8 个线程在同一台机器上运行我们的基准测试会产生如图 9.7 所示的结果。

```
Benchmark                                    Time       UserCounters...
BM_make_str_new/1024/real_time/threads:8     19.0 ns    221833648 items_per_second=52.6637M/s
BM_make_str_max/1024/real_time/threads:8     6.26 ns    635820640 items_per_second=159.723M/s
BM_make_str_buf/1024/real_time/threads:8     9.29 ns    451620640 items_per_second=107.635M/s
```

图 9.7　多线程程序中分配-释放模式的性能影响

可以看到，图 9.7 中频繁分配的负面影响甚至更大（仅增长缓冲区也显示了余下的内存分配的成本，并且真正受益于更智能的增长策略）。

基于上述测试结果，可总结如下。

❑　尽可能少地与操作系统交互。如果有一个循环需要在每次迭代时分配和释放内存，则可以在循环之前进行一次性分配。

❑　如果内存分配的大小相同，或者预先知道最大分配大小，则可以对该大小进行一次性分配并保持（当然，如果使用多个缓冲区或容器，则不应尝试将它们硬塞到一个分配中，而是预先为每个缓冲区或容器分配内存）。

❑　如果预先不知道最大分配大小，则可以考虑使用可增长的数据结构，但在工作完成之前不要收缩或释放内存。

　　避免与操作系统交互这一建议在多线程程序中尤为重要，因此，接下来我们将仔细研究并发程序中的内存管理工作。

9.4.2　并发程序中的内存管理

　　由操作系统提供的内存分配器（memory allocator）是一种平衡许多需求的解决方案：在大部分机器上，通常只有一个操作系统，但有许多不同的程序，它们具有独特的需求和内存使用模式。开发人员将非常努力地使其在任何合理的用例中都不会出现严重问题。另一方面，内存分配器很少是任何用例的最佳解决方案。一般来说，这已经足够了，特别是如果能够遵循频繁请求内存建议的话。

　　在并发程序中，内存分配变得更加低效，主要原因是任何内存分配器都必须维护相当复杂的内部数据结构，以跟踪分配和释放的内存。

　　在高性能分配器中，内存被细分为多个区域以将类似大小的分配组合在一起。这以复杂性为代价提高了性能。结果是，如果多个线程同时分配和释放内存，则必须通过锁来保护内部数据的这种管理。这是一个全局锁，针对整个程序，如果经常调用分配器，那么将限制整个程序的伸缩性。

　　此问题最常见的解决方案是使用具有线程本地缓存的分配器，例如流行的 malloc()替换库 TCMalloc。这些分配器可为每个线程保留一定数量的内存：当一个线程需要分配内存时，它首先从线程本地内存区域中获取。这不需要锁，因为只有一个线程与该区域交互。只有当该区域为空时，分配器才必须获取锁并从所有线程之间共享的内存中分配。类似地，当一个线程释放内存时，它被添加到线程特定的区域，同样没有任何锁定。

　　当然，线程本地缓存并非完美无缺，它也有自己的问题。

　　首先，它们总体上倾向于使用更多内存。如果一个线程释放大量内存而另一个线程分配大量内存，则最近释放的内存不会对另一个线程可用（它是释放它的线程的本地内存）。因此，它一方面需要更多内存，另一方面又出现了大量未使用的内存。为了限制这种内存浪费，分配器通常不允许每线程区域的增长超过某个预定义的限制。一旦达到限制，线程本地内存将返回到所有线程共享的主区域（此操作需要锁定）。

　　第二个问题是，如果每个分配都由一个线程拥有，即同一个线程在每个地址分配和释放内存，则这些分配器工作得很好。但是，如果一个线程分配了一些内存，而另一个线程必须释放它，那么这种跨线程释放是困难的，因为内存必须从一个线程的线程本地区域转移到另一个线程（或共享区域）。一个简单的基准测试表明，使用 malloc()或TCMalloc 等标准分配器进行跨线程释放的性能至少比线程拥有的内存差一个数量级。对于任何使用线程本地缓存的分配器来说，这很可能是正确的，因此应尽可能避免线程之间的内存传输。

到目前为止，我们讨论的都是将内存从一个线程转移到另一个线程以释放它。简单地使用由另一个线程分配的内存会怎么样？这种内存访问的性能在很大程度上取决于硬件能力。对于 CPU 很少的简单系统，这可能不是问题。但是，更大的系统有更多的内存条，CPU 和内存之间的连接不是对称的，每个内存条都有自己更接近的 CPU。这被称为非统一内存架构（non-uniform memory architecture，NUMA）。NUMA 的性能影响差异很大，从无关紧要到快两倍。有多种方法可以调整 NUMA 内存系统的性能，并使程序内存管理对 NUMA 细节更敏感。

接下来，让我们回到更有效地使用内存的问题上，因为它对并发和串行程序的性能提升都有更普遍的帮助。

9.4.3　避免内存碎片

困扰许多程序的问题之一是与内存分配系统的低效交互。假设程序需要分配 1 KB 的内存，这块内存是从一些更大的内存区域中划分出来的，标记为分配器使用，地址返回给调用方。接下来需要更多的内存分配，所以在 1 KB 的块之后的内存现在也被使用了。然后程序返回第一个分配并立即请求 2 KB 的内存。虽然有一个 1 KB 的空闲块，但它不足以为这个新请求提供服务。其他地方可能还有另一个 1 KB 的块，但只要这两个块不相邻，那么它们对于 2 KB 分配的目的就没有用处，如图 9.8 所示。

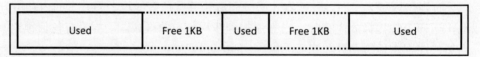

图 9.8　内存碎片（虽然有 2 KB 的空闲内存但对于单个 2 KB 分配没有用）

原　　文	译　　文	原　　文	译　　文
Used	已使用	Free 1KB	空闲 1KB

这种情况称为内存碎片（memory fragmentation），即系统虽然有程序返回的空闲内存，但由于程序释放的内存被分成小块，因此必须使用新内存来服务下一次分配。在极端情况下，这种碎片化会导致程序在系统整体内存容量耗尽之前很久就耗尽内存（笔者见过最坏的情况是，程序只分配了 1/6 的内存就耗尽了可用总内存）。

有些内存分配器比标准的 malloc() 更能抵抗碎片化，但对于快速处理内存的程序，可能需要更极端的措施。有一种措施称为块分配器（block allocator），是将所有内存都分配在固定大小的块中，如 64 KB。不应该一次从操作系统中分配这种大小的单个块，而是应该分配固定大小的较大块（如 8 MB）并将它们细分为较小的块（在我们的示例中为 64 KB）。处理这些请求的内存分配器是程序中的主分配器，直接与 malloc()交互。因为它只分配一种大小的块，所以非常简单，我们可以专注于最有效的实现（并发程序的线程本地缓存，实时系统的低延迟等）。当然，我们可能不想在代码中到处使用 64 KB 的块，这是二级分配器的工作，如图 9.9 所示。

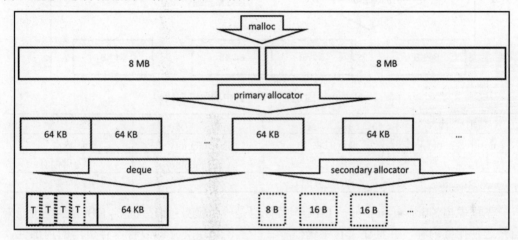

图 9.9 固定大小的块分配

原　　文	译　　文	原　　文	译　　文
primary allocator	主分配器	secondary allocator	二级分配器
deque	双端队列		

可以使用分配器将 64 KB 的块进一步细分为更小的块。特别有效的是一个统一分配器（一个只有一个大小的分配器）。例如，如果想为单精度 64 位整数分配内存，则可以在没有任何内存开销的情况下这样做（相比之下，malloc()通常需要至少每个分配 16 B 的开销）。还可以让容器以 64 KB 的块分配内存并使用它来存储元素。我们不会使用向量，因为它们需要一个大的、连续的分配。

在这里，类似数组的容器是在固定大小的块中分配内存的双端队列。当然，我们也可以是节点容器。如果 STL 分配器接口足以满足我们的需要，则可以使用 STL 容器；否则，可能必须编写自己的容器库。

固定大小的块分配的主要优点是它不会受碎片的影响：来自 malloc()的所有分配的大小相同，来自主分配器的所有分配也是如此。任何时候一个内存块返回给分配器，它都可以被重用以满足下一次内存请求，如图 9.10 所示。

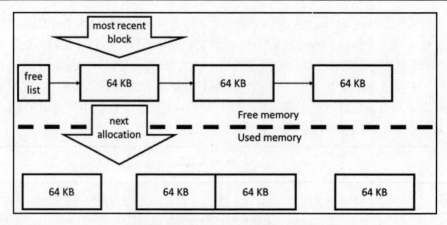

图 9.10　固定大小分配器中的内存重用

原　　文	译　　文	原　　文	译　　文
most recent block	最近的块	Free memory	空闲内存
free list	空闲列表	Used memory	已使用内存
next allocation	下一次分配		

先进先出（first-in-first-out，FIFO）特性也是一个优势：最后的 64 KB 内存块可能来自最近使用的内存，并且在缓存中仍然存在。重用该块会立即改善内存引用的局部性，因此可以更有效地使用缓存。

分配器将返回给它的块作为一个简单的空闲列表进行管理（见图 9.10）。这些空闲列表可以按每个线程进行维护以避免锁定。但是，它们也可能需要定期重新平衡，以避免出现一个线程积累了许多空闲块而另一个线程正在分配新内存的情况。

当然，将 64 KB 块细分为较小块的分配器仍然容易受碎片的影响，除非它们也是统一（固定大小）的分配器。但是，如果必须处理一个小的内存范围（一个块）和几个不同的大小，那么编写一个自碎片整理分配器（self-defragmenting allocator）会更容易。

整个程序很可能会受使用块内存分配的决定的影响。例如，分配大量小型数据结构，使每个结构都使用 64 KB 块的一小部分，而其余部分则闲置不用，显然，这样做的成本是非常高的。

另一方面，数据结构本身也可以是较小数据结构（容器）的集合，因此它会将许多较小的对象打包到一个块中。这很容易编写，甚至可以编写压缩容器，压缩每个块以长期保存数据，然后一次解压缩一个块以供访问。

块大小本身也不是一成不变的。一些应用程序使用较小的块会更有效，因为这样块中仅有很少的一部分未使用，浪费的内存也更少。还有一些应用程序则可能使用更大的块会更好，因为这样就可以减少需要分配的次数。

目前还有一些与特定应用程序相关的分配器，有关讨论它们的文献也非常多。例如，slab 分配器就是我们刚刚讨论的块分配器的推广应用。它们可以有效地管理多个分配大小。还有许多其他类型的自定义内存分配器，其中大部分都可以在 C++ 程序中使用。使用非常适合特定应用程序的分配器通常会带来显著的性能改进，当然，代价是可能会严重限制程序员在实现数据结构时的自由。

除了不必要的复制和低效的内存管理，还有一个常见原因会导致效率低下，只不过它更加微妙，也更难处理。接下来，让我们看看这个原因究竟是什么。

9.5 条件执行的优化

除不必要的复制和低效的内存管理之外，无法利用大部分可用计算资源，从而导致代码低效的另一个原因是：不能很好地流水线化的代码。

在第 3 章中，我们已经讨论了 CPU 流水线的重要性，还了解到流水线的最大破坏者通常是条件操作，尤其是硬件分支预测器无法猜测的操作。

糟糕的是，优化条件代码以获得更好的流水线是最困难的 C++ 优化。仅当性能分析器显示出较差的分支预测时才应进行此优化。

值得一提的是，错误预测分支的数量不必很大才能被视为"差"：一款优秀的程序通常仅有少于 0.1% 的错误预测分支，而 1% 的错误预测率就已经堪称很大了。如果不查看编译器的输出（机器代码），则很难预测源代码优化的效果。

如果性能分析器显示了糟糕的错误预测率，则下一步就是确定哪个条件被错误预测。在第 3 章中已经讨论了这样一些示例。来看以下代码。

```
if (a[i] || b[i] || c[i]) { … 执行某些操作 … }
```

上述代码即使整体结果是可预测的，也可能会产生一个或多个预测错误的分支。这与 C++ 中布尔逻辑的定义有关：运算符 || 和 && 是短路的，表达式从左到右计算，直到结果已知。

例如，如果 a[i] 为真，则代码不必访问数组元素 b[i] 和 c[i]。有时，这是必要的，该实现的逻辑可能是这些元素不存在。但通常情况下，布尔表达式会无缘无故地引入不必要的分支。上述 if() 语句需要 3 个条件运算。来看以下语句。

```
if (a[i] + b[i] + c[i]) { … 执行某些操作 … }
```

如果值 a、b 和 c 为非负但需要单个条件运算，则它和前面的语句是等效的。但是，除非进行了测试，否则不应该进行这样的优化。

再来看另一个示例。考虑以下函数。

05_branch.C

```
void f2(bool b, unsigned long x, unsigned long& s) {
    if (b) s += x;
}
```

如果 b 值不可预测，则该代码的效率非常低。只需一个简单的更改即可获得更好的性能，如下所示。

05_branch.C

```
void f2(bool b, unsigned long x, unsigned long& s) {
    s += b*x;
}
```

这种改进可以通过对原始的有条件的实现与无分支实现进行简单基准测试来确认。

```
BM_conditional        176.304M items/s
BM_branchless         498.89M items/s
```

可以看到，无分支实现的速度几乎快了 2 倍。

重要的是不要滥用这种类型的优化。它必须始终以测试结果为指导，其原因如下。

- ❑ 分支预测器的机制非常复杂，我们关于它们能处理什么和不能处理什么的直觉几乎总是错误的。
- ❑ 编译器优化通常会显著改变代码，因此，如果不测量或检查机器代码，我们对分支存在的期望也可能是错误的。
- ❑ 即使分支被错误预测，性能影响也会有所不同，因此如果没有测量就无法确定。

例如，手动优化以下这行常见的代码几乎无用。

```
int f(int x) { return (x > 0) ? x : 0; }
```

这看起来像条件性代码，如果 x 的符号是随机的，则预测是不可能的。但是，性能分析器很可能不会在此处显示大量错误预测的分支，原因是大多数编译器不会使用条件跳转来实现这一行。

在 x86 机器上，一些编译器将使用 CMOVE 指令，该指令可执行有条件的移动（conditional move）：它将值从两个源寄存器之一移动到目标，具体取决于条件。该指令的条件性质是易知的：你应该还记得，条件代码的问题在于 CPU 不知道接下来要执行哪条指令。但是，使用条件移动实现，指令序列是完全线性的，并且它们的顺序也是预先确定的，因此无须猜测。

另一个不太可能从无分支优化中受益的常见示例是条件函数调用。

```
if (condition) f1(... args ...) else f2(... args ...);
```

使用函数指针数组可以实现无分支实现。

```
using func_ptr = int(*)(… params …);
static const func_ptr f[2] = { &f1, &f2 };
(*f[condition])(… args …);
```

如果函数最初是内联的，则用间接函数调用替换它们就是性能杀手。如果不是内联的，则此更改可能几乎没有任何作用：在编译期间跳转到地址未知的另一个函数的效果与错误预测分支非常相似，因此，该代码会导致 CPU 以任何一种方式冲刷管道。

最重要的是，优化分支预测是一个非常高级的步骤。其结果可能是大幅改进，也可能是完全失败（或只是浪费了一些时间），因此在每一步都以性能测量为指导非常重要。

在了解了很多关于 C++程序中潜在的低效代码及其改进方法之后，让我们来总结一些优化代码的总体指南。

9.6　小　　结

本章从语言的角度介绍了提高 C++效率的两大领域中的第一个：避免低效的语言构造，归根结底就是不做不必要的工作。我们研究的许多优化技术与之前研究的材料是一致的，例如访问内存的效率问题和避免并发程序中的错误共享等。

程序员面临的一大难题是，应该在前期投入多少工作来编写高效的代码，哪些工作应该留给后期维护时慢慢做增量优化。我们要强调的是，高性能始于设计阶段：开发高性能软件最重要的工作就是设计出不受限于性能不佳和低效实现的架构和接口。

除此之外，应该区分过早优化（premature optimization）和不必要的悲观（unnecessary pessimization）。例如，创建临时变量以避免别名就是一种过早优化，除非有性能测量数据表明正在优化的函数对整体执行时间有很大贡献（或者除非它提高了可读性，这是另一回事）。此外，通过值传递大向量可能会使代码变慢，但这需要通过性能分析器验证而不是想当然，因此应该避免不必要的悲观。

两者之间的界限并不总是黑白分明，因此必须权衡多个因素。必须考虑更改对程序的影响：它是否使代码更难阅读、更复杂或更难测试？一般来说，不必为了性能而冒险制造更多错误，除非测量结果表明必须这样做。另一方面，有时更易读或更直接的代码也是更高效的代码，那么这样的优化就不能被认为是过早的。

　　提高 C++效率的第二个主要领域与帮助编译器生成更高效的代码有关。我们将在第 10 章中详细讨论。

9.7　思　考　题

　　（1）什么时候可以按值传递大对象？

　　（2）使用持有资源的智能指针时，如何调用在对象上进行操作的函数？

　　（3）什么是返回值优化，适用在什么地方？

　　（4）为什么低效的内存管理不仅会影响内存消耗，还会影响运行时间？

第 10 章　C++中的编译器优化

在第 9 章中，我们讨论了 C++程序效率低下的主要原因。消除这些低效率因素的责任主要落在程序员身上。但是，编译器也可以做很多事情来使程序更快。这就是我们现在要探索的内容。

本章将介绍编译器优化这一非常重要的问题，以及程序员如何让编译器生成更高效的代码。

本章包含以下主题：

- ❑ 编译器如何优化代码。
- ❑ 对编译器优化的限制。
- ❑ 如何从编译器获得最佳优化。

10.1　技　术　要　求

本章需要一个 C++编译器和一个微基准测试工具，例如在第 9 章中使用的 Google Benchmark 库，其网址如下。

https://github.com/google/benchmark

本章附带的代码可在以下网址找到。

https://github.com/PacktPublishing/The-Art-of-Writing-Efficient-Programs/tree/master/Chapter10

本章还需要一种方法来检查编译器生成的汇编代码：许多开发环境都有显示汇编的选项，GCC 和 Clang 可以产生汇编代码而不是目标代码；调试器和其他工具可以从目标代码生成汇编（反汇编）。使用哪种工具取决于个人喜好。

10.2　编译器优化代码

编译器优化对实现高性能程序至关重要。只要尝试运行一个完全没有优化编译的程

序，即可理解编译器的作用：未经优化的程序（优化级别为零）的运行速度比启用所有
优化编译的程序慢一个数量级的情况并不稀奇。但是，在很多情况下，优化器也可以获
得来自程序员的一些帮助。这种帮助可以采取非常微妙且经常违反直觉的形式。在深入
探讨一些改进代码优化的特定技术之前，不妨来了解一下编译器是如何看待程序的。

10.2.1　有关编译器优化的基础知识

关于编译器优化，必须了解的最重要的一点是，任何正确的代码在编译时都必须保
持正确。请注意，这里的"正确"和你认为的正确不是一回事。例如，程序可能有错误
并给出你认为错误的答案，但是编译器却必须保留此答案（因为编译器不认为它是错误
的或者认为这事和它无关）。

那么，在编译器看来，什么样的问题是错误的呢？定义不明确或调用未定义行为的
程序是错误。如果程序在编译器标准的眼中是不正确的，则编译器可以自由地做任何它
想做的事。第 11 章将详细讨论这一点的含义，但目前我们假设程序定义良好并且仅使用
有效的 C++。

当然，编译器在它可以进行的更改方面是受到限制的，它要求任何输入组合所获得
的答案都不得变化。这非常重要：你可能知道某个输入值始终为正数或某个字符串的长
度永远不会超过 16 个字符，但编译器不知道这一点（除非你想办法告诉它）。编译器只
能进行优化转换，前提是可以证明这种转换会产生一个完全等效的程序，即对于任何输
入都产生相同输出的程序。实际上，编译器也受到这种证明的复杂程度的限制。如果证
明太难，那么它将放弃优化。

要理解编译器"不是事先知道，而是需要可以证明"这一点，因为这是通过代码与
编译器成功交互以实现更好优化的关键。

本章的其余部分将展示不同的方法，我们可以通过这些方法更轻松地证明某些理想
的优化不会改变程序的结果。

编译器在它能够拥有的关于程序的信息方面也受到限制。它必须只处理编译时
（compile-time）已知的内容，而不知道任何运行时数据，并且必须假设任何合法状态在
运行时都是可能的。

让我们通过一个简单的例子来说明这一点。首先，考虑以下代码：

```
std::vector<int> v;
… 用数据填充 v …
for (int& x : v) ++x;
```

我们关注的焦点是最后一行，这是一个循环。如果手动展开循环，性能可能会更好。

按照该代码，每个增量都有一个分支（循环终止条件）。展开循环可减少这种开销。在使用向量的简单情况下（例如，只有两个元素的向量），最好完全删除循环并仅递增这两个元素。

当然，向量的大小是运行时信息的一个示例。编译器可以生成带有一些额外分支的部分展开循环来处理所有可能的向量大小，但它无法针对特定大小优化代码。

对比以下代码：

```
int v[16];
… 用数据填充 v …
for (int& x : v) ++x;
```

现在编译器确切地知道在循环中处理了多少整数。它可以展开循环，甚至可以用一次对多个数字进行运算的向量指令替换单个整数递增（例如，x86 机器上的 AVX2 指令集可以一次加 8 个整数）。

如果知道向量总是有 16 个元素，那该怎么办呢？这其实没什么关系。重要的是编译器是否知道这一点并且可以肯定地证明这一点。这比你想象的要难。例如，考虑以下代码：

```
constexpr size_t N = 16;
std::vector<int> v(N);
… 用数据填充 v …
for (int& x : v) ++x;
```

在上述代码中，程序员不遗余力地表明向量大小是一个编译时常量。那么，编译器会优化循环吗？可能。这一切都取决于编译器是否能够证明向量大小不会改变。

它会如何变化？填充向量的代码中可能隐藏着什么？不是你自己知道那里有什么，而是可以从代码中了解到什么。

如果所有代码都写在这两行之间，构造和增量循环，则编译器理论上可以知道一切（实际上，如果这段代码片段太长，则编译器将放弃并假设"一切皆有可能"，否则编译时间会爆炸）。但是，如果调用一个函数并且该函数可以访问向量对象，则编译器无法知道该函数是否更改了向量的大小，除非该函数被内联。像 fill_vector_without_resizing()这样充满明示意味的函数名只对程序员有帮助，编译器是无法从字面上理解函数作用的。

即使没有将 v 作为参数的函数调用，我们仍然有不清楚的地方。例如，该函数如何访问向量对象？如果向量 v 是在函数作用域中声明的局部变量，则函数可能无法访问它。但是，如果 v 是一个全局变量，那么任何函数都可以访问它。

类似地，如果 v 是一个类成员变量，则任何成员函数或友元函数（friend function）都可以访问它。

　　所以，如果我们调用一个不能通过其参数列表直接访问 v 的非内联函数，那么它可能仍然能够通过其他方式访问 v。

　　从程序员的角度来看，很容易高估编译器所拥有的知识，这主要是由于程序员对程序中实际发生的事情比较了解。另外，请记住，在大多数情况下，解决代码中出现的问题并不是编译器的强项之一。例如，可以在循环之前添加一个 assert 断言。

```
constexpr size_t N = 16;
std::vector<int> v(N);
… 用数据填充 v …
assert(v.size() == N);        // if (v.size() != N) abort();
for (int& x : v) ++x;
```

　　在最高优化级别和简单上下文中，一些编译器将推断该执行流无法进入循环，除非向量正好有 16 个元素，并且会针对该大小进行优化。大多数编译器则不会这么做。当然，这里假设断言已启用（NDEBUG 未定义），或者程序员使用自己的断言。

　　上述基本示例包含用于帮助编译器优化代码技术的关键元素。

　　（1）非内联函数会破坏大多数优化，因为编译器看不到非内联函数的代码，但是它却必须假设该函数可以执行任何合法操作。

　　（2）全局变量和共享变量对于编译器优化来说是很糟糕的东西。

　　（3）与长而复杂的代码片段相比，编译器更有可能优化短而简单的代码片段。

　　上述第一条和最后一条在概念上有些相互冲突。编译器中的大多数优化仅限于所谓的基本代码块：这些代码块只有一个入口点和一个出口点。它们充当程序的流控制图中的节点。

　　基本块之所以重要，是因为编译器可以看到块内发生的所有事情，因此它可以推断不会更改输出的代码转换。

　　内联的优点是它增加了基本块的大小。编译器不知道非内联函数会做什么，所以它必须假设最坏的情况。但是如果函数是内联的，编译器就知道它在做什么（更重要的是知道它没有做什么）。内联的缺点同样是它增加了基本块的大小，编译器只能分析一定长度的代码，如果内联代码太长，则会使编译时间爆炸。

　　由此可见，内联对于编译器优化非常重要，接下来我们将重点讨论。

10.2.2　函数内联

　　函数内联指的是编译器用函数体的副本替换函数调用。为了实现这一点，内联必须是可能的，即它需要符合两个要求：函数的定义在调用代码的编译期间必须是可见的，并且被调用的函数在编译时必须是已知的。

第一个要求在一些进行整体程序优化的编译器中放宽了（但仍然不常见）。第二个要求排除了虚函数调用和通过函数指针的间接调用。

并非每个可以内联的函数最终都会被内联：编译器必须权衡代码膨胀与内联的好处。不同的编译器对内联有不同的启发式算法。C++代码中的 inline 关键字只是一个建议，编译器也可能无视它。

函数调用内联最明显的好处是它消除了函数调用本身的成本。在大多数情况下，这也是最不重要的好处，因为函数调用的成本并不算高。

函数调用内联主要的好处是，编译器可以在函数调用中进行的优化受到很大限制。考虑以下简单示例：

```
double f(int& i, double x) {
    double res = g(x);
    ++i;
    res += h(x);
    res += g(x);
    ++i;
    res += h(x);
    return res;
}
```

以下代码是有效的优化吗？

```
double f(int& i, double x) {
    i += 2;
    return 2*(g(x) + h(x));
}
```

如果你的回答是肯定的，那么你仍然是通过程序员的眼睛而不是编译器的眼睛来看待这个问题的。这种优化可以通过多种方式破坏代码。

首先，函数 g()和 h()可以产生输出，在这种情况下，消除重复的函数调用将改变可观察行为。

其次，对函数 g()的调用可能会锁定一些互斥锁，而对函数 h()的调用可能会解锁，在这种情况下，执行顺序——调用函数 g()锁定，递增 i，再调用函数 h()解锁——确实很重要。

再次，即使参数相同，函数 g()和 h()的结果也可能不同。例如，它们可能在内部使用随机数。

最后（程序员经常忽视这种可能性），变量 i 是通过引用传递的，所以我们不知道调用方可能对它做了什么：它可能是一个全局变量，也可能某个对象存储了对它的引用，因此，函数 g() 和 h() 可能以某种方式对 i 进行了操作，即使我们并没有看到它被传递到这些函数中。

另一方面，如果函数 g() 和 h() 被内联，则编译器可以准确地看到发生了什么。例如：

```
double f(int& i, double x) {
    double res = x + 1;      // g(x);
    ++i;
    res += x - 1;            // h(x);
    res += x + 1;            // g(x)
    ++i;
    res += x - 1;            // h(x);
    return res;
}
```

整个函数 f() 现在是一个基本块，编译器只有一个限制：保留返回值。因此，以下是一个有效的优化。

```
double f(int& i, double x) {
    i += 2;
    return 4*x;
}
```

内联对优化的影响可能会逐渐下降。考虑 STL 容器的析构函数，如 std::vector<T>。它必须执行的步骤之一是调用容器中所有对象的析构函数。

```
for (auto it = crbegin(); it != crend(); ++it) it->~T();
```

因此，析构函数的执行时间与向量的大小 N 成正比。当然也有例外，例如，对于整数向量 std::vector<int>，编译器非常清楚在这种情况下析构函数什么都不做。编译器还可以看到，对 crbegin() 和 crend() 的调用不会修改向量（如果你担心通过 const_iterator 销毁对象，则不妨考虑销毁 const 对象的方式），因此可以消除整个循环。

现在考虑使用简单聚合的向量。

```
struct S {
    long a;
    double x;
};
std::vector<S> v;
```

这一次，类型 T 有一个析构函数，编译器知道它做了什么（毕竟确实是编译器生成了它）。同样，析构函数什么也不做，整个析构循环就被消除了。default 析构函数也是如此。

```
struct S {
    long a;
    double x;
    ~S() = default;
};
```

该编译器应该能够对空的析构函数进行相同的优化，但前提是它是内联的：

```
struct S {
    long a;
    double x;
    ~S() {}           // 可能已经优化了
};
```

另一方面，如果类声明只声明析构函数（代码如下），并且定义是在单独的编译单元中提供的，那么编译器必须为每个向量元素生成一个函数调用。该函数同样什么都不做，但仍然需要时间来运行循环并执行 N 个函数调用。内联允许编译器将此时间优化为 0。

```
struct S {
    long a;
    double x;
    ~S();
};
```

这就是内联及其对优化的影响的关键：内联允许编译器看到函数内部发生了什么和没有发生什么，而在非内联的情况下，这一切对于编译器来说都是不可见的。

内联还有另一个重要作用：它创建了内联函数体的独特克隆，可以使用调用方给出的特定输入进行优化。在这个独特的克隆中，可能会观察到一些对优化很友好的条件，但对于该函数来说，一般情况下是不成立的。以下是一个例子。

```
bool pred(int i) { return i == 0; }
    …
std::vector<int> v = … 使用数据填充向量 …;
auto it = std::find_if(v.begin(), v.end(), pred);
```

假设函数 pred() 的定义与对 std::find_if() 的调用在同一个编译单元中，那么对 pred() 的调用是否会被内联？答案是有可能，这在很大程度上取决于对 find_if() 的调用是否先内联。现在，find_if() 是一个模板，所以编译器总是能看到函数定义。无论如何，它可能决定不内联该函数。如果 find_if() 没有内联，那么我们就会有一个从模板生成的特定类型的函数。在这个函数中，第三个参数的类型是已知的，它是 bool(*)(int)，一个指向接受 int 并返回 bool 的函数的指针。但是这个指针的值在编译时是未知的，同一个 find_if() 函数可以用许多不同的谓词调用，所以它们都不能被内联。只有当编译器为这个特定调用生成 find_if()的唯一副本时，谓词函数才能被内联。

编译器有时会这样做，它被称为克隆（clone）。当然，在大多数情况下，内联谓词或作为参数传入的任何其他内部函数的唯一方法是先内联外部函数。

这个特定的例子在不同的编译器上会产生不同的结果。例如，GCC 只会在最高优化设置下内联 find_if()和 pred()，而其他编译器即使在最高优化设置下也不会这样做。还有另一种方法可以鼓励编译器内联函数调用，但它似乎违反直觉，因为这种方法是向程序添加更多代码并使嵌套函数调用链更长。

```cpp
bool pred(int i) { return i == 0; }
    …
std::vector<int> v = … 使用数据填充向量 …;
auto it = std::find_if(v.begin(), v.end(),
    [&](int i) { return pred(i); });
```

这里的悖论是，我们在同一个间接函数调用周围添加了一个额外的间接层——一个 lambda 表达式（假设程序员不想简单地直接复制谓词的主体进入 lambda 是有原因的）。这个对 pred()的调用实际上更容易内联，即使编译器没有内联 find_if()函数。原因是，这一次谓词的类型是唯一的：每个 lambda 表达式都有一个唯一的类型，因此对于这些特定的类型参数，只有一个 find_if()模板的实例化。

编译器更有可能内联只调用一次的函数，因为这样做不会生成更多代码。但是，即使对 find_if()的调用没有内联，在该函数中，第三个参数也只有一个可能的值，这个值在编译时已知为 pred()，因此，对 pred()的调用可以内联。

顺便说一句，我们终于可以清楚地回答在第 1 章中提出的问题：虚函数调用的成本是多少？首先，编译器通常使用函数指针表来实现虚拟调用，因此调用本身涉及额外的间接层，与非虚拟调用相比，CPU 必须多读取一个指针并多执行一次跳转。这为函数调用添加了更多指令，使函数调用的代码成本增加了大约两倍（根据硬件和缓存状态有很大变化）。

当然，我们通常会调用一个函数来完成一些工作，所以函数调用的机制只是整个函数执行时间的一部分。即使是简单的函数，虚函数的执行成本超过非虚函数成本的 10%～15%的情况也很少见。

但是，在花太多时间统计指令之前，我们应该质疑原问题的有效性：如果一个非虚函数调用就足够了，也就是说，如果我们在编译时就知道会调用哪个函数，为什么还要使用虚函数呢？相反，如果我们只在运行时找出调用哪个函数，那么非虚函数根本无法使用，因此其速度无关紧要。

按照这个逻辑，我们应该将虚函数调用与功能等效的运行时解决方案进行比较：使

用一些运行时信息来有条件地调用几个函数之一来选择。使用 if-else 或 switch 语句通常
会导致执行速度变慢，至少在要调用两个以上版本的函数时是如此。最有效的实现是函
数指针表，这正是编译器对虚函数所做的。

　　当然，最初的问题实际上并非完全没有意义：如果我们有一个带有虚函数的多态类，
但在某些情况下，我们在编译时知道实际类型怎么办？在这种情况下，将虚函数调用与
非虚函数调用进行比较是有意义的。

　　值得一提的是，还有一个比较有趣的编译器优化：如果编译器在编译时可以找出对
象的真实类型，从而知道虚函数的哪个覆盖版本将被调用，那么它会将调用转换为非虚
函数，这就是所谓的去虚拟化（devirtualization）。

　　但是，为什么要在专门介绍函数内联的小节中进行此讨论呢？因为我们刻意回避了
明显存在的问题：虚函数对性能的最大影响是（除非编译器可以对调用进行去虚拟化）
它们不能被内联。一个简单的函数，如 int f() { return x; }，内联后会产生一条甚至零条指
令，但非内联版本则具有常规函数调用机制，速度慢了几个数量级。

　　还有一个事实：没有内联，编译器无法知道虚函数内部发生了什么，并且必须对每
个可从外部访问的数据做出最坏的假设。可以看到的是，在最坏的情况下，虚函数调用
的成本可能高出数千倍。

　　函数内联有两个结果，一是公开函数的内容，二是创建函数的唯一、专用副本，这
两种结果都有助于优化器，因为它们增加了编译器对代码的了解。如前文所述，如果你
想帮助编译器更好地优化代码，了解编译器真正知道的内容非常重要。

　　接下来，我们将探索编译器运行的不同限制，以识别出假约束（false constraint）。
所谓"假约束"，就是我们知道是真的但编译器不知道的东西。

10.2.3　编译器真正知道的东西

　　也许优化的最大限制是要了解在执行此代码期间可能发生的变化。为什么这很重
要？同样，让我们来看一个具体示例。

```
int g(int a);
int f(const std::vector<int>& v, bool b) {
    int sum = 0;
    for (int a : v) {
        if (b) sum += g(a);
    }
    return sum;
}
```

在本示例中，只有函数 g()的声明可用。编译器能否优化 if()语句并消除条件的重复评估？在了解本章前面所介绍的内容之后，你可能会理解它为什么不能。以下是一个完全有效的优化。

```cpp
int f(const std::vector<int>& v, bool b) {
    if (!b) return 0;
    int sum = 0;
    for (int a : v) {
        sum += g(a);
    }
    return sum;
}
```

现在稍微修改一下示例，如下所示。

```cpp
int g(int a);
int f(const std::vector<int>& v, const bool& b) {
    int sum = 0;
    for (int a : v) {
        if (b) sum += g(a);
    }
    return sum;
}
```

为什么要通过 const 引用传递 bool 参数？最常见的原因是模板：如果有一个不需要复制参数的模板函数，它必须将参数声明为 const T&，假设 T 可以是任何类型。

如果 T 被推导出为 bool，则现在有一个 const bool&参数。这样的变化可能很小，但对优化的影响却是深远的。如果你认为我们之前所做的优化仍然有效，则不妨在更大的上下文环境中考虑我们的示例。现在你可以看到一切（假设编译器仍然看不到）。

```cpp
bool flag = false;
int g(int a) {
    flag = a == 0;
    return -a;
}
int f(const std::vector<int>& v, const bool& b) {
    int sum = 0;
    for (int a : v) {
        if (b) sum += g(a);
    }
    return sum;
}
```

```
int main() {
    f({0, 1, 2, 3, 4}, flag);
}
```

请注意，通过调用函数 g()，可以更改 b，因为 b 是绑定到全局变量的引用，该变量也可在 g()内部访问。

在第一次迭代中，b 为 false，但对函数 g()的调用有一个副作用：b 变为 true。如果该参数是按值传递的，则这样的变化不会发生，因为该值在函数的最开始处被捕获并且不会跟踪调用方的变量。但是，在通过引用传递的情况下，它确实发生了，并且循环的第二次迭代不再是死代码（dead code，即在程序操作过程中永远不可能被执行的代码）。在每次迭代中，都必须评估条件，并且不可能进行优化。

因此，我们要再次强调"程序员可能知道的"和"编译器可以证明的"这两者之间的区别。程序员可能确定代码中没有任何全局变量，或者可能确切地知道函数 g()要执行的操作，但是，编译器不能做出任何这样的猜测，并且必须假设程序会（或在未来的某个时候会）执行某些操作，就像我们在前面的示例中演示的那样，而这会使得优化可能不安全。

但是，如果函数 g()被内联并且编译器可以看到它没有修改任何全局变量，则不会发生这种情况。需要强调的是，程序员不能期望整个代码都被内联，所以在某些时候，还必须考虑如何帮助编译器确定它自己不知道的东西。

在上述示例中，最简单的方法是引入一个临时变量（在这个简单示例中，当然可以手动进行优化，但在更复杂的实际代码中，手动优化可能不切实际）。

为了使该示例更贴近现实，可以假设函数 f()可能来自模板实例化。我们不想制作未知类型的参数 b 的临时副本，但已经知道它必须能转换为 bool，因此可以成为我们的临时变量，示例如下。

```
template <typename T>
int f(const std::vector<int>& v, const T& t) {
    const bool b = bool(t);
    int sum = 0;
    for (int a: v) {
        if (b) sum += g(a);
    }
    return sum;
}
```

虽然编译器仍然必须假设函数 g()可能会改变 t 的值，但这已经不再重要，因为条件使用的是临时变量 b，它绝对不会被更改，因为它在函数 f()之外不可见。

当然，如果函数 g() 确实可以访问一个全局变量，改变函数 f() 的第二个参数，那么上述转换已经更改了程序的结果。通过创建这个临时变量，我们可以告诉编译器这种情况不会发生。这是编译器无法自行提供的附加信息。

这里的经验在理论上很简单，但在实践中掌握起来却非常困难：如果你知道编译器无法确定的程序的某些内容，则必须以编译器可以使用的方式对其进行断言。这很难做到的原因之一是，我们通常不会像编译器那样思考和看待程序，并且很难放弃我们认定绝对正确的隐含假设。

顺便说一句，我们将临时变量 b 声明为 const，主要是为了方便，以防止意外修改它引起的任何错误。但这也有助于编译器。其原因是：编译器应该能够明白，b 的值不会有任何改变。

语法检查是强制性的：如果我们声明变量 const 并尝试更改它，则程序将无法编译，我们将永远无法进入优化步骤。所以优化器可以假设任何 const 变量确实不会改变。尽可能将对象声明为 const 还有另一个原因，我们将在第 11 章中讨论。

紧接着上述第一条经验，我们获得的第二条经验是：如果你了解有关程序的某些信息，并且可以轻松地与编译器进行交流，则不妨这样做。这个建议与一个非常普遍的建议（不要创建临时变量，除非它们使程序更易于阅读）是背道而驰的。当然，你也不必为了这种矛盾而烦恼，因为无论如何编译器都会删除临时变量。只不过，虽然会被编译器删除，但临时变量也确实可以起到表达附加信息的作用。

阻止编译器进行优化的另一种常见情况是别名的可能性。以下是一个初始化两个 C 语言风格字符串的函数示例。

```cpp
void init(char* a, char* b, size_t N) {
    for (size_t i = 0; i < N; ++i) {
        a[i] = '0';
        b[i] = '1';
    }
}
```

一次写入一个字节的内存效率很低。有很多更好的方法可以将所有字符初始化为相同的值。例如，以下版本会快得多。

08a_restrict.C

```cpp
void init(char* a, char* b, size_t N) {
    std::memset(a, '0', N);
    std::memset(b, '1', N);
}
```

你可以手动编写此代码，但编译器永远不会为你执行此优化，因此了解其原因很重要。

当你看到此函数时，可以想见它会按预期使用，即初始化两个字符数组。但是编译器必须考虑两个指针 a 和 b 指向同一个数组或一个数组的重叠部分的可能性。对你来说，以这种方式调用 init()可能没有意义：两个初始化将相互覆盖。不过，编译器只关心一个问题：如何不改变代码的行为，不管它是什么。

同样的问题可能发生在任何通过引用或指针获取多个参数的函数中。例如，考虑以下函数示例。

```
void do_work(int& a, int& b, int& x) {
    if (x < 0) x = -x;
    a += x;
    b += x;
}
```

如果 a 和 b 以及 x 绑定到同一个变量，则编译器将无法进行任何无效的优化。这称为别名（aliasing）：在代码中已知相同的变量有两个不同的名称或别名。在这种情况下，编译器必须在递增 a 后从内存中读取 x。因为 a 和 x 可以引用相同的值，并且编译器不能假设 x 保持不变。

如果确定不会发生别名，则如何解决这个问题？在 C 语言中，有一个关键字 restrict，它将通知编译器，某个特定的指针是访问当前函数范围内的值的唯一方式。

```
void init(char*restrict a, char*restrict b, size_t N);
```

在 init()函数内部，编译器可以假设整个数组 a 只能通过此指针访问。这也适用于标量变量。到目前为止，restrict 关键字并不是 C++标准的一部分。尽管如此，仍有许多编译器支持此功能，只不过使用的是不同的语法（如 restrict、__restrict、__restrict__）。

对于奇异值（尤其是引用），创建临时变量通常可以解决以下问题。

09a_restrict.C

```
void do_work(int& a, int& b, int& x) {
    if (x < 0) x = -x;
    const int y = x;
    a += y;
    b += y;
}
```

编译器可能会消除临时变量（不为其分配任何内存），但现在它可以保证 a 和 b 都递增相同的量。编译器真的会做优化吗？最简单的方法是比较其汇编输出，如图 10.1 所示。

```
0:    mov    (%rdx),%eax     |    0:    mov    (%rdx),%eax
2:    add    %eax,(%rdi)     |    2:    add    %eax,(%rdi)
4:    mov    (%rdx),%eax     |    4:    add    %eax,(%rsi)
6:    add    %eax,(%rsi)     |    6:    retq
8:    retq                   |
```

图 10.1　别名优化之前（左）和之后（右）的 x86 汇编输出

图 10.1 显示了 GCC 为增量操作生成的 x86 汇编程序（我们省略了函数调用和分支，因为它们是一样的）。使用别名时，编译器必须从内存中读取两次（有两个 mov 指令）。手动优化之后，则只读取一次。

这些优化有多重要？这取决于多种因素，因此不应该在没有先进行一些测量的情况下着手消除代码中所有别名项。

对代码进行性能分析将告诉你哪些部分对性能至关重要，然后在这些重要的地方，你必须检查所有的优化机会。一般来说，通过向编译器提供额外信息来帮助编译器执行优化通常是最容易实现的一种方式（编译器将负责完成最困难的工作）。

当然，在向编译器提供有关程序的难以发现的信息时，也要注意另一面：不要担心编译器可以轻松解决的问题。此类问题会出现在不同的上下文环境中，但更常见的场景之一是使用需要验证输入的函数。例如，在库中，有一个处理指针的交换函数，如下所示。

```
template <typename T>
void my_swap(T* p, T* q) {
    if (p && q) {
        using std::swap;
        swap(*p, *q);
    }
}
```

该函数接收空指针，但不对它们做任何事情。在自己的代码中，出于某种原因，你无论如何都必须检查指针，并且仅当两者都不为空时才调用 my_swap()（如果它们为空，你可能需要做其他事情，因此必须进行检查）。

忽略你可能要做的所有其他工作，调用代码如下所示。

```
void f(int* p, int* q) {
    if (p && q) my_swap(p, q);
}
```

C++程序员花费了大量的时间来争论冗余检查是否会影响性能。我们是否应该尝试取消对调用位置的检查？假设不能，是否应该创建另一个不测试其输入的 my_swap()版本？这里的关键观察是：函数 my_swap()是一个模板（并且是一个小函数），所以它几乎肯定会被内联。编译器拥有所有必要的信息来确定第二个空值测试是多余的。

我们将比较两个程序的汇编输出,而不是尝试对可能的性能差异进行基准测试(该差异在任何情况下都非常小)。如果编译器使用和不使用冗余 if()语句都生成相同的机器代码,则可以确定没有性能差异。图 10.2 显示了 GCC 在 x86 机器上生成的汇编输出。

```
 0:   test    %rdi,%rdi           |   0:   test    %rdi,%rdi
 3:   je      12 <_Z1fPiS_+0x12>  |   3:   je      12 <_Z1fPiS_+0x12>
 5:   test    %rsi,%rsi           |   5:   test    %rsi,%rsi
 8:   je      12 <_Z1fPiS_+0x12>  |   8:   je      12 <_Z1fPiS_+0x12>
 a:   mov     (%rdi),%eax         |   a:   mov     (%rdi),%eax
 c:   mov     (%rsi),%edx         |   c:   mov     (%rsi),%edx
 e:   mov     %edx,(%rdi)         |   e:   mov     %edx,(%rdi)
10:   mov     %eax,(%rsi)         |  10:   mov     %eax,(%rsi)
12:   retq                        |  12:   retq
```

图 10.2　使用(左)和不使用(右)冗余指针测试的汇编输出

图 10.2 左侧是为程序生成的代码,带有两个 if()语句,一个在 my_swap()内部,另一个在外部。右边是带有特殊非测试版本 my_swap()的程序代码。可以看到机器码是完全相同的(如果你能读懂 x86 机器上的汇编语言,则还会注意到这两种情况下都只有两个比较,而不是 4 个)。

正如我们已经说过的,内联在这里起着至关重要的作用。如果 my_swap()没有被内联,则函数 f()中的第一个测试很好,因为它避免了不必要的函数调用,并允许编译器优化调用代码,这对于其中一个指针为空的情况更好。my_swap()中的测试现在是多余的,但编译器无论如何都会生成它,因为编译器不知道 my_swap()是否会在其他地方被调用,否则可能对输入没有任何保证。这里性能差异仍然不太可能是可测量的,因为第二个测试是100%可由硬件预测的(在第 3 章中讨论了这一点)。

这种情况最常见的例子可能是操作符 delete。C++允许删除空指针(什么都不会发生)。但是,许多程序员仍然会编写如下代码。

```
if (p) delete p;
```

即使在理论上,它是否会影响性能?不会。你可以查看汇编输出并说服自己,无论是否进行额外检查,都只有一个与空值的比较。

现在你对编译器如何看待你的程序有了更好的理解,接下来让我们学习一种更有用的技术,以更好地优化编译器。

10.2.4　将运行时信息转换为编译时信息

本小节将要讨论的方法可归结为:为编译器提供有关程序的更多信息。我们要探讨的是将运行时信息转换为编译时信息。

在下面的例子中，我们需要处理很多由 Shape 类表示的几何对象。它们存储在一个容器中（如果类型是多态的，将是一个指针容器）。处理包括执行以下两个操作之一：收缩（shrink）对象或增长（grow）对象。具体代码如下。

06_template.C

```
enum op_t { do_shrink, do_grow };
void process(std::vector<Shape>& v, op_t op) {
    for (Shape& s : v) {
        if (op == do_shrink) s.shrink();
        else s.grow();
    }
}
```

简而言之，我们有一个函数，其行为在运行时由一个或多个配置变量控制。一般来说，这些变量是布尔值（为了代码可读性，我们选择了 enum）。

可以看到，如果配置参数 op 是通过引用传递的，则编译器必须将比较留在循环内并针对每个形状对其进行评估。即使参数按值传递，许多编译器也不会将分支提升到循环之外，它需要复制循环体（一个循环用于收缩，一个循环用于增长），并且编译器也担心代码膨胀很多。

应该认真对待这个问题：一个更大的可执行文件需要更长的时间来加载，更多的代码增加了指令缓存的压力。指令缓存（instruction cache，i-cache）用于缓存即将到来的指令，就像数据缓存（data cache）用于缓存即将由 CPU 使用的数据一样。

当然，在某些情况下，这种优化仍然是正确的选择。通常而言，在不更改配置变量的情况下大量数据被处理。也许这些变量甚至在程序的整个运行过程中都是不变的（可以加载一次配置并使用它）。

对于我们的简单示例来说，重写以将分支移出循环很容易，但是如果代码很复杂，那么重构也会很复杂。如果愿意重写，则也可以从编译器那里获得一些帮助，这个思路就是将运行时值转换为编译时值。

06_template.C

```
template <op_t op>
void process(std::vector<Shape>& v) {
    for (Shape& s : v) {
        if (op == do_shrink) s.shrink();
        else s.grow();
    }
```

```
}
void process(std::vector<Shape>& v, op_t op) {
    if (op == do_shrink) process<do_shrink>(v);
    else process<do_grow>(v);
}
```

整个（可能很大）旧函数 process()被转换为模板，但除此之外，没有任何变化。具体来说，我们没有将分支移出循环。但是，控制分支的条件现在是编译时常量（模板参数）。编译器将消除每个模板实例化中的分支和相应的死代码。

在程序的其余部分，配置变量仍然是一个运行时值，只是一个不经常更改（或根本不更改）的值。所以我们仍然需要一个运行时测试，但该测试只是用来决定调用哪个模板实例化。

这种方法可以推广。想象一下，我们需要为每个形状计算一些属性，如体积、尺寸、重量等。这一切都由单个函数完成，因为许多计算在不同的属性之间共享。但是，计算我们不需要的属性也需要时间，所以可实现一个如下所示的函数。

```
void measure(const std::vector<Shape>& s,
    double* length, double* width, double* depth,
    double* volume, double* weight);
```

空指针是有效的，表示我们不需要那个结果。在函数内部，则需要以最佳方式为请求值的特定组合编写代码，因为我们只执行一次普通计算，而不计算任何不需要的结果。

当然，这个检查是在形状的循环内完成的，这一次，它是一组非常复杂的条件。如果需要为同一组测量处理大量形状，则将条件提升到循环之外是有意义的，但编译器不太可能这样做，即使它能够做到这一点。

同样，我们可以编写具有许多非类型参数的模板：它们将是像 need_length、need_width 之类的布尔值。在该模板中，编译器将消除所有从未针对特定测量组合执行的分支，因为现在这是编译时信息。在运行时调用的函数必须根据哪些指针为非空将调用转发到正确的模板实例化。最有效的实现之一是查找表。

07_measure.C

```
template <bool use_length, bool use_width, …>
void measure(const std::vector<Shape>& v, double* length, … );
void measure(const std::vector<Shape>& v, double* length, … ) {
    const int key = ((length != nullptr) << 0) |
                    ((width != nullptr) << 1) |
                    ((depth != nullptr) << 2) |
                    ((volume != nullptr) << 3) |
```

```
                    ((weight != nullptr) << 4);
    switch (key) {
        case 0x01:  measure<true , false, … >(v, length, … );
                    break;
        case 0x02:  measure<false, true , … >(v, length, … );
                    break;
        …
        default:;   // 编程错误，断言
    }
}
```

这会生成大量代码：测量的每个变体都是一个新函数。因此，应该始终通过性能分析来验证这种重大转换的效果。

当然，在测量相对简单（例如，许多形状是立方体）并且需要对许多（数百万）个形状进行相同测量的情况下，这种变化可以产生明显的性能提升。

在使用特定编译器时，了解其功能（包括优化）是值得的。这种细节的讨论超出了本书的范围，而且也是很容易变化的知识——编译器发展很快。总体而言，本章为理解编译器优化奠定了基础，并为你提供了促进理解的参考框架。

10.3　小　　结

本章探讨了有关提高 C++效率的第二个主要领域——帮助编译器生成更高效的代码。

本书的目标是让你了解代码、计算机和编译器之间的交互，以便你能够以良好的判断力和扎实的理解做出这些决定。

帮助编译器优化代码的最简单方法是遵循有效优化的一般经验法则，其中许多也是良好设计的规则，例如：

❑　最小化代码不同部分之间的接口和交互。

❑　将代码组织成块、函数和模块。

❑　每个函数或模块都具有简单的逻辑和明确定义的接口边界。

❑　避免全局变量和其他隐藏的交互。

这些规则也是最佳设计实践。这一事实并非巧合，因为一般来说，易于程序员阅读的代码也易于编译器分析。

更高级的优化通常需要检查由编译器生成的代码。如果你注意到编译器没有执行某些优化，请考虑是否存在优化无效的情况：不要考虑程序中发生的情况，而是考虑给定代码片段中可能发生的情况（例如，你可能知道自己不会使用全局变量，但编译器必须

假设你可能会这样做）。

在第 11 章中，我们将探索 C++的一个非常微妙的领域（以及一般性的软件设计），它可能与程序性能研究有意想不到的重叠部分。

10.4 思 考 题

（1）什么限制了编译器优化？
（2）为什么函数内联对编译器优化非常重要？
（3）为什么编译器不会做"明显"优化？
（4）为什么内联是一种有效的优化？

第 11 章　未定义行为和性能

本章包含双重重点。一方面，解释了程序员在试图从代码中榨取最大性能时经常忽略的未定义行为的危险；另一方面，解释了如何利用未定义行为来提高性能以及如何正确指定和说明此类情况。总的来说，与通常的"任何事情都可能发生"相比，本章提供了一种有点不寻常但更有相关性的方式来理解未定义行为的问题。

本章包含以下主题：

- ❑ 未定义行为及其存在的原因。
- ❑ 有关未定义行为的真相与神话。
- ❑ 哪些未定义行为是危险的并且必须避免。
- ❑ 如何利用未定义行为。
- ❑ 未定义行为与效率之间的联系以及如何利用未定义行为。

本章将告诉你在阅读（其他人的）代码时如何识别未定义行为，并了解未定义行为如何与性能相关。本章还将教给你如何善用未定义行为，包括故意允许未定义行为、详细说明未定义行为，以及在其周围设置保护措施等。

11.1　技 术 要 求

和以前一样，本章需要一个 C++编译器。本章使用 GCC 和 Clang，但任何现代编译器都可以。本章附带的代码可在以下网址找到。

https://github.com/PacktPublishing/The-Art-of-Writing-Efficient-Programs/tree/master/Chapter11

本章还需要一种方法来检查编译器生成的汇编代码：许多开发环境都有显示汇编的选项，GCC 和 Clang 可以产生汇编代码而不是目标代码；调试器和其他工具可以从目标代码生成汇编（反汇编）。使用哪种工具取决于个人喜好。

11.2　关于未定义行为

未定义行为（undefined behavior，UB）的概念笼罩在一片神秘之中，并且常会收到未初始化的警告。Usenet 讨论组 comp.std.c 曾警告说，"当编译器遇到一个未定义的构造时，出现什么情况都不奇怪。"本章的直接目标之一就是揭开未定义行为的神秘面纱：虽然最终目标是解释未定义行为与性能之间的关系，并展示如何利用未定义行为，但在理性地讨论这个概念之前，显然我们什么也做不了。

首先，在 C++（或任何其他编程语言）的上下文中，未定义行为是什么？标准中有一些特定的地方使用了"行为未定义"或"程序格式错误"之类的说法。该标准进一步表示，如果行为未定义，则该标准对结果没有要求。相应的情况即称为"未定义行为"。例如，参考以下代码：

```
int f(int k) {
    return k + 10;
}
```

标准规定，如果加法导致整数溢出（即如果 k 大于 INT_MAX-10），则上述代码的结果是未定义的。

当提到未定义行为时，讨论往往会走向两个极端之一。我们刚刚看到的 Usenet 讨论组 comp.std.c 的警告是第一个。其夸张的语言可能是在善意警告未定义行为的危险，但其实也是理性解释的障碍。编译器并不会产生奇怪的行为，它只能从程序中生成一些代码，然后你将运行这些代码。它不会赋予计算机任何超能力：程序所做的任何事情，你都可以有意识地完成，例如，在汇编程序中手动编写相同的指令序列。

无论有没有未定义行为，底线是，当你的程序的行为未定义时，根据标准，编译器可以生成你不期望的代码，但是此代码不能执行你已经无法执行的任何操作。

虽然夸大未定义行为的危险没有帮助，但另一方面，人们倾向于对未定义行为进行推理，这也是一种很糟糕的做法。例如，考虑以下代码：

```
int k = 3;
k = k++ + k;
```

尽管 C++标准逐渐收紧了执行此类表达式的规则，但在 C++ 17 中，此特定表达式的结果仍是未定义的。许多程序员低估了这种情况的危险性。他们会说，"编译器要么先计算 k++，要么先计算 k+k。"为了解释为什么这是错误而危险的，我们必须首先对标准进行一番细致的梳理。

C++标准具有 3 个与此相关且经常混淆的行为类别：实现定义（implementation-defined）、未指定（unspecified）和未定义（undefined）。

❑　实现定义行为的准确规范必须由实现提供。这不是可选项，符合 C++标准的实现必须通过定义实现定义的语言构造的行为来加强标准。

❏ 　未指定行为与实现定义行为类似，区别在于实现没有义务说明行为。C++标准通常会提供一系列可能的结果，实现可以指定自己的可能结果，而无须指定哪个结果将会发生。

❏ 　对于未定义行为，C++标准对整个程序的行为没有任何要求。仔细考虑这句话的措辞非常重要：C++标准没有规定必须发生评估表达式 k++ + k 的几种替代方法之一（这应该是未指定行为，当然，这不是 C++标准说的）。C++标准只是会说整个程序格式错误，并且对其结果没有任何限制（在你恐慌和害怕之前，请记住，该结果仅限于某些可执行代码）。

经常有人提出反对意见，即无论编译器在编译包含未定义行为的代码时做了什么，它仍然必须以标准规定的方式处理其余代码，这样，未定义行为的损害就将仅限于该特定代码行的可能结果之一。

就像不要夸大危险很重要一样，理解为什么这个论点是错误的也很重要。编译器的编写假设程序定义良好，并且需要在这种情况下而且仅在这种情况下产生正确的结果。如果违反假设会发生什么，没有任何先入之见。描述这种情况的方法之一是说编译器不需要宽恕未定义行为。让我们回到第一个例子，代码如下。

```
int f(int k) {
    return k + 10;
}
```

由于足够大的 k 导致整数溢出，程序定义不正确，因此允许编译器假设这永远不会发生。如果真的发生了怎么办？如果你自己编译这个函数（在一个单独的编译单元中），则编译器将生成一些代码，为所有 k <= INT_MAX-10 产生正确的结果。如果你的编译器和链接器中没有整个程序的转换，则相同的代码可能会针对更大的 k 执行，并且结果将与你的硬件在这种情况下所做的无关。编译器可以插入对 k 的检查，但它可能不会这么做（当然，如果你使用了一些编译器选项，那么它可能会这样做）。

如果函数是更大编译单元的一部分，那该怎么办？这就是事情变得有趣的地方：编译器现在知道 f() 函数的输入参数受到限制。该知识可用于优化。例如，参考以下代码：

01_opt.C

```
int g(int k) {
    if (k > INT_MAX-5) cout << "Large k" << endl;
    return f(k);
}
```

如果 f() 函数的定义对编译器可见，则编译器可以推断出，该打印输出永远不会发生。

如果 k 大到足以让该程序打印，则整个程序格式错误，并且标准不需要它打印任何内容。如果 k 的值在定义的行为范围内，程序将永远不会打印任何内容。因此，无论哪种方式，根据标准，不打印任何内容都是有效的结果。

请注意，编译器当前没有执行此优化，并不意味着它永远不会执行：这种类型的优化在较新的编译器中会变得更加激进。

那么第二个例子呢？对于 k 的任何值，表达式 k++ + k 的结果总是未定义的。编译器可以用它做什么？请记住我们前面说过的话：编译器不需要宽恕未定义行为。该程序可以保持良好定义的唯一方式是从不执行该代码行。

C++标准允许编译器假设出现了这种情况，然后向后推论——永远不会调用包含此代码的函数，发生这种情况的任何必要条件都必须为真，依此类推，直到可能得出结论：整个程序永远不会被执行。

如果你认为"真正的编译器不会做那种事情"，那么请看以下代码。

02_inf.C

```
int i = 1;
int main() {
    cout << "Before" << endl;
    while (i) {}
    cout << "After" << endl;
}
```

这个程序的自然期望是打印 Before 并永远挂起。当使用 GCC（版本 9，优化 O3）编译时，这正是它所做的。当用 Clang（版本 13，优化 O3）编译时，将打印 Before，然后打印 After，最后立即终止，没有任何错误（不会崩溃，只是退出）。这两种结果都是有效的，因为遇到无限循环的程序的结果是未定义的（除非能够满足某些条件，但这些条件都不适用于此处）。

上述示例对于理解为什么会有未定义行为非常有指导意义。接下来，我们将揭开未定义行为的神秘面纱并解释产生未定义行为的原因。

11.3   产生未定义行为的缘由

在阅读完 11.2 节之后，你可能会很自然地提出以下问题：为什么标准中有未定义行为？为什么不指定每种情况的结果？

考虑到 C++会在具有完全不同属性的各种硬件上使用，你可能会问：为什么标准不回退到实现定义的行为而是让它未定义？

11.2 节最后的一个例子为我们提供了一个完美的演示工具，用于说明未定义行为存在的根本原因。一种说法是，无限循环是未定义行为；另一种说法是，标准不要求进入无限循环的程序有特定的结果（标准更细微，某些形式的无限循环会导致程序挂起，但这些细节不是目前要讨论的重点）。要理解该规则为何存在，请考虑以下代码：

```
size_t n1 = 0, n2 = 0;
void f(size_t n) {
    for (size_t j = 0; j != n; j += 2) ++n1;
    for (size_t j = 0; j != n; j += 2) ++n2;
}
```

这两个循环是相同的，所以我们要支付两次循环的开销（循环变量的递增和比较）。编译器显然应该通过将循环折叠在一起来进行以下优化。

```
void f(size_t n) {
    for (size_t j = 0; j != n; j += 2) ++n1, ++n2;
}
```

但是请注意，此转换仅在第一个循环终止时才有效；否则，计数 n2 根本不应该递增。在编译期间不可能知道循环是否终止——这取决于 n 的值。如果 n 是奇数，则循环将永远运行（与有符号整数溢出不同，将无符号类型 size_t 递增到其最大值是明确定义的，并且该值会回滚至 0）。

一般来说，编译器不可能证明特定循环最终会终止（这是一个已知的 NP 完全问题），但它做出的决定是假设每个循环最终都会终止，并允许进行优化。由于这些优化可能会使具有无限循环的程序无效，因此此类循环被视为未定义行为，这意味着编译器不必保留具有无限循环的程序的行为。

为避免将问题过于简单化，我们必须提到，并非 C++ 标准中定义的所有类型的未定义行为背后都有类似的推理。一些未定义行为被引入，是因为该语言必须在不同类型的硬件上获得支持，而其中一些情况现在已经过时。由于这是一本关于性能的书籍，因此我们将重点介绍出于效率原因而存在或可用于改进某些优化的未定义行为示例。

在 11.4 节中，我们将讨论更多关于编译器如何利用未定义行为来发挥其优势的示例。

11.4　未定义行为和 C++ 优化

在 11.3 节中，我们看到了一个示例，其中假设程序中的每个循环最终都会终止，编译器能够优化某些循环和包含这些循环的代码。优化器使用的基本逻辑始终相同。首先，假设程序不显示未定义行为；然后，推导出必须为真的条件才能使这个假设成立，并假设这些条件确实总是正确的；最后，任何在这种假设下有效的优化都可以进行。

如果违反假设，优化器生成的代码将执行某些操作，但我们无法知道是什么操作（除了已经提到的限制，它仍然是执行某些指令序列的同一台计算机）。

标准中说明的几乎所有未定义行为案例都可以转换为可能优化的示例（特定编译器是否利用这一点是另一回事）。接下来将看到更多的例子。

正如我们已经提到的，溢出有符号整数的结果是未定义的。编译器被允许假设这永远不会发生，并且将有符号整数递增一个正数总是会产生更大的整数。编译器是否真的执行了这种优化？让我们来了解一下。

比较以下两个函数 f() 和 g()。

03_int_overflow.C

```
bool f(int i) { return i + 1 > i; }
bool g(int i) { return true; }
```

在明确定义的行为领域内，这些函数是相同的。我们可以尝试对它们进行基准测试，以确定编译器是否优化掉了 f() 中的整个表达式，但是，正如我们在第 10 章中看到的，还有一种更可靠的方法。如果两个函数生成相同的机器代码，那么它们肯定是相同的，如图 11.1 所示。

图 11.1　GCC9 为函数 f()（左）和 g()（右）生成的 x86 汇编输出

在图 11.1 中可以看到，启用优化后，GCC 确实为两个函数生成了相同的代码（Clang 也是如此）。出现在汇编程序中的函数名称是所谓的重整名称：由于 C++ 允许包含不同参数列表的函数具有相同的名称，因此它必须为每个这样的函数生成一个唯一的名称。这通过将所有参数的类型编码为目标代码中实际使用的名称来实现。

如果想验证此代码确实没有任何 ?: 运算符的痕迹，最简单的方式是将函数 f() 与使用无符号整数进行相同计算的函数进行比较。参考以下代码：

03_int_overflow.C

```
bool f(int i) { return i + 1 > i; }
bool h(unsigned int i) { return i + 1 > i; }
```

无符号整数的溢出是明确定义的，一般来说，"i＋1 总是大于 i"是不成立的。GCC9
为 f() 和 h() 函数生成的 x86 汇编输出如图 11.2 所示。

图 11.2　GCC9 为 f()（左）和 h()（右）函数生成的 x86 汇编输出

可以看到，h() 函数生成了不同的代码，即使你不熟悉 x86 汇编，也可以猜测到 cmp
指令会进行比较。在左侧，函数 f() 将常量值 0x1（布尔值也称为 true）加载到用于返回结
果的寄存器 EAX 中。

这个例子也说明了试图推理未定义行为或将其视为实现定义的危险：如果你觉得程
序将对整数做某种加法，并且如果溢出，则特定的硬件会做它所做的一切，那你就大错
特错了。编译器可能会生成完全没有递增指令的代码。

现在我们终于有了足够的知识来充分揭示在本书开头播下的关于性能差异的种子
（见第 2 章）的奥秘。在第 2 章中，我们观察到相同函数的两个几乎相同的实现之间的
意外性能差异。该函数的工作是逐个字符地比较两个字符串，如果第一个字符串在字典
序上更大，则返回 true。以下是最紧凑的实现。

04a_compare1.C

```
bool compare1(const char* s1, const char* s2) {
    if (s1 == s2) return false;
    for (unsigned int i1 = 0, i2 = 0;; ++i1, ++i2) {
        if (s1[i1] != s2[i2]) return s1[i1] > s2[i2];
    }
}
```

此函数用于对字符串进行排序，因此基准测试可测量对特定输入字符串集进行排序
的时间，如图 11.3 所示。

```
$ clang++-11 -g -O3 -mavx2 -Wall -pedantic compare.C example.C -o example && ./example
Sort time: 210ms (276557 comparisons)
```

图 11.3　使用 compare1() 函数进行字符串比较的排序基准测试

该比较实现已经尽可能紧凑；这段代码没有什么不必要的内容。然而，令人惊讶的
结果是，它是性能最差的版本之一。表现最好的版本与其类似。

04b_compare2.C

```
bool compare2(const char* s1, const char* s2) {
    if (s1 == s2) return false;
    for (int i1 = 0, i2 = 0;; ++i1, ++i2) {
        if (s1[i1] != s2[i2]) return s1[i1] > s2[i2];
    }
}
```

唯一的区别是循环变量的类型：compare1()中使用的是 unsigned int，而 compare2()
中使用的是 int。由于索引从不为负，因此这两种类型应该没有任何区别，基准测试的结
果也证明确实如此，如图 11.4 所示。

```
$ clang++-11 -g -O3 -mavx2 -Wall -pedantic compare.C example.C -o example && ./example
Sort time: 74ms (276557 comparisons)
```

图 11.4　使用 compare2()函数进行字符串比较的排序基准测试

这种显著性能差异的原因同样与未定义行为有关。要了解发生了什么，我们将不得
不再次检查汇编代码。图 11.5 显示了 GCC 为这两个函数生成的代码（这里只显示了最相
关的部分，即字符串比较循环）。

```
    <_Z8compare1PKcS0_>:              |       <_Z8compare2PKcS0_>:
+-> lea    0x1(%rax),%edx             |  +-> movzbl (%rdi,%rax,1),%edx
|   movzbl (%rdi,%rdx,1),%ecx         |  |   add    $0x1,%rax
|   mov    %rdx,%rax                  |  |   movzbl -0x1(%rsi,%rax,1),%ecx
|   movzbl (%rsi,%rdx,1),%edx         |  |   cmp    %cl,%dl
|   cmp    %dl,%cl                    |  +-- je     20 <_Z8compare2PKcS0_+0x20>
+-- je     18 <_Z8compare1PKcS0_+0x18>|
```

图 11.5　为 compare1()（左）和 compare2()（右）函数生成的 x86 汇编程序

这两个代码看起来非常相似，但有一个差别：在右侧（compare2()），可以看到 add
指令，该指令用于将循环索引递增 1（编译器通过将两个循环变量替换为一个来优化代
码）。在左侧，则没有任何看起来像加法或增量的指令，取而代之的是 lea 指令，它代表
加载和扩展地址（load and extend address），但在此处的作用则是将索引变量加 1（这进
行了相同的优化，只有一个循环变量）。

根据到目前为止我们所掌握的所有知识，你应该能够猜出为什么编译器必须生成不
同的代码：虽然程序员预计索引永远不会溢出，但编译器通常无法做出这种假设。

请注意，这两个版本都使用 32 位整数，但代码是为 64 位机器生成的。如果 32 位有
符号 int 溢出，则结果是未定义的，因此在本示例中，编译器确实假设了溢出永远不会发
生。如果操作没有溢出，add 指令会产生正确的结果。对于 unsigned int，编译器必须考
虑到溢出的可能性：递增 UINT_MAX 应该给出 0。

　　事实证明，x86-64 机器上的 add 指令没有这些语义。相反，它会将结果扩展为 64 位整数。在 x86 机器上，32 位无符号整数运算的最佳选择是 lea 指令，它可以完成工作，但速度则要慢得多。

　　此示例演示了通过从程序定义良好且未定义行为永远不会发生的假设向后推理，编译器可以启用非常有效的优化，最终使整个排序操作的速度提高数倍。

　　现在我们已经了解了代码中发生的事情，可以解释代码的其他几个版本的行为。

　　首先，使用 64 位整数（无论是有符号还是无符号）将提供与使用 32 位有符号整数相同的快速性能：在有符号和无符号两种情况下，编译器都将使用 add 指令（对于 64 位无符号值，它确实具有正确的溢出语义）。

　　其次，如果使用最大索引或字符串长度，则编译器会推断索引不能溢出。

```
bool compare1( const char* s1, const char* s2,
               unsigned int len) {
    if (s1 == s2) return false;
    for (unsigned int i1 = 0, i2 = 0; i1 < len; ++i1, ++i2) {
        if (s1[i1] != s2[i2]) return s1[i1] > s2[i2];
    }
    return false;
}
```

　　对长度的不必要比较使得此版本比最佳变体略慢。避免意外遇到此问题的最可靠方法是始终使用有符号循环变量或使用硬件本机大小的无符号整数（因此，除非确实需要，否则应避免在 64 位处理器上执行 unsigned int 数学运算）。

　　我们可以使用标准中描述为未定义行为的几乎任何其他情况来构建类似的演示（尽管不能保证特定的编译器会利用可能的优化）。以下是另一个使用指针解引用的示例。

06a_null.C

```
int f(int* p) {
    ++(*p);
    return p ? *p : 0;        // 优化为 return *p
}
```

　　这是对一种常见情况的简化，在这种情况下，程序员编写了指针检查代码以防止出现空指针，但并未在所有地方都这样做。如果输入参数是空指针，则第二行（递增）是未定义行为。这意味着整个程序的行为是未定义的，因此编译器可以假设它永远不会发生。

　　对汇编代码的检查表明，它确实消除了第三行中的比较，如图 11.6 所示。

```
<_Z1fPi>:                   |         <_Z1fPi>:
mov     (%rdi),%eax         |         mov     (%rdi),%eax
add     $0x1,%eax           |         add     $0x1,%eax
mov     %eax,(%rdi)         |         mov     %eax,(%rdi)
retq                        |         retq
```

图 11.6　为带 ?: 运算符（左）和不带 ?: 运算符（右）的 f()函数生成的 x86 汇编程序

如果先进行指针检查，也会发生同样的情况。

07a_null.C

```
int f(int* p) {
    if (p) ++(*p);
    return *p;
}
```

同样，对汇编代码的检查将表明消除了指针比较，即使程序行为到此为止都是明确定义的。这里面的道理是一样的：如果指针 p 不为空，则比较是多余的，可以省略。如果指针 p 为空，则程序的行为是未定义的，这意味着编译器可以为所欲为，它想要的就是省略比较。因此，最终结果是，无论指针 p 是否为空，都可以消除比较。

在第 10 章中，当我们研究编译器优化时，花了大量的时间来分析哪些优化是可能的，因为编译器可以证明它们是安全的。我们将重新讨论这个问题，这是因为：首先，它对于理解编译器优化是绝对必要的；其次，它与未定义行为有联系。

我们刚刚看到，当编译器从特定语句推导出某些信息时（例如，从 return 语句推导出 p 是非空的），该知识不仅可用于优化后续代码，还可用于优化前面代码。传播此类知识的限制来自编译器可以肯定地证明的其他内容。为了演示，我们稍微修改一下前面的例子。

08a_null.C

```
extern void g();
int f(int* p) {
    if (p) g();
    return *p;
}
```

在这种情况下，编译器将不会消除指针检查，这也可以在生成的汇编代码中看到，如图 11.7 所示。

test 指令将使用 null（零）进行比较，然后是条件跳转。这就是 if 语句在汇编程序中的样子。

```
<_Z1fPi>:                          |     <_Z1fPi>:
push    %rbx                       |     push    %rbx
mov     %rdi,%rbx                  |     mov     %rdi,%rbx
test    %rdi,%rdi                  |     callq   .9 <_Z1fPi+0x9>
je      e <_Z1fPi+0xe>             |     mov     (%rbx),%eax
callq   e <_Z1fPi+0xe>             |     pop     %rbx
mov     (%rbx),%eax                |     retq
pop     %rbx                       |
retq                              |
```

图 11.7　为带指针检查（左）和不带指针检查（右）的 f() 函数生成的 x86 汇编程序

为什么编译器不优化掉指针检查？要回答这个问题，必须弄清楚这种优化在什么条件下会改变程序的明确定义的行为。

使优化无效需要以下两点。

❑　g() 函数必须知道指针 p 是否为空。这是可能的，例如，p 也可以被 f() 的调用方存储在一个全局变量中。

❑　如果 p 为空，则不得执行 return 语句。这也是可能的，如果 p 为空，则 g() 可能会抛出异常。

在与未定义行为密切相关的 C++ 优化的最后一个示例中，我们将讨论一些完全不同的东西：const 关键字对优化的影响。

让我们从之前看到的代码片段开始：

```
bool f(int x) { return x + 1 > x; }
```

正如我们所见，优化编译器将删除此函数中的所有代码并将其替换为 return true。现在，我们让函数做一些更多的工作。

```
void g(int y);
bool f(int x) {
    int y = x + 1;
    g(y);
    return y > x;
}
```

当然，同样的优化也是可能的，因为代码可以改写如下。

```
void g(int y);
bool f(int x) {
    g(x + 1);
    return x + 1 > x;
}
```

对函数 g() 的调用必须进行，但该函数仍返回 true：比较不能产生任何其他内容，而不会陷入未定义行为。同样，大多数编译器都会进行这种优化。我们可以通过将原始代码生成的汇编程序与完全手工优化的代码生成的汇编程序进行比较来确认这一点。

```
void g(int y);
bool f(int x) {
    g(x + 1);
    return true;
}
```

可能进行优化的唯一原因是 g()函数不会更改其参数。在同一代码中，如果 g()通过引用获取参数，则不再可能进行优化。

```
void g(int& y);
bool f(int x) {
    int y = x + 1;
    g(y);
    return y > x;
}
```

现在 g()函数可以改变 y 的值，所以每次都必须进行比较。如果函数 g()的目的不是改变它的参数，则当然可以仅按值传递它们（正如我们已经看到的）。另一种选择是通过 const 引用。虽然对于小类型（如整数）没有理由这样做，但模板代码通常会生成此类函数。在这种情况下，代码如下所示。

10_const.C

```
void g(const int& y);
bool f(int x) {
    int y = x + 1;
    g(y);
    return y > x;
}
```

对汇编程序的快速检查表明，return 语句没有优化，它仍然进行了比较。当然，特定编译器不进行某种优化的事实证明不了任何事情：没有优化器是完美的。但在本示例中，这是有原因的。不管代码如何，C++标准并不保证 g()函数不会改变它的参数。这是一个完全符合标准的实现，它阐明了这个问题。

```
void g(const int& y) { ++const_cast<int&>(y); }
bool f(int x) {
    int y = x + 1;
    g(y);
```

```
    return y > x;
}
```

是的，函数被允许抛弃 const。其结果是明确定义的，并在标准中指定（这并没有使它成为一个优秀的代码，只是一个有效的代码）。

当然，也有一个例外。从在创建时声明为 const 的对象中丢弃 const 是未定义行为。为了说明这一点，不妨来看以下代码。

```
int x = 0;
const int& y = x;
const_cast<int&>(y) = 1;
```

以下是未定义行为。

```
const int x = 0;
const int& y = x;
const_cast<int&>(y) = 1;
```

可以尝试通过将中间变量 y 声明为 const 来利用这一点。

```
void g(const int& y);
bool f(int x) {
    const int y = x + 1;
    g(y);
    return y > x;
}
```

现在编译器可以假设函数总是返回 true：改变它的唯一方式是调用未定义行为，编译器不需要宽恕未定义行为。在撰写本书时，我们还不知道有任何编译器实际进行了这种优化。

考虑到这一点，对于使用 const 促进优化，有以下建议。

❏　如果值未改变，则将其声明为 const。虽然正确性是其主要好处，但这确实可以实现一些优化，特别是当编译器可以通过在编译时评估表达式来传播 const 时。

❏　对于优化来说更好的是，如果该值在编译时已知，则可将其声明为 constexpr。

❏　通过对函数的 const 引用传递参数对优化几乎没有任何作用，因为编译器必须假设该函数可能会抛弃 const（如果函数被内联，编译器将确切地知道发生了什么，但是参数如何声明已经无关紧要了）。

　　另一方面，这是将 const 对象传递给函数的唯一方式，所以，应该尽可能将引用声明为 const（更重要的结果是意图的清晰度）。

❏　对于小类型，值传递比引用传递更有效（这不适用于内联函数）。这很难与模板生成的通用函数相协调（不要假设模板总是内联的；大型模板函数通常不会如此）。有一些方法可以强制特定类型的值传递，但它们会使模板代码更加烦琐。永远不要从编写这样的代码开始；只有当测量结果表明，对于特定的代码段，这种努力是合理的时才这样做。

我们已经详细探讨了 C++ 中的未定义行为如何影响 C++ 代码的优化。接下来，让我们看看如何在程序中利用未定义行为。

11.5　使用未定义行为进行高效设计

本节要讨论的未定义行为不是由标准指定并适用于 C++ 的，而是由程序员指定并应用于自己的软件的。要使用未定义行为进行高效设计，首先从不同的角度考虑未定义行为是有帮助的。

到目前为止，我们看到的所有未定义行为的例子都可以分为两种。

❑　第一种是诸如 ++k + k 之类的代码。这些是程序中的错误，因为这些代码根本没有定义的行为。

❑　第二种是 k+1 之类的代码，其中 k 是有符号整数。这段代码无处不在，而且在大多数情况下，它运行良好。除了变量的某些值，它的行为是明确定义的。

换句话说，代码具有隐含的先决条件。只要满足这些先决条件，程序就表现良好。请注意，在程序的更大上下文中，这些先决条件可能是也可能不是隐含的，程序可能会验证输入或中间结果，并防止可能导致未定义行为的值。

无论哪种方式，程序员都与用户确立了一个约定：如果输入遵守某些限制，则保证结果是正确的。换句话说，程序以明确定义的方式运行。

违反约定时会发生什么？有以下两种可能。首先，程序可能会检测到输入不符合约定并处理错误。这种行为仍然被很好地定义，并且是规范的一部分。其次，程序可能无法检测到约定被违反并像往常一样继续执行。由于该约定对于保证正确结果至关重要，因此该程序现在是在未知领域运行，并且通常无法预测将要发生的事情。

我们刚刚描述了未定义行为。现在你应该明白，未定义行为只是在指定的约定之外运行的程序的行为，不妨来考虑一下如何将它应用于软件。

大多数足够复杂的程序对其输入都有先决条件，即与用户的约定。有些人可能会说，应始终检查这些先决条件并报告任何错误。然而，这可能是一项非常昂贵的要求。现在让我们来看一个示例。

我们想要编写一个程序来扫描绘制在一张纸上（或蚀刻在印刷电路板上）的图像并

将其转换为图数据结构。程序的输入可能如图 11.8 所示。

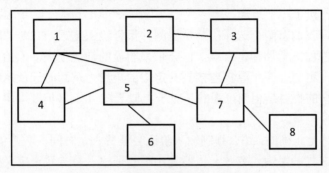

图 11.8　使用图形作为程序的输入

该程序将采集图像，识别矩形，并创建图的节点；识别线，为每条线找出所连接的两个矩形，并在图中创建相应的边。

假设我们有一个图采集和分析库，它为我们提供了一组形状（矩形和线条）及其所有坐标。我们现在要做的就是找出哪些线连接哪些矩形。

在已经获得了所有的坐标之后，这实际上就是纯几何问题。表示该图的简单方法之一是将其表示为边的表。表可以使用任何容器（如向量），如果为每个节点分配一个唯一的数字 ID，则边只是一对数字。

我们可以使用任意数量的计算几何算法来检测直线和矩形之间的交叉点，并按每条边构建该表（以及图本身）。

这听起来很简单，我们对数据进行了自然的表示，相当简明且易于使用。遗憾的是，我们还与用户有一个隐含的约定：要求每条线恰好与两个矩形相交（而且，矩形彼此不相交），如图 11.9 所示。

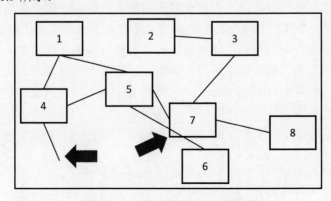

图 11.9　图识别程序的无效输入

在图 11.9 中，可以看到两个违反约定的输入示例：其中有一条线连接了 3 个矩形，而另一条线则只连接了一个矩形。

如前文所述，我们有两个选择：一是检测并报告输入错误，二是忽略它们。第一个选择可以使我们的程序更加稳定可靠，但会带来明显的性能损失。原始程序在找到第二个这样的矩形后，可能会停止寻找连接到给定边的矩形，从那时起就忽略该边。事实证明，这种优化带来的收益是相当可观的：对于类似于图 11.8（但要大得多）的图，可能会将运行时间减少一半。

如果输入最终是正确的，那么强制输入验证会浪费大量时间，并使用户感到沮丧（用户可以通过其他方式确保输入有效）。但是，不验证输入将导致未定义行为：如果有一条线连接 3 个矩形，那么算法将在以任何顺序找到前两个矩形后停止（并且这个顺序可能依赖于数据，所以对于这种情况，真的可以说是在所涉及的两个节点之间创建了一条边）。

如果性能差异不大（或者整体运行时间很短，即使是运行时间翻倍也无关紧要），则最好的解决方案就是验证输入。但是，在许多情况下，验证输入的成本可能很高，遇到这种情况应该怎么办？

首先，必须明确提示与用户的约定。程序应该清楚地说明什么是有效的输入。

其次，性能关键型程序的最佳实践就是提供最佳性能。因此，更宽泛的约定（施加较少限制的约定）总是比更严格的约定要好，所以，如果有一些无效的输入，我们也应该可以用最少的开销轻松检测和处理，这是可以做到的。

除此之外，我们所能做的就是详细说明程序行为未定义时的条件，就像在 C++标准中所做的那样。

我们可以做出一些额外的努力，例如，可以为用户提供一个输入验证工具，作为程序中的一个可选步骤或作为一个单独的软件。运行它需要时间，但如果用户从主程序得到奇怪的结果，那么他们就可以自行检查以确保输入有效。这比简单地描述行为何时未定义更可取（但是，在某些情况下，此类验证成本也可能太高而无法实施）。

如果 C++编译器开发人员为程序员做出同样的额外努力，并提供一个可选工具来检测代码中的未定义行为，那不是很好吗？事实上，开发人员也是这么认为的。今天的许多编译器都可以选择启用 UB sanitizer（通常称为 UBSan）。这就是它的工作原理。让我们从一些可能导致未定义行为的代码开始。

```
int g(int k) {
    return k + 10;
}
```

编写一个程序，用足够大的参数（大于 INT_MAX-10）调用这个函数，并在启用 UBSan

的情况下编译它。对于 Clang 或 GCC 编译器，其选项是 -fsanitize=undefined。

以下是一个示例。

```
clang++ --std=c++17 -O3 -fsanitize=undefined ub.C
```

运行程序时，会看到类似如下内容。

```
ub.C:10:20: runtime error: signed integer overflow:
        2147483645 + 10 cannot be represented in type 'int'
```

就像前面有关图识别程序的示例一样，未定义行为检测需要时间并使程序变慢，因此应该在测试和调试中进行。程序员可以将 UBSan 运行作为常规回归测试的一部分，并认真对待报告的错误：程序这一次产生了正确的结果并不意味着下一个编译器不会生成一些完全不同的代码并更改结果。

现在我们已经了解了未定义行为、产生未定义行为的缘由，以及如何利用它来提高性能。在继续学习之前，让我们来回顾一下学到的东西。

11.6　小　　结

我们开辟了一整章来专门讨论 C++ 和一般程序中的未定义行为主题。为什么？因为这个主题与性能密不可分。

首先，我们要理解的是，未定义行为发生在程序接收到指定程序行为的约定之外的输入时。此外，规范还指出程序不需要检测此类输入和发出诊断。对于 C++ 标准定义的未定义行为和你自己程序的未定义行为来说，这都是成立的。

其次，规范（或标准）未涵盖所有可能的输入并定义结果的原因主要与性能有关。当可靠地产生特定结果的成本非常高时，通常会引入未定义行为。对于 C++ 中的未定义行为，处理器和内存架构的多样性也导致了难以统一处理的情况。如果没有一种可行的方法来保证特定的结果，标准就会使结果未定义。

最后，程序不需要检测无效输入的原因是这种检测也可能非常昂贵，有时确认输入有效比计算结果需要更长的时间。

在设计软件时，应该牢记这些注意事项：始终通过一个宽泛的约定来定义任何输入（或几乎任何输入）的结果。当然，这样做也会给仅提供典型输入或正常输入的用户带来性能开销。如果有两款程序，一款程序能够更快地执行用户想要执行的任务，另一款程序能够可靠地执行用户根本碰不到或从未想过解决的任务，则大多数用户会选择前者。因此，作为一种妥协，也可以为用户提供验证输入的方法。但是如果此验证的成本很高，则它应该仅作为一个可选项。

当涉及由 C++标准布局的未定义行为时，那么情况反过来了，因为此时你就是用户。必须理解的是，如果一个程序包含带有未定义行为的代码，则整个程序都是错误定义的，而不仅仅是一行有问题。这是因为编译器可以假设未定义行为永远不会在运行时发生，并从中推断出需要对代码进行相应优化。现代编译器在某种程度上都是这样做的，未来的编译器只会在推论上更加激进。

最后，许多编译器开发人员还提供了可以在运行时检测未定义行为的验证工具——UB sanitizers。就像你自己的程序的输入验证器一样，这些工具也需要时间来运行，这就是为什么 UB sanitizer 是一个可选工具。你应该在软件测试和开发过程中利用它。

在第 12 章中，我们将回顾所学的一切。

11.7　思　考　题

（1）什么是未定义行为？

（2）为什么我们不能定义程序可能遇到的任何情况的结果？

（3）如果把标准标签编写成未定义行为，测试结果，验证代码正常，这样就没问题了，对吗？

（4）为什么设计一个程序前要详细说明未定义行为？

第 12 章　性　能　设　计

本章将回顾本书介绍过的所有与性能相关的因素和特性，并探讨这些知识和理解对我们在开发新软件系统或重新构建现有软件系统时所做出的设计决策的影响。

我们将讨论设计决策如何影响软件系统的性能，了解如何在缺乏详细数据的情况下做出与性能相关的设计决策，并介绍有关设计 API、并发数据结构和高性能数据结构以避免低效率的最佳实践。

本章包含以下主题：

❑　设计和性能之间的相互作用。
❑　着眼于性能的设计。
❑　API 设计注意事项。
❑　优化数据访问的设计。
❑　性能权衡。
❑　做出明智的设计决策。

你将学习如何从一开始就将良好的性能作为设计目标之一，以及如何设计程序的基本架构以实现高性能软件系统。

12.1　技　术　要　求

本章需要一个 C++编译器和一个微基准测试工具，例如在第 11 章中使用的 Google Benchmark 库，其网址如下。

https://github.com/google/benchmark

本章附带的代码可在以下网址找到。

https://github.com/PacktPublishing/The-Art-of-Writing-Efficient-Programs/tree/master/Chapter12

12.2　设计与性能之间的相互作用

良好的设计是否有助于实现良好的性能？或者是否必须偶尔在最佳设计实践方面做

出妥协以实现最佳性能？这些问题在编程社区中引起了激烈的争论。坚持"设计至上"的布道者会争辩说，如果你认为需要在优秀的设计和高效的性能之间做出选择，那么就说明你的设计还不够优秀。另一方面，黑客（这里是在传统意义上使用这个术语，指的是将解决方案组合在一起的程序员，与犯罪无关）通常将设计指南视为对最佳优化的约束。

本章的目的是表明这两种观点在一定程度上都是对的，但是如果你因此而将它们视为"全部真相"，那也可能会犯错误，因为许多设计实践固然会在应用于特定软件系统时对性能造成限制，但还有许多实现和维护高效代码的指南是可靠的设计建议，可以提高性能和设计质量。

我们对设计和性能之间的紧张关系有更细腻的看法。对于特定的系统（也可能就是你现在正在使用的系统），一些设计指南和实践确实会导致效率低下和性能不佳。但是，这并不能说明这样的设计规则总是与效率对立，只能说在特定的系统中，甚至是在某些特定的上下文中，如果采用遵循这些规则的设计，则最终可能会在软件系统的核心架构中出现低效问题，并且很难通过"优化"来补救，除非完全重写程序的关键部分。任何对这个问题的潜在严重性不屑一顾或进行美化的人都没有考虑到程序的最大优化。而任何声称这使得我们有理由放弃可靠设计实践的决定都是错误的、过于简单的选择。

如果你意识到特定的设计方法遵循了良好的实践，提高了代码的清晰度和可维护性，但是会降低性能，那么正确的反应是选择一种有所不同但也很优秀的设计方法。换句话说，虽然发现一些很好的设计会产生较差的性能是很常见的，但对于给定的软件系统，每个良好的设计都不太可能导致低效率。你需要做的就是从若干种可能的优质设计中选择一种也能提供良好性能的设计。

当然，这一点说起来容易做起来难，我们希望本书会对此有所帮助。在本章的其余部分，我们将关注该问题的两个方面：首先，当我们关注性能时，哪些设计实践是建议采用的？其次，当我们没有可以运行和测量的程序，只有一个（可能并不完整的）设计时，如何评估可能的性能影响？

实际上，我们可以将性能视作一个重要的设计考虑因素，就像在设计中考虑其他要求（例如"支持多用户"或"在硬盘上存储 TB 级的数据"）一样，性能目标也是要求的一部分，应在设计阶段予以明确考虑。这也是接下来我们将要讨论的主题。

12.3　着眼于性能的设计

如前文所述，性能是设计目标之一，与其他约束和要求同等重要。因此，"此设计导致性能不佳"和"此设计未提供我们所需的功能"的表述是一样的，它们的解决方案也相同。在这两种情况下，我们都需要不同的设计，而不是更糟糕的设计。

为了帮助你在第一次尝试时选择性能提升的设计实践，接下来我们将介绍几个专门针对良好性能的设计指南。它们也是可靠的设计原则，你有充分的理由接受它们：遵循这些指导原则不会使你的设计变得更糟。

前两个原则（最小信息原则和最大信息原则）将处理设计的不同组件（函数、类、模块、进程、任何组件）的交互。首先，我们建议这些交互传递尽可能少的信息，但整个系统仍能正常运行。其次，我们建议不同的组件相互提供尽可能多的关于交互预期结果的信息。

你可能会认为这是自相矛盾的，没错，你是对的。但是，设计通常就是解决矛盾的艺术，所以，这两个相互矛盾的表述都是成立的，只不过不在同一时间或同一地点。

接下来，让我们更详细地探讨一下这种设计矛盾管理技术。

12.3.1　最小信息原则

我们从第一条原则开始：尽可能少地传达信息。在这里，上下文环境至关重要，特别是，我们建议组件尽可能少地透露有关它如何处理特定请求的信息。组件之间的交互受到约定的约束。当我们谈论类和函数的接口时，已经习惯了这个思想，但它其实是一个更宽泛的概念。例如，用于在两个进程之间进行通信的协议就是一个约定。

在任何此类接口或交互中，做出和履行承诺的一方不得自愿提供任何额外信息。这里不妨来看一些具体的例子。

假设我们要从一个实现基本队列的类开始，那么你可以问问自己，从效率的角度来看，什么是好的接口？

其中一种方法允许我们检查队列是否为空。请注意，调用方没有询问队列有多少元素，而只是询问它是否为空。虽然队列的某些实现可能会缓存该大小并将其与 0 进行比较以解决此请求的问题，但对于其他实现，确定队列是否为空可能比计算元素更有效。约定是，"如果队列为空，那么将返回 true。"因此，即使知道大小，也不必做出任何额外的承诺：不要主动提供任何未要求的信息。这样，后期就可以自由地更改你的实现。

同样，入队和出队的方法应该仅保证新元素被添加到队列或从队列中删除。为了从队列中弹出一个元素，我们必须处理空队列的情况或声明这种尝试的结果未定义（这是 STL 选择的方法）。你可能会注意到，到目前为止，从效率的角度来看，STL 队列展示了一个出色的接口：它履行了队列数据结构的约定，而没有透露任何不必要的细节。特别是，std::queue 是一个适配器，可以在多个容器之一上实现。队列可以实现为向量、双端队列或列表这一事实告诉我们，其接口在隐藏实现细节方面做得很好。

接口泄露太多实现信息的示例可以考虑另一个 STL 容器，即无序集（或映射）。std::unordered_set 容器有一个接口，允许我们插入新元素并检查给定的值是否已经在集合中（到目前为止，一切都很好）。根据定义，它缺乏元素的内部顺序，并且标准提供的性能保证清楚地表明数据结构使用哈希。Perforce 是接口中明确指示哈希的部分，不能认为它是无成本的，特别是在需要指定一个用户给定的哈希函数的情况下。但是该接口还更进一步，通过诸如 bucket_count() 之类的方法公开了一个事实，即底层实现必须是一个单独的链式哈希表，其中包含用于解决哈希冲突的存储桶。因此，不可能使用诸如开放寻址哈希表之类的技术来创建完全符合 STL 的无序集。此接口限制了实现，可能会阻止你使用更有效的实现。

虽然我们在上述简单示例中使用的是类设计，但同样的原则也可以应用于更大模块的 API、客户端–服务器协议以及系统组件之间的其他交互：在设计响应请求或提供服务的组件时，可提供一个简洁的约定，并透露请求者所需的信息，仅此而已。

揭示最少信息或最少承诺的设计原则本质上是以下类接口流行原则的推广：接口不应泄露实现。另外，程序员还要考虑到纠正违反本原则的行为将非常困难：如果设计泄露了实现细节，那么客户将开始依赖它们，并且一旦有所更改，则其实现就会出错。因此，到目前为止，性能设计与通用的良好设计实践是一致的。

接下来，我们将介绍不同设计目标与相应最佳实践之间的关系。

12.3.2　最大信息原则

虽然满足请求的组件应该避免不必要地披露可能限制实现的任何内容，但对于发出请求的组件而言，情况则恰恰相反。请求者或调用方应该能够提供关于究竟需要什么东西的具体信息。当然，调用方仅在有合适的接口时才提供此信息，因此，我们真正要表述的是：接口应该设计为允许此类"完整"请求。特别是，为了提供最佳性能，了解请求背后的意图通常很重要。同样，我们可以通过一个示例来更好地理解这个概念。

让我们从一个随机访问序列容器开始。随机访问意味着可以访问容器的任意第 i 个元素，而无须访问任何其他元素。通常的做法是使用索引运算符。

```
T& operator[](size_t i) { return … 第 i 个元素 …; }
```

使用此运算符可以遍历容器，如下所示。

```
container<T> cont;
… 添加一些数据到 cont …
for (size_t i = 0; i != cont.size(); ++i) {
```

```
    T& element_i = cont[i];
    … 对第 i 个元素执行一些操作 …
}
```

从效率的角度来看，这并不是最好的方法，因为我们使用了随机访问迭代器进行顺序迭代。一般来说，当使用一个更强大的接口，却只使用了它的一小部分能力时，应该关心效率问题，因为这个接口的额外灵活性可能是以牺牲一些性能为代价的，如果并不需要使用这些能力，那就明显浪费了。

再来看一个示例。std::deque 是一个支持随机访问的块分配容器。为了访问任意元素 i，首先要计算出哪个块包含这个元素（一般是模运算）和块内该元素的索引，然后在辅助数据结构（块指针表）中找到该块的地址并索引到块中。

对于其下一个元素来说，必须重复这个过程，尽管在大多数情况下，该元素将驻留在同一个块中，而且我们已经知道它的地址。发生这种情况是因为对任意元素的请求没有包含足够的信息：无法表示我们很快就会请求下一个元素。因此，std::deque 双端队列无法以最有效的方式处理遍历。

扫描整个容器的另一种方法是使用迭代器接口。

```
for (auto it = cont.begin(); it != cont.end(); ++it) {
    T& element = *it;
    … 在元素上执行一些操作 …
}
```

双端队列的实现者可以假设递增（或递减）迭代器是一个经常完成的操作。因此，如果有一个迭代器 it 并访问相应的元素*it，那么很可能会请求下一个元素。双端队列迭代器可以存储块指针或块指针表中正确条目的索引，这将使访问一个块内的所有元素的成本大大降低。在以下简单基准测试的帮助下，我们可以验证使用迭代器遍历双端队列确实比使用索引快得多。

01_deque.C

```
void BM_index(benchmark::State& state) {
    const unsigned int N = state.range(0);
    std::deque<unsigned long> d(N);
    for (auto _ : state) {
        for (size_t i = 0; i < N; ++i) {
            benchmark::DoNotOptimize(d[i]);
        }
        benchmark::ClobberMemory();
    }
    state.SetItemsProcessed(N*state.iterations());
```

```
}
void BM_iter(benchmark::State& state) {
    const unsigned int N = state.range(0);
    std::deque<unsigned long> d(N);
    for (auto _ : state) {
        for (auto it = d.cbegin(), it0 = d.cend();
            it != it0; ++it) {
            benchmark::DoNotOptimize(*it);
        }
        benchmark::ClobberMemory();
    }
    state.SetItemsProcessed(N*state.iterations());
}
```

结果显示了令人印象深刻的性能差异，如图 12.1 所示。

```
BM_index/4194304    17283529 ns    17281365 ns       46   231.463M items/s
BM_iter/4194304      3032421 ns     3032333 ns      259   1.2882G items/s
```

图 12.1　使用索引与迭代器遍历 std::deque 的比较

搞清楚性能设计和性能优化之间的主要区别非常重要。我们不能保证迭代器访问双端队列更快，实际上，特定实现也可能使用索引运算符来实现迭代器。这种保证可能仅来自优化的实现。在本章中，我们感兴趣的是设计，设计不能真正"优化"，但是，如果你谈论"高效设计"，那么其他人可能会理解你的意思。

由于设计可以允许或阻止某些优化，因此将设计区分为"性能不友好"和"性能友好"则更为准确（后者通常称为高效设计）。

在双端队列示例中，索引运算符接口与随机访问一样高效，并且它可以将顺序迭代视为随机访问的一种特殊情况。调用方没有办法说："我接下来可能会要求访问相邻的元素。"反之，在使用迭代器的情况下，我们可以推断它很可能是递增或递减的。实现可以自由地使这个增量操作更有效率。

现在可以让容器示例更进一步。这一次，我们考虑一个本质上用作树的自定义容器，但与 std::set 不同的是，我们不会将值存储在树节点中，而是存储在序列容器中（数据存储），而树节点包含指向该容器元素的指针。树本质上是数据存储的索引，因此它需要一个自定义比较函数：我们要比较值，而不是指针。

02_index_tree.C

```
template<typename T> struct compare_ptr {
    bool operator()(const T* a, const T* b) const {
        return *a < *b;
```

```
    }
};
template <typename T> class index_tree {
    public:
    void insert(const T& t) {
        data_.push_back(t);
        idx_.insert(&(data_[data_.size() - 1]));
    }
    private:
    std::set<T*, compare_ptr<T>> idx_;
    std::vector<T> data_;
};
```

当插入一个新元素时，它将被添加到数据存储的末尾，而指针则被添加到索引中通过元素的比较而确定的适当位置。为什么我们会选择这样的实现而不是 std::set？在某些情况下，我们可能有一些强制要求。例如，数据存储可能是磁盘上的内存映射文件。而在其他情况下，我们也可能会选择这种实现来提高性能，即使乍一看，额外的内存使用和通过指针对元素的间接访问会降低性能。

要了解此索引树容器的性能优势，不妨尝试一下搜索满足给定谓词的元素的操作。假设我们的容器提供了简单迭代索引集的迭代器，则可以轻松地进行此搜索。解引用运算符应该返回索引元素，而不是指针。

02_index_tree.C

```
template <typename T> class index_tree {
    using idx_t = typename std::set<T*, compare_ptr<T>>;
    using idx_iter_t = typename idx_t::const_iterator;
    public:
    class const_iterator {
        idx_iter_t it_;
        public:
        const_iterator(idx_iter_t it) : it_(it) {}
        const_iterator operator++() { ++it_; return *this; }
        const T& operator*() const { return *(*it_); }
        friend bool operator!=(const const_iterator& a,
                               const const_iterator& b) {
            return a.it_ != b.it_;
        }
    };
    const_iterator cbegin() const { return idx_.cbegin(); }
    const_iterator cend() const { return idx_.cend(); }
```

```
    …
};
```

要确定容器中是否存储了满足特定要求的值，我们可以简单地遍历整个容器并检查每个值的谓词。

```
template <typename C, typename F> bool find(const C& c, F f) {
    for (auto it = c.cbegin(), i0 = c.cend(); it != i0; ++it) {
        if (f(*it)) return true;
    }
    return false;
}
```

当我们像刚才那样使用迭代器访问容器时，向容器提供了什么信息？就像以前一样，我们告诉它，我们打算每次都访问下一个元素。我们没有告诉它这样做的原因。意图重要吗？在这种情况下，确实如此。

仔细看看我们真正需要做的是什么：我们需要访问容器中的每个元素，直至找到满足给定条件的元素。在这个需求声明中，我们没有说想要按顺序访问容器元素，只是需要迭代所有元素。如果有一个 API 调用告诉容器检查所有元素但不需要任何特定顺序，则该容器的实现将可以自由优化访问顺序。

对于我们的索引容器，最佳访问顺序是迭代数据存储向量本身：这提供了最佳内存访问模式（顺序访问）。

在我们的例子中，元素在存储中的实际顺序是它们被添加的顺序，但这并不重要，我们要求返回的只是一个布尔值，我们甚至不会询问匹配元素的位置。换句话说，虽然可能有多个元素满足条件，但调用方想知道是否至少存在一个这样的元素。我们没有询问元素的值或任何特定元素，因为这是"查找任何元素"的请求，而不是"查找第一个元素"的请求。

以下是允许调用方提供所有相关信息的接口的版本。

02_index_tree.C

```
template <typename T> class index_tree {
    …
    template <typename F> bool find(F f) const {
        for (const T& x : data_) {
            if (f(x)) return true;
        }
        return false;
    }
};
```

它的执行速度会更快吗？同样，基准测试可以回答这个问题。如果未找到值或很少找到该值，则差异会更加明显，如图 12.2 所示。

```
BM_iter/4096          53332 ns          53323 ns          15340      73.2558M items/s
BM_find/4096           3109 ns           3109 ns         217010      1.22708G items/s
```

图 12.2　使用迭代器与 find() 成员函数在索引数据存储中进行搜索的对比

同样，退后一步并重新评估这个例子作为软件设计的教训而不是特定的优化技术是非常重要的。在这种情况下，find()成员函数比基于迭代器的搜索快多少并不重要。在设计阶段，重要的是要明白：通过适当的实现可以更快。而更快的原因是了解调用方的意图。

我们可以对使用非成员 find() 函数的调用方和使用成员函数 find() 的调用方提供的信息进行比较。当非成员 find()函数调用容器接口时，其实是在告诉容器："让我按顺序逐一查看所有容器元素的值。"实际上其中的大部分信息并不需要，但这是我们提供给容器的信息，因为这是可以通过迭代器接口传递的唯一信息。另一方面，成员 find()函数允许发出以下请求："以任何顺序检查所有元素，并告诉我是否至少有一个元素与此条件匹配。"此请求施加的限制要少得多，它是一个高级请求，将详细信息留给容器本身。在本示例中，程序员可以利用这种自由来提供更好的性能。

在设计阶段，你可能并不知道这种优化的实现是可能的。成员 find()函数的第一个实现也可能运行迭代器循环或调用 std::find_if。你也有可能永远都不会去优化此函数，因为在你的应用程序中，它很少被调用并且不是性能瓶颈。但是，软件系统的寿命往往比你预期的要长，而根本性的重新设计既困难又耗时。因此，一个好的系统架构不应限制系统多年甚至数十年的演进，即使在添加新功能或性能要求发生变化时也是如此。

在这里，我们再次看到了"性能友好"和"性能不友好"设计之间的区别。当然，同样的原则也适用于系统组件之间的交互，并不限于类：在设计响应请求或提供服务的组件时，应允许请求者提供所有相关信息，特别是表达请求背后的意图。

由于以下原因，这是一个更具争议性的指导原则。

❑　它和目前流行的类设计方法明显不一致，后者强调的是：永远不要为不需要特权访问并且完全可以通过现有公共 API 执行的任务实现（公共）成员函数。

❑　这也可能违反另一个重要原则，即"不要过早地优化"。当然，我们不应简单地理解这条原则，特别是，这条原则的支持者通常会补充一句，"但也不要过早地悲观。"在设计的语境中，后者意味着做出切断未来优化机会的设计决策。

因此，最大信息原则（或者说提供尽可能多信息的接口）的使用其实是一个平衡和合理性判断的问题。总的来说，违反这条原则并不像不遵守最小信息原则那么有害：如果你的接口或约定公开了不必要的信息，那么很难从所有依赖它的客户端那里撤回这些信息。另一方面，如果你的接口不允许客户端提供相关的意图信息，则客户端可能会被迫变成一个低效的实现。但是，在你稍后添加信息更丰富的接口后，一切都不会中断，并且客户端可以根据需要转换到此接口。

因此，有关是否预先提供信息更丰富的接口的决定取决于以下几个因素。

❑ 该组件或组件之间的这种交互对性能至关重要的可能性有多大？虽然我们不鼓励你猜测特定代码的性能，但是你通常应该知道相关组件的一般性要求，例如，每秒访问数百万次的数据库很可能在某处成为性能瓶颈，而提供员工薪资发放服务的系统则完全可以进行保守设计，并且仅在需要时才进行优化。

❑ 此设计决策的影响有多大？特别是，如果低效的实现激增，那么当我们添加一个新的、更高级别的接口时，它会有多不容易修改？使用一次或两次的类可以很容易地与其客户端一起更新；而一个通信协议将成为整个系统的标准，因此它应该从一开始就内置了可扩展性，包括未来信息丰富请求的选项。

通常而言，这些选择并不是非常明确的，它依赖于程序设计师的直觉，以及知识和经验的融合。本书对你了解相关知识有所帮助，而你自己则需要多多积累经验。

在考虑不同设计决策的性能影响时，我们经常关注接口和数据组织。因此，接下来我们将明确地转向这两个主题，先从接口设计开始。

12.4　API 设计注意事项

有许多图书和文章都介绍了应用程序编程接口（application programmable interface，API）设计的最佳实践。它们通常关注可用性、清晰度和灵活性。但是，诸如"使接口清晰且易于正确使用"和"使接口难以误用"等通用原则并未直接解决性能问题，当然也不会干扰促进良好性能和效率的实践。

在 12.3 节中，详细讨论了在设计性能接口时应该记住的两个重要原则。本节将探索一些明确针对性能的更具体的指导方针。许多高性能程序依赖于并发执行，因此首先解决并发设计的问题是有意义的。

12.4.1　有关并发的 API 设计

设计并发组件及其接口时最重要的规则是提供明确的线程安全保证。请注意，这里我们所说的"明确的线程安全保证"并不意味着一定要采用强线程安全保证，实际上，为了获得最佳性能，通常最好在低级接口上提供弱线程安全保证。有关强线程安全保证和弱线程安全保证的区别，详见 6.4.1 节。

STL 选择的方法就是一个很好的例子：所有可能改变对象状态的方法都提供弱线程安全保证，只要在任何时候只有一个线程在使用容器，程序就是明确定义的。

如果想要更强的保证，可以在应用层使用锁。更好的做法是创建自己的锁定类，为想要的接口提供强有力的保证。有时，这些类只是锁定装饰器，它们将被装饰对象的每个成员函数都封装在一个锁中。当然，更常见的是，有多个操作必须由单个锁保护。

为什么？因为在操作完成"一半"之后让客户端看到特定的数据结构是没有意义的。这让我们有一个更具普遍意义的观察结果：作为一项规则，线程安全接口也应该是事务性的。组件（类、服务器、数据库等）的状态在调用 API 之前和之后都应该是有效的。接口约定承诺的所有不变量都应该被维护。

在发出请求的成员函数执行期间，对象很可能经历了一个或多个客户端认为无效的状态：它没有维护指定的不变量。该接口应该使另一个线程无法观察到处于这种无效状态的对象。

让我们用一个例子来进行详细的说明。

回想一下 12.3 节中提到的索引树，如果我们想让这棵树是线程安全的（即给它提供强线程安全保证），则应该使插入新元素是线程安全的，即使同时从多个线程调用也一样。

```cpp
template <typename T> class index_tree {
    public:
    void insert(const T& t) {
        std::lock_guard guard(m_);
        data_.push_back(t);
        idx_.insert(&(data_[data_.size() - 1]));
    }
    private:
    std::set<T*, compare_ptr<T>> idx_;
    std::vector<T> data_;
    std::mutex m_;
};
```

当然，其他方法也必须受到保护。很明显，我们不想分别锁定 push_back()和 insert()调用。那么，如果对象的新元素在数据存储中但不在索引中，客户端该如何处理？

根据我们的接口，甚至连这个新元素是否在容器中都没有定义。如果使用迭代器扫描索引，那么它不在其中；但如果使用 find()扫描数据存储，则它在其中。这种不一致告诉我们，索引树容器的不变量是在插入前后而不是在插入中间维护的。因此，没有其他线程可以看到这种定义不明确的状态是非常重要的。可通过确保接口既是线程安全的又是事务性的来实现这一点。

　　同时调用多个成员函数是安全的，因为一些线程会阻塞并等待其他线程完成它们的工作，但并没有未定义的行为。每个成员函数可将对象从一个明确定义的状态移动到另一个明确定义的状态（换句话说，它执行的是一个事务，例如添加一个新元素）。这两个因素的结合将使对象可以安全使用。

　　如果需要一个反例（设计并发接口时不应该做什么），则不妨回忆一下第 7 章中对 std::queue 的讨论。从队列中移除元素的接口不是事务性的：front()将返回 front 元素但不移除它，而 pop()则会移除 front 元素但不返回任何内容。如果队列为空，则两者都会产生未定义的行为。

　　单独锁定这些方法对我们没有好处，因此线程安全 API 必须使用我们在第 7 章中考虑的方法之一来构造事务并用锁保护它。

　　现在转向有关效率方面的思考：如你所见，如果作为容器的构建块的各个对象进行了自己的锁定，那对我们没有好处。想象一下，如果 std::deque<T>::push_back()本身由锁保护，那么这固然将使 deque 是线程安全的（当然，假设其他相关方法也被锁定）。但这对我们并没有任何好处，因为我们仍然需要用锁保护整个事务。它所做的只是浪费一些时间来获取和释放我们不需要的锁。

　　另外请记住，并非所有数据都将被并发访问。在一个设计良好的最小化共享状态量的程序中，大多数工作是在线程特定的数据（即某个线程独有的对象和数据）上完成的，并且对共享数据的更新也相对较少。线程独占的对象不应产生锁定或其他同步的开销。

　　现在似乎出现了一个矛盾的情况：一方面，应该用线程安全的事务接口来设计类和其他组件；另一方面，不应该用锁或其他同步机制来加重这些接口的负担，因为我们可能正在构建执行自己锁定的更高级别的组件。

　　解决这个矛盾的一般方法是两手都要抓：提供可用作更高级别组件的构建块的非锁定接口，并在有意义的地方提供线程安全接口。

　　一般来说，线程安全接口是通过用锁防护装置装饰非锁定接口来实现的。当然，这必须在合理范围内进行。首先，任何非事务性接口都专供单线程使用或用于构建更高级别的接口。无论哪种方式，它们都不需要锁定。其次，在特定的设计中，有些组件和接口是在狭义的上下文中使用的。也许某个数据结构是专门为在每个线程上单独完成的工作而设计的，这同样意味着没有理由向其添加并发开销。某些组件在设计上可能仅用于并发使用并且是顶级组件，那么它们应该具有线程安全的事务接口。当然，这仍然留下许多可能以两种方式使用并且需要锁定和非锁定变体的类和其他组件。

　　从根本上说，有两种方式可以解决这个问题。第一种方式是设计一个可以在需要时使用锁定的单个组件，例如：

```
template <typename T> class index_tree {
    public:
    explicit index_tree(bool lock) : lock_(lock) {}
    void insert(const T& t) {
        optional_lock_guard guard(lock_ ? &m_ : nullptr);
        …
    }
    private:
    …
    std::mutex m_;
    const bool lock_;
};
```

为此，我们需要一个有条件的 lock_guard。可以使用 std::optional 或 std::unique_ptr
构造一个，但它们不够优雅且效率低下。相反，编写我们自己的类似于 std::lock_guard
的 RAII 类则要容易得多，如下所示。

```
template <typename L> class optional_lock_guard {
    L* lock_;
    public:
    explicit optional_lock_guard(L* lock) : lock_(lock) {
        if (lock_) lock_->lock();
    }
    ~optional_lock_guard() {
        if (lock_) lock_->unlock();
    }
    optional_lock_guard(const optional_lock_guard&) = delete;
    // 处理其他/移动操作
};
```

除了不可复制，std::lock_guard 也是不可移动的。可以遵照相同的设计或使你的类可
以移动。对于类，通常可以在编译时而不是运行时处理锁定条件。这种方法可使用基于
策略的设计并包含一个锁定策略（locking policy，LP）。

```
template <typename T, typename LP> class index_tree : private
LP {
    public:
    void insert(const T& t) {
        std::lock_guard<LP> guard(*this);
        …
    }
};
```

至少应该有两个版本的锁定策略。

```
struct locking_policy {
    std::mutex m_;
    void lock() { m_.lock(); }
    void unlock() { m_.unlock(); }
};
struct non_locking_policy {
    void lock() {}
    void unlock() {}
};
```

现在可以创建具有弱线程安全保证或强线程安全保证的 index_tree 对象。

```
index_tree<int, locking_policy> strong_ts_tree;
index_tree<int, non_locking_policy> weak_ts_tree;
```

当然，这种编译时方法适用于类，但可能不适用于其他类型的组件和接口。例如，当与远程服务器通信时，可能希望在运行时通知它当前会话是共享的还是独占的。

第二个选项是我们之前讨论过的——一个锁定装饰器。在此版本中，原始类（index_tree）仅提供弱线程安全保证。以下包装类提供了强线程安全保证。

```
template <typename T> class index_tree_ts :
    private index_tree<T>
{
    public:
    using index_tree<T>::index_tree;
    void insert(const T& t) {
        std::lock_guard guard(m_);
        index_tree<T>::insert(t);
    }
    private:
    std::mutex m_;
};
```

请注意，虽然封装通常比继承更受欢迎，但在继承的优点是我们可以避免复制装饰类的所有构造函数。

相同的方法也可以应用于其他 API，即要么使用控制锁定的显式参数，要么使用装饰器。使用哪一个方式在很大程度上取决于你的设计细节——它们都有其各自的优缺点。

值得一提的是，即使锁的开销与特定 API 调用所完成的工作相比微不足道，也可能有充分的理由避免无偿锁定，特别是，这种锁定会大大增加可能死锁的代码审查量。

请注意，我们提到过所有线程安全接口都应该是事务性的，也提到过线程安全的设计原则，在它们的最佳实践之间其实存在很多重叠。而线程安全的错误处理则更复杂，因为我们不仅要保证调用接口前后的有效状态，还要保证系统在检测到相关错误后仍保持良好定义的状态。

从性能的角度来看，错误处理本质上是开销，所以我们不希望错误频繁发生（否则，它们就不是真正的错误，而是我们必须处理的经常发生的情况）。幸运的是，编写错误安全代码的最佳实践（例如，使用 RAII 对象进行清理）也非常有效，并且很少会产生显著的开销。尽管如此，正如我们在第 11 章中所讨论的那样，一些错误条件很难可靠地被检测到。

本小节探讨了一些设计高效并发 API 的指导原则，总结如下。

❑　用于并发使用的接口应该是事务性的。

❑　接口应提供最低限度的必要线程安全保证（对不打算同时使用的接口，可提供弱线程安全保证）。

❑　对于既用作客户端可见的 API，又用作创建自己的更复杂事务并提供适当锁定的更高级别组件的构建块的接口，通常需要有两个版本：一个版本带有强线程安全保证，另一个版本则提供弱线程安全保证（或锁定和非锁定）。这可以通过条件锁定或使用装饰器来完成。

这些指南与其他用于设计强大而清晰的 API 的最佳实践大体一致。因此，我们很少需要进行设计权衡以获得更好的性能。

接下来让我们抛开并发问题，转向性能设计的其他领域。

12.4.2　复制和发送数据

复制和发送数据的讨论其实是我们在第 9 章中讨论的"不必要的复制"问题的泛化。使用任何接口（而不仅仅是 C++ 函数调用）通常都涉及发送或接收一些数据。这是一个非常笼统的概念，除了同样笼统的"注意数据传输成本"，我们无法提供任何普遍适用的具体指导方针。但对于一些常见的接口类型，可以详细说明一下。

前文已经讨论了在 C++ 中复制内存的开销以及由此产生的关于接口的注意事项。我们在第 9 章中介绍了相关的实现技术。对于设计，可以强调一个普遍重要的指导方针：明确定义的数据所有权和生命周期管理。它出现在性能上下文中的原因是，过度复制通常是所有权混乱的副作用，因此，生命周期管理是一种在数据仍在使用时却消失的解决方法，因为复杂系统的许多代码段的生命周期都没有得到很好的理解。

在分布式程序、客户端-服务器应用程序中，或者从更广义上来说，在带宽限制很重要的组件之间，需要进行管理的是一组完全不同的问题。在这些情况下，经常会使用数据压缩：用 CPU 时间换取带宽，因为压缩和解压缩数据会花费处理时间，但传输速度会更快。

一般来说，在设计时无法决定是否要在特定通道中压缩数据，因为有很多信息是事先不知道的，所以无法像先知一样做出明智的权衡。但是，重要的是在设计系统时需要考虑到压缩的可能性。这对于设计可以转换为压缩格式的数据结构的接口有一些重要的影响。如果要求压缩整个数据集，传输它，然后将其转换回解压缩格式，那么用于处理数据的接口不会改变，但内存需求会大幅增加，因为需要同时执行压缩和解压缩操作，而它们的数据都存储在内存中。另一种方法则是在内部存储压缩数据的数据结构，但这在设计其接口时就需要一些预先考虑。

举个例子，假设我们有一个简单的结构体来存储三维位置和一些属性。

```
struct point {
    double x, y, z;
    int color;
     … 更多数据 …
};
```

一个非常流行的指导方针是，我们应该避免只访问相应数据成员的 getter 和 setter 方法，因此被建议不要按以下方式操作。

```
class point {
    double x, y, z;
    int color;
    public:
    double get_x() const { return x; }
    void set_x(double x_in) { x = x_in; } // 和 y 等一样
};
```

将这些对象存储在一个点的集合中，如下所示。

```
class point_collection {
    point& operator[](size_t i);
};
```

这种设计在一段时间内可以很好地为我们服务，但需求是不断变化的，现在我们必须存储和传输数百万个点。很难想象如何通过这个接口引入内部压缩：索引运算符返回一个对象的引用，该对象必须具有 3 个可直接访问的 double 数据成员。如果有 getter 和 setter，则我们可能已经能够将点实现为集合中压缩点集的代理。

```
class point {
    point_collection& coll_;
    size_t point_id_;
    public:
    double get_x() const { return coll_[point_id_]; }
    …
};
```

该集合存储的是已经压缩的数据，并且可以动态解压缩其中的一部分以访问由 point_id_ 标识的点。

当然，一个对压缩更加友好的接口是需要我们按顺序迭代整个点集合的接口。现在你应该意识到，我们刚刚重新审视了指导我们尽可能少地透露有关集合内部运作的信息的指南。对压缩的关注为我们提供了一个特定的观点。如果你考虑数据压缩的可能性，或者从更广义上说，用于存储和传输的替代数据表示，你还必须考虑限制对这些数据的访问。也许你可以想出无须随机访问数据即可完成所需计算的算法。如果你通过设计限制访问，则保留了压缩数据的可能性（或以其他方式利用受限访问模式）。

当然，还有其他类型的接口，它们都有自己的运行时间、内存和与传输大量数据相关的存储空间成本。

在着眼于性能进行设计时，请考虑这些成本将成为性能瓶颈的可能性，并尝试限制接口以实现内部数据表示的最大自由度。当然，这和其他任何事情一样，应该在合理范围内进行。例如，无论采用何种格式，计算机读取速度都比写入速度快。

现在我们已经理解了数据布局的问题（因为它会影响接口设计），接下来让我们直接关注数据组织方式的性能影响。

12.5　优化数据访问的设计

在第 4 章中，详细讨论了数据组织方式对性能的影响。在该章中，我们观察到，只要没有“热点代码”，通常就会找到“热点数据”。换句话说，如果运行时分布在大部分代码中并且没有什么突出的优化机会，那么很可能有一些数据（一个或多个数据结构）在整个程序中被访问，并且正是这些访问限制了整体性能。

这可能是一个非常令人不快的情况：性能分析器没有显示出适合优化的地方，你可能会发现一些次优代码，但测量表明最多可以节省总运行时间的百分之一（这显然有点无济于事）。除非你知道要查找什么，否则很难找到提高此类代码性能的方法。

那么，在确定需要寻找的是“热点数据”而不是“热点代码”之后，该如何做呢？

　　首先，如果所有数据访问都通过函数调用完成，而不是通过直接读写公共数据成员来完成，那就容易多了。即使这些访问器函数本身不占用太多时间，也可以通过检测它们来统计访问操作，这将直接显示哪些数据是热点。

　　这种方法类似于代码分析，只不过它不是查找多次执行的指令，而是查找多次访问的内存位置（某些性能分析器提供了此类测量功能，而无须检测代码）。

　　我们再次回到设计指南，该指南规定了明确定义的接口，这些接口不会公开内存中的数据布局等内部细节——轻松监控数据访问的能力是这种方法的另一个优点。

　　应该指出的是，每个设计都涉及代码的组织（组件、接口等）和数据的组织。你可能还没有考虑具体的数据结构，但必须考虑数据流，因为每个组件都需要一些信息来完成其工作。系统的哪些部分生成这些信息？谁拥有它，谁负责将它传送到需要它的组件或模块？

　　计算通常还会产生一些新信息，同样，你需要考虑的是，它应该在哪里交付，谁将拥有它？每个设计都应该包含这样的数据流分析。如果你认为自己没有这样做，那么很可能是已经通过接口的说明文档以隐性方式这样做。信息流及其所有权可以从 API 约定的整体推断出来，但这是一种相当复杂的处理方式。

　　一旦你明确地描述了信息流，就知道在执行的每个步骤中都存在哪些数据，并且它们被哪些组件访问。你还知道必须在组件之间传输哪些数据。那么现在你就可以开始考虑组织这些数据的方法了。

　　在数据组织方面，可以在设计阶段采用两种方法。

　　第一种方法是依靠接口提供数据的抽象视图，同时隐藏有关其真实组织的所有细节。这是本章开始介绍的第一个原则，即将最小信息原则发挥到极致。如果可行，可以稍后根据需要实现优化接口的数据结构。

　　需要注意的是，设计一个不以任何方式限制底层数据组织的接口几乎是不可能的，而且这样做通常成本很高。例如，如果你有一个有序的数据集合，那么你是否希望允许在集合中间插入？如果答案是肯定的，则数据将不会存储在需要移动一半元素以在中间打开一个空间的类似数组的结构中（这是对实现的某种限制）。另一方面，如果你坚决拒绝任何限制实现的接口，那么你最终会得到一个非常有限的接口，并且可能无法使用最快的算法（这就是不及早考虑特定数据组织方式的成本）。

　　第二种方法是至少考虑将一些数据组织方式作为设计的一部分。这固然会降低实现的灵活性，但会放宽对接口设计的一些限制。例如，你可能决定，为了以特定顺序访问数据，将使用指向数据元素存储位置的索引。你将把间接访问的成本嵌入系统架构的基础中，但是这样也可以获得数据访问的灵活性：元素可以按优化方式存储，并且可以为任何类型的随机或有序访问构建正确的索引。index_tree 就是这种设计的一个简单例子。

　　请注意，在讨论如何为性能设计数据组织方式时，我们将不得不使用一些非常低级的概念。一般来说，诸如"通过额外指针访问"之类的细节被视为实现问题。但是，在设计高性能系统时，你必须关注缓存位置和间接引用等问题。

　　最好的结果通常是通过结合这两种方法来获得的，即确定最重要的数据并提出一个有效的组织方式。当然，不需要深入每个细节，但总的来说，如果你的程序在其基本级别多次搜索大量字符串，那么你可能决定将所有字符串存储在一个大的、连续的内存块中，并使用索引来执行搜索和其他有针对性的访问。然后，你将设计一个高级接口来构建索引并通过迭代器使用它，但此类索引的确切组织方式将留给实现。

　　你的接口可施加一些限制，例如，你可能决定调用方在构建索引时可以请求随机访问或双向迭代器，这反过来又会影响实现。

　　并发系统的设计需要格外注意数据的共享。在设计阶段，你应该特别注意将数据分类为非共享、只读或共享写入。当然，后者应该被最小化，正如我们在第 6 章中看到的，访问共享数据的成本是很昂贵的。

　　另一方面，重新设计用于独占单线程访问的组件或数据结构，使它们成为线程安全的，这有一定的难度，并且通常会导致性能不佳（很难将线程安全移植到根本不安全的设计之上）。因此，你应该在数据流分析期间的设计阶段花时间明确定义数据所有权和访问限制。

　　由于"数据所有权"一词通常指的是非常低级的细节，例如"我们是否使用智能指针以及哪个类拥有它？"因此，谈论信息所有权和对信息的访问可能更可取。

　　你应该识别必须一起提供的信息片段，确定哪个组件生成并拥有该信息，哪些组件修改了某些信息，以及是否同时进行。

　　设计应包括对所有数据按访问划分的高级分类：单线程（独占）、只读或共享。

　　请注意，这些角色可能会随时间发生变化：一些数据可能由单个线程生成，但稍后由多个线程读取，而不进行修改。这也应该反映在设计中。

　　"将数据流或知识流视为设计的一部分"这样的指南过于笼统，经常被人遗忘，但如果换一个表述方式，它可能就非常简单。例如，"考虑数据组织方式限制和接口的组合"就是一个更为具体的指南，该指南可为设计过程留下显著的实现自由。

　　许多程序员会坚持认为"本地缓存"在设计阶段没有立足之地。这确实是将性能作为设计目标之一时必须做出的妥协之一。在系统设计期间，我们将不得不权衡这些相互竞争的动机，以便更好地着眼于性能进行设计。

12.6　性能权衡

设计往往是妥协的艺术，我们必须平衡相互竞争的目标和要求。本节将专门讨论与性能相关的权衡。在设计高性能系统时，将做出许多这样的权衡。

首先让我们来看看需要注意的一些元素。

12.6.1　接口设计

本章已经讨论了尽可能少地公开实现的好处。但是，这样做获得的优化自由与非常抽象的接口的成本之间存在着紧张关系。

这种紧张需要在优化不同组件之间进行权衡：不以任何方式限制实现的接口通常会非常严重地限制客户端。例如，让我们重新审视一下点的集合。在不限制其实现的情况下，我们可以做什么？除了在末尾插入，我们不允许在任何其他地方插入（该实现可能是一个向量，复制一半的集合是不可接受的）。当只能追加到末尾时，这意味着我们无法维护排序顺序。例如，不能有随机访问（集合可能存储在列表中）。如果集合被压缩，则可能无法提供反向迭代器。给实现者留下几乎无限自由的点集合仅限于前向迭代器（流访问），并且可能是追加操作。即使后者是一个限制，一些压缩方案仍需要在读取数据之前完成数据，因此集合可以处于只写状态或只读状态。

我们给出这个例子并不是为了展示对实现无关的 API 的严苛追求如何导致对客户端的不切实际的限制。恰恰相反，这是处理大量数据的有效设计。集合是通过追加到末尾来编写的，在写入完成之前，数据没有特定的顺序。

这里所谓的"写入完成"还可能包括排序和压缩。为了读取集合，我们可以动态解压缩它（如果压缩算法一次在多个点上工作，则需要一个缓冲区来保存未压缩的数据）。

如果必须编辑集合，则可以使用第 4 章中介绍过的算法进行内存高效编辑：我们总是从头到尾读取整个集合，根据需要修改每个点，添加新点等。

我们将结果写入新集合并最终删除原始集合。这种设计允许非常高效的数据存储，无论是在内存使用（高压缩）方面还是在高效内存访问（仅限缓存友好的顺序访问）方面。它还要求客户端在流访问和读取-修改-写入操作方面实现其所有操作。

可以从另一端得出相同的观点：如果通过分析数据访问模式得出结论，可以接受流访问和读取-修改-写入更新，那么就可以将这一部分纳入设计。

当然，这不是特定的压缩方案，而是高级数据组织方式：在读取任何内容之前必须完成写入，更改数据的唯一方式是将整个集合复制到一个新集合中，并且在复制期间可以根据需要修改其内容。

关于这种权衡的一个有趣观察是，我们可能必须在性能要求与易用性或其他设计考虑因素之间取得平衡，而且通常还要决定哪个方面的性能更重要。一般来说，应该优先考虑低级组件，因为与高级组件中算法的选择相比，它们的架构对于整体设计更为基础。因此，后期更难更改，这使得做出明智的设计决策变得更加重要。

请注意，在设计组件时，还需要进行其他权衡。

12.6.2　组件设计

我们刚刚讨论过，有时为了让一个组件在设计上具有出色的性能，必须对其他组件施加一些限制，这些组件的性能需要仔细选择算法和熟练的实现。但是，这并不是我们必须做出的唯一权衡。

性能设计中最常见的平衡动作是为组件和模块选择适当的粒度级别。制作小组件通常是一种很好的设计实践，尤其是在测试驱动的设计中（它们通常将可测试性作为目标之一）。将系统拆分成太多块时，它们之间的交互受到限制可能对性能不利。

一般来说，将较大的数据和代码单元视为单个组件可以实现更有效的实现。同样，我们的点集合就是一个很好的示例：如果我们不允许对集合内的点对象进行不受限制的访问，那么它会更有效率。

在做出这些决策时，应该考虑相互冲突的需求。我们知道，将一个点作为一个单独的单元是很好的，因为这样就可在其他代码中进行测试和重用。但是，我们真的需要将点集合公开为这些点单元的集合吗？也许我们可以将其视为它存储的点中包含的所有信息的集合，而创建点对象仅用于将点读取和写入该集合，一次一个。这种方法能够在保持良好的模块化的同时实现高性能。

通常而言，接口是根据清晰和可测试的组件实现的，而在内部，较大的组件则以完全不同的格式存储数据。

应该避免的是在接口中创建"后门"，这些接口旨在遵循良好设计实践，但却可能导致性能限制。这通常以特别的方式损害了两个相互竞争的设计目标。因此，在这种情况下更好的方式是重新设计所涉及的组件。如果看不到解决矛盾需求的方式，则可以考虑删除组件边界并将较小的单元变成内部的、特定于实现的子组件。

最后，我们还需要讨论一下错误处理问题。

12.6.3　错误和未定义的行为

　　错误处理往往被视为事后需要考虑的事情之一，但是，在设计决策中，它应该是同等重要的因素。尤其是，如果程序一开始就没有考虑到特定异常处理方法，则后期很难将异常处理方法（以及随之而来的错误安全处理）添加到其中。

　　错误处理应从接口开始，因为所有接口本质上都是控制组件之间交互的约定。这些约定应包括对输入数据的任何限制：如果满足某些外部条件，则组件将按规定运行。但是约定还应该指定，如果条件不满足且组件无法履行约定（或者程序员认为这是不可取的或这样做太难）时会发生什么。

　　这种错误响应的大部分内容也应该包含在约定中：如果没有满足指定的要求，则组件会以某种方式报告错误。它可能是异常、错误代码、状态标志或其他方法的组合。当然，本书专注的是性能方面的讨论。

　　从性能的角度来看，最重要的考虑因素通常是在更常见的情况下处理潜在错误的开销（这里所说的"更常见的情况"是指输入和结果是正确的并且没有发生任何不好的事情）。简单而言，我们的目标是"错误处理必须便宜"。这意味着在正常的、无错误的情况下，错误处理必须是低成本的。相反，当罕见事件实际发生时，我们通常不关心处理错误的成本。这表明从一种设计到另一种设计可以有很大的差异。例如，在处理事务的应用程序中，我们通常需要提交或回滚（commit-or-rollback）语义：每个事务要么成功，要么什么都不做。当然，这种设计的性能成本可能会很高。

　　一般来说，失败的事务仍然会影响某些更改是可以接受的，只要这些更改不会改变系统的主要不变量即可。对于基于磁盘的数据库来说，浪费一些磁盘空间是可以接受的；然后，我们始终可以为事务分配空间并写入磁盘，但是，如果出现错误，则会让用户无法访问这个部分写入的区域。

　　在"隐藏"错误的全部后果以提高性能的这种情况下，最好设计一个单独的机制来清除此类错误的后果。对于数据库，这种清理可以在一个单独的低优先级后台进程中进行，以避免干扰主要访问。同样地，这是通过及时分离矛盾来解决它们的一个示例：如果我们必须从错误中恢复，但这样做代价太高，则稍后再执行代价高昂的那一部分。

　　最后，我们还必须考虑到在某些情况下违反约定的可能性，检查其成本是否太高。第 11 章中即讨论了这种情况。接口约定应该明确规定，如果违反某些限制，结果是不确定的。如果你选择这种方法，则不要让程序花时间使未定义的结果更"可接受"。未定义意味着任何事情都可能发生，因此这不应该轻易完成，应该考虑替代方案，例如轻量级数据收集，将昂贵的工作留给处理真正错误时的代码路径。但是，明确约定边界和未定义的结果比"我们将竭尽所能，但不做出承诺"的不确定替代方案更可取。

在设计阶段必须进行许多权衡，本章列举的元素并不是权衡的完整列表，也不是一个包罗万象的指南。我们仅展示了几个常见的矛盾以及解决它们的可能方法。

为了在平衡性能设计目标与其他目标和动机时做出明智的决定，进行一些性能估计很重要。但是，如何在设计阶段的早期获得性能指标呢？这是我们尚未讨论的有关性能设计的最后一部分，在某种意义上讲也是最难的一部分。

12.7　做出明智的设计决策

在做出权衡决策时，我们同样必须站在良好性能数据的坚实基础上。毕竟，如果不知道以缓存最佳顺序而不是随机顺序访问数据的成本是多少，又如何决定设计数据结构以实现高效的内存访问呢？而且这也回到了有关性能的第一条规则——永远不要猜测性能。当然，如果我们的程序仍然只是白板上的一幅设计图，那么这样的测试确实是说起来容易做起来难。

在无法运行设计的情况下，如何获得测量值来指导和支持设计决策呢？一些知识可以来自经验。在这里，我们所说的"经验"并不是指"我们一直都是这样干"的经历，而是说，如果你已经设计并实现了新系统的类似组件，并且如果它们是可重用的，则它们就会带有可靠的性能信息。即使你必须修改它们或设计类似的东西，你也有高度相关的性能测量，这些性能测量可能会很好地转移到新设计中。

那么，如果没有可以用来衡量性能的相关程序，又该怎么办呢？那我们必须依靠模型和原型了。

这些模型可以是人工构造的，根据现有的知识，模仿未来程序某些部分的预期工作量和性能。例如，如果我们决定在内存中组织大量数据，并且知道将不得不频繁处理整个数据语料库，那么在第 4 章中的微基准测试就是可能使用的模型，它将处理组织为列表与数组的相同数量的数据。这个模型不是对未来程序性能的精确衡量，但它提供了宝贵的见解，并提供了良好的数据来支持我们的决策。

请记住，模型越近似，预测就越不准确：如果对两种替代设计进行建模并得出彼此相差 10%以内的性能测量值，则表明这两种设计选项可提供相似的性能，因此可以根据其他标准自由选择。

并非所有模型都是微基准测试。有时，也可以使用现有程序来为新行为建模。假设有一个分布式程序，它可以处理一些类似于下一个程序需要处理的数据。新程序将有更多的数据，并且相似性只是表面的（可能两个程序都处理字符串），因此旧程序不能用于处理新数据的任何实际测量。没关系，我们可以修改代码以发送和接收更长的字符串。如果现有的程序不使用它们怎么办？也没关系，我们可以编写一些代码来以某种现实的方式生成和使用这些字符串，并将其嵌入程序中。

现在我们可以启动执行分布式计算的程序部分，看看发送和接收预期的数据量需要多长时间。假设压缩需要足够长的时间。不过，我们可以做得更好：向代码添加压缩并将网络传输加速与压缩和解压缩成本进行比较。如果你不想花费大量时间为特定数据编写真实的压缩算法，则还可以尝试重用现有的压缩库。比较免费提供的库中的几种压缩算法将为你提供更有价值的数据，以便你在以后必须确定最佳压缩程度时使用。

请仔细注意我们刚刚所做的事情：我们使用现有程序作为框架来运行一些与未来程序行为近似的新代码。换句话说，我们已经构建了一个原型。

原型制作是另一种获得性能估计以进行设计决策的方法。当然，构建性能原型与构建基于特征的原型有些不同。在后一种情况下，我们希望快速组装一个展示所需行为的系统，通常不考虑实现的性能或质量。相应地，性能原型应该给我们合理的性能数字，所以低级实现必须是高效的。

我们可以忽略极端情况和错误处理，也可以跳过许多功能，只要原型确实演练了我们想要进行基准测试的代码即可。有时，原型根本没有任何功能，而是在代码的某个地方，硬编码一个条件。在实际系统中，当使用某些功能演练时就会发生这种情况。在此类原型设计过程中创建的高性能代码通常构成以后低级库的基础。

应该指出的是，所有模型都是近似的，即使你对要测量其性能的代码有完整的最终实现，它们仍然只是近似的。微基准测试通常不如大型框架准确，这导致出现了诸如"微基准测试是谎言"之类的言论。

微基准测试和其他性能模型并不总是与最终结果匹配的主要原因是任何程序的性能都受到其环境的影响。例如，你可能对一段代码进行基准测试以获得最佳内存访问，结果却发现它通常与其他线程一起运行，而这些线程完全使内存总线饱和。

就像了解模型的局限性很重要一样，不要反应过度也很重要。基准测试确实提供了有用的信息。被测软件越完整、越真实，结果就越准确。例如，如果某项基准测试显示一段代码比另一段代码快几倍，那么一旦代码在其最终上下文中运行，这种差异不太可能完全消失。

原型是真实程序的近似，它可以按某种程度的准确度再现我们感兴趣的属性，使我们能够从不同的设计决策中获得对性能的合理估计。它们的范围可以从微型基准测试到大型测试，甚至是预先存在的程序的实验，但它们都服务于一个目标：将性能设计从想当然的猜测变成以合理的测量为基础进行决策。

12.8　小　　结

　　本章回顾了我们学到的关于性能的所有知识以及决定性能的因素，然后使用这些知识提出了高性能软件系统的设计指南。

　　我们提供了一些关于设计接口、数据组织、组件和模块的建议，并描述了在获得性能可以被测量的实现之前，通过良好的测量结果做出设计决策的方法。

　　必须再次强调的是，着眼于性能的设计不会自动产生良好的性能，它只是提供了高性能实现的一种可能性。与它相对的一种选择则是性能不友好的设计，这种设计可能限制和妨碍高效代码和数据结构。

　　本书是一段值得你回味的旅程：我们从了解单个硬件组件的性能开始，然后研究它们之间的相互作用以及它们如何影响程序员对编程语言的使用。这条道路最终将我们引向了性能设计的理念。这是本书的最后一章，但也是你旅程的新起点，现在可以将你在本书获得的知识应用于实际问题，那是一个广阔而令人兴奋的领域。

12.9　思　考　题

　　（1）什么是性能设计？

　　（2）如何确保接口不会限制最佳实现？

　　（3）为什么传达客户端意图的接口可以实现更好的性能？

　　（4）当无法进行性能测量时，如何做出与性能相关的明智的设计决策？

附录　思考题解答

第 1 章　性能和并发性简介

（1）为什么计算机的处理能力提高了，程序性能却仍然很重要？

答：在许多领域中，问题的规模增长速度与可用计算资源一样快，甚至更快。随着计算变得越来越普遍，繁重的工作负载可能不得不在功率有限的处理器上执行。

（2）为什么理解软件性能需要掌握计算硬件和编程语言的底层知识？

答：单核处理能力在 2005 年前后基本停止增长，处理器设计和制造的进步在很大程度上已经转移到使用更多的处理核心和大量专用计算单元。充分利用这些资源的情况不会自动发生，它需要程序员了解硬件的工作原理。

（3）性能和效率有什么区别？

答：效率是指尽可能充分利用可用的计算资源，但不做任何不必要的工作。性能是指满足特定目标，具体目标取决于程序旨在解决的问题。

（4）为什么必须根据特定指标来定义性能？

答：在不同的环境中，性能的定义可能完全不同。例如，计算的原始速度在超级计算机中可能是最重要的，但在交互系统中可能就没那么重要了，只要系统比参与交互的人更快即可。

（5）如何判断具体指标的性能目标是否完成？

答：性能只能通过测量来确定而不是靠猜测。无论成功还是失败，都只能通过定量的测量结果来证明并进行相应的分析。

第 2 章　性 能 测 量

（1）为什么需要性能测量？

答：需要性能测量有两个主要原因。

首先，它们用于定义目标和描述当前状态。如果没有这样的衡量标准，我们就不能说性能是差还是优，也无法判断是否达到了性能目标。

其次，测量可用于研究各种因素对性能的影响，评估代码更改和其他优化的结果。

（2）为什么我们需要这么多不同的方法来衡量性能？

答：没有单一的方法来衡量所有情况下的性能，因为通常有太多的影响因素和原因需要使用单一方法进行分析，而且完全表征性能需要大量的数据。

（3）手动执行基准测试的优点和局限性分别是什么？

答：手动检测代码的基准测试的优点是可以收集任何想要的数据，并且很容易把数据放在上下文环境中。对于每一行代码，可以知道它属于哪个函数或算法的哪个步骤。

其主要限制在于该方法的侵入性，即必须知道要检测的代码部分并能够这样做；数据收集工具未涵盖的任何代码区域都不会被测量。

（4）如何使用性能分析来衡量性能？

答：性能分析可用于收集有关整个程序的执行时间或其他指标分布的数据。它可以在函数/模块级别或更低级别的单个机器指令上完成。但是，一次收集整个程序的最低细节级别的数据通常是不切实际的，因此程序通常需要分阶段进行性能分析，从粗粒度的性能分析到细粒度的性能分析。

（5）包括微基准测试在内的小规模基准测试有什么用途？

答：小规模和微基准测试用于快速迭代代码更改并评估它们对性能的影响。它们还可用于详细分析小代码片段的性能。必须注意确保微基准测试中的执行上下文尽可能接近真实程序的上下文。

第 3 章　CPU 架构、资源和性能

（1）高效利用 CPU 资源的关键是什么？

答：现代 CPU 有多个计算单元，其中许多可以同时运行。随时使用尽可能多的 CPU 计算能力是最大化程序效率的方法。

（2）如何使用指令级并行来提高性能？

答：可以同时进行的任何两个计算只需要消耗其中较长者的时间，另一个计算实际上是免费的。

在许多程序中，可以用立即完成的其他计算代替一些将来要完成的计算。也许现在要做的计算比以后做的计算多，但即使是这样，也能提高整体性能（只要额外的计算不需要额外的时间即可），因为它们是与其他一些无论如何都必须完成的工作并行完成的。

（3）如果后一个计算需要前一个计算的结果，CPU 如何并行执行计算？

答：这种情况称为数据依赖。解决问题的对策就是流水线，在流水线中可不依赖于任何未知数据，因为未来计算的一部分可与程序顺序中位于它之前的代码并行执行。

（4）为什么条件分支比简单地评估条件表达式的成本要昂贵得多？

答：条件分支使未来的计算不确定，这会阻止 CPU 将它们流水线化。CPU 尝试预测将要执行的代码，以便可以维护管道。每当这种预测失败时，就必须冲刷流水线，并丢弃所有预测错误的指令的结果。

（5）什么是推测执行？

答：任何可能需要也可能不需要但根据 CPU 的分支预测执行的代码都是推测性的。在推测执行上下文中，任何无法撤销的操作都不能完全提交，CPU 不能覆盖内存、执行任何 I/O 操作、发出中断或报告任何错误。

CPU 有必要的硬件来暂停这些操作，直到推测执行的代码被确认为真实代码。在预测错误的情况下，推测执行的所有可能结果都被丢弃，没有可观察到的影响。

（6）有哪些优化技术可以提高包含条件计算的代码流水线的有效性？

答：一个预测良好的分支通常对性能的影响很小。因此，由错误预测的分支引起的性能下降问题有两个主要解决方案，即重写代码以使条件变得更可预测或更改计算以使用条件访问的数据而不是条件执行的代码。后者被称为无分支计算。

第 4 章　内存架构和性能

（1）什么是内存速度差距？

答：现代 CPU 比目前性能最高的内存都要快得多。访问内存中随机位置的延迟为几纳秒，足以让 CPU 执行数十次操作。即使在流访问中，整体内存带宽也不足以按与执行计算相同的速度为 CPU 提供数据。

（2）哪些因素会影响观察到的内存速度？

答：内存系统在 CPU 和主存之间包含了一个分层的缓存，所以影响速度的第一个因素是数据集的大小，这最终决定了数据是否可以放入分层的缓存。

对于给定的大小，内存访问模式至关重要。如果硬件预测到下一次还会访问它，则可以通过在请求数据之前将数据传输到缓存来减小延迟。

（3）如何才能找到程序中因为访问内存而导致性能不佳的地方？

答：通常从性能分析或计时器输出中可以明显看出低效的内存访问；对于具有良好数据封装的模块化代码尤其如此。如果计时性能分析没有显示影响性能的代码部分，则缓存有效性的性能分析可能会显示在整个代码中哪些数据被低效访问。

（4）优化程序以获得更好的内存性能的主要方法有哪些？

答：任何使用较少内存的优化都可能提高内存性能，因为这样就可以将更多的数据放入缓存。当然，对大量数据的顺序访问可能比对少量数据的随机访问要快，除非较小的数据可以放入 L1 缓存，或者退而求其次，放入 L2 缓存。

直接针对内存性能的优化通常采用数据结构优化的形式，旨在避免随机访问和间接内存访问。为了超越这些优化，我们通常必须更改算法以将内存访问模式更改为对缓存更友好的模式。

第 5 章　　线程、内存和并发

（1）什么是内存模型？

答：内存模型通过共享内存来描述线程之间的交互，它是当多个线程访问内存中的相同数据时给出的一组限制和保证。

（2）为什么了解共享数据的访问权限如此重要？

答：一方面，如果我们不需要共享数据，则所有线程将完全独立运行，只要有更多处理器可用，程序就可以获得完美的扩展效应（即处理器越多，性能越高）。而且，编写这样的程序并不比编写单线程程序难。

另一方面，所有与并发相关的错误最终都源于对某些共享数据的无效访问。

（3）什么决定了程序的整体内存模型？

答：整体内存模型是系统不同组件的几种内存模型的叠加。

首先，硬件有一个内存模型，适用于在其上运行的任何程序。

其次，操作系统和运行时环境可能会提供额外的限制和保证。

最后，编译器实现了诸如 C++ 之类的语言的内存模型，如果它提供比语言要求的内存模型更严格的内存模型，则可能会施加额外的限制。

（4）什么限制了并发的性能提升？

答：有以下若干个因素限制了并发程序的性能。

首先是并行工作的可用性（这个问题需要通过并发算法的进步来解决，不在本书的讨论范围内）。

其次是实际完成这项工作的硬件的可用性（我们已经讨论了一个程序受内存限制的示例）。

最后是任何时候线程都必须以并发方式访问相同的数据（共享数据），此访问必须同步，并且编译器和硬件优化执行的能力受到严重限制。

第6章 并发和性能

（1）基于锁、无锁和无等待程序的定义属性是什么？

答：一般而言，基于锁的程序不能保证始终为最终目标做有用的工作。在无锁程序中，保证至少有一个线程可向前推进。在无等待程序中，所有线程始终朝着最终目标前进。

（2）如果算法是无等待的，是否意味着它可以完美扩展？

答："无等待"应该是算法意义上的理解，即每个线程完成算法的一个步骤，并立即进入下一个步骤，并且不会因为线程之间的同步而浪费或丢弃计算结果。

这并不意味着当计算机运行多个线程时，特定步骤与在一个线程上运行的时间相同，因为硬件访问的争用仍然存在。

（3）锁的哪些弊端促使我们寻找替代品？

答：虽然锁的最常见的缺点是它们的成本相对较高，但这并不是避免使用它们的主要原因，一个好的算法通常可以减少足够的数据共享量，使得锁本身的成本不是重大问题。

锁更严重的问题是在需要细粒度数据同步的程序中管理多个锁的复杂性。用单个锁锁定大量数据意味着只有一个线程可以对所有锁定的数据进行操作，而对于小数据块使用多个锁则会导致死锁，或者至少是非常复杂的锁管理。

（4）共享计数器与数组或其他容器的共享索引有什么区别？

答：区别不在于计数器本身的实现，而在于数据依赖。计数器没有依赖关系，因此不需要提供任何内存顺序保证。而索引应保证当线程读取此索引值时，由特定值索引的数组或容器元素对线程可见。

（5）发布协议的主要优势是什么？

答：发布协议的主要优势是允许多个使用者线程在不加锁的情况下访问相同的数据，同时保证生产者线程生成的数据在使用者访问这些数据之前是可见的。

第7章 并发数据结构

（1）为线程安全而设计的数据结构接口最关键的特性是什么？

答：任何为线程安全设计的数据结构都必须有一个事务性接口，每个操作要么不改变数据结构的状态，要么将它从一个明确定义的状态转换为另一个明确定义的状态。

（2）为什么功能受限的数据结构通常比它们的通用变体更有效？

答：对并发代码性能的一般观察结果是共享变量越多，代码越慢。复杂的数据结构通常需要在并发访问它的线程之间共享更多数据。此外，还有一些简单的算法（有些是无等待的）允许对数据结构进行有限的线程安全操作。

（3）无锁数据结构总是比基于锁的数据结构快吗？

答：使用高效锁，锁保护的数据结构不一定更慢，甚至还可能会更快。同样地，它涉及共享多少变量——需要多个原子变量的无锁方案可能比单个锁慢。

我们还必须考虑访问的局部性。如果在一个或两个地方（如队列）访问数据结构，则锁定可能非常有效。如果每次都必须锁定整个数据结构，那么包含许多可以同时访问的元素的数据结构可能具有非常差的性能。

（4）在并发应用程序中管理内存的挑战是什么？

答：给数据结构添加内存通常是一个非常具有破坏性的操作，需要重新排列大部分内部数据。在允许对同一数据结构进行其他并发操作的同时，很难做到这一点。这就是主要的挑战。

对于锁保护的数据结构，这无关紧要（有时当一个线程必须管理内存时，锁的持有时间比平时长得多，但由于其他原因也可能发生长时间延迟，程序必须预料到这一点）。

在无锁数据结构中，如果影响到整个数据结构，则内存管理非常困难。

节点数据结构在单个线程上完成所有内存管理，并使用发布协议向结构添加新节点，但顺序数据结构可能需要数据重新分配或至少需要复杂的内部内存管理。在这种情况下，应该使用双重检查锁定来锁定整个数据结构，同时重新组织其内存。

（5）什么是 A-B-A 问题？

答：A-B-A 问题是采用节点数据结构的所有无锁实现的常见问题，这些实现使用数据在内存中的位置来检测何时进行了更改。当在先前已删除的节点的内存中分配新节点时就会出现此类问题。

当另一个线程观察到相同的初始和最终内存地址时，会产生潜在的数据竞争，并且假设数据结构没有改变。对于该问题存在多种解决方案，它们都是使用各种技术来推迟内存的重新分配，直到在同一地址重新分配不再是问题。

第 8 章   C++中的并发

（1）为什么 C++ 11 奠定的并发编程基础很重要？

答：如果没有标准对 C++程序在线程存在下的行为给予一些保证，就不可能编写任何可移植的并发 C++程序。当然，在实践中，早在 C++ 11 之前就使用了并发，但这是由选择遵循附加标准（如 POSIX）的编译器编写者实现的。这种情况的不利之处在于这些附加标准各不相同。例如，没有可移植的方式来编写 Linux 和 Windows 的并发程序，而且没有针对每个平台的条件编译和特定于操作系统的扩展。类似地，原子操作被实现为特定于 CPU 的扩展。此外，不同的编译器所遵循的各种标准之间存在一些细微的差异，这偶尔会导致一些很难发现的错误。

（2）如何使用并行 STL 算法？

答：并行算法的使用非常简单。任何具有并行版本的算法都可以将执行策略作为第一个参数进行调用。如果这是并行执行策略，则算法将在多个线程上运行。

另一方面，为了获得最佳性能，可能需要重新设计程序的某些部分。特别是，如果数据序列太短，则并行算法没有任何优势（什么样的数据序列属于"太短"？这取决于算法和对数据元素的操作成本）。因此，可能有必要重新设计程序以立即对更大的序列进行操作。

（3）什么是协程？

答：协程是可以挂起自己执行的函数。挂起后，控制权返回给调用方（如果这不是第一次挂起，则返回给恢复者）。协程可以从代码中的任何位置恢复，例如从不同的函数或另一个协程，甚至从另一个线程恢复。

第 9 章　高性能 C++

（1）什么时候可以按值传递大对象？

答：如果有必要制作对象的副本，则按值传递它是合适的。程序员必须小心避免进行第二次不必要的复制。一般来说，这是通过从函数参数移动来完成的；但是，程序员有责任不使用移出的对象，因为编译器不会阻止它。

（2）使用持有资源的智能指针时，如何调用在对象上进行操作的函数？

答：在最常见的情况下，当函数对对象进行操作但不影响其生命周期时，该函数不应获得任何允许它影响所有权的访问权限。即使对象所有权由共享指针管理，此类函数也应使用引用或原始指针，而不是创建不必要的共享指针副本。

（3）什么是返回值优化，适用在什么地方？

答：返回值优化是指编译器优化技术，其中局部变量从函数中按值返回。优化有效地去除了局部变量并直接在调用者为其分配的内存中构造结果。这种优化在必须构造和返回对象的工厂函数中特别有用。

（4）为什么低效的内存管理不仅会影响内存消耗，还会影响运行时间？

答：在受到内存限制的程序中，运行时间受限于从内存获取数据的速度。使用更少的内存通常会直接导致程序运行速度更快。

第二个原因更直接：内存分配本身需要时间。在并发程序中，它们还涉及锁，而这会将部分执行序列化。

第 10 章　　C++中的编译器优化

（1）什么限制了编译器优化？

答：最重要的限制是程序的结果（或者更严格地说，是可观察到的行为）不能改变。这里的门槛很高，只有当可以证明结果对于所有可能的输入都是正确的时，才允许编译器进行优化。

第二个考虑因素是实用性：编译器必须在编译时间和优化代码的效率之间做出权衡。即使启用了最高优化，证明某些代码转换不会破坏程序的成本也可能太高。

（2）为什么函数内联对编译器优化非常重要？

答：除了明显的效果（消除函数调用），内联还可以让编译器分析更大的代码片段。如果没有内联，编译器通常必须假设在函数体内"一切皆有可能"。例如，通过内联，编译器可以查看对函数的调用是否产生任何可观察的行为（如 I/O）。

内联仅在一定程度上是有益的，如果过度内联，也会增加机器代码的大小。此外，编译器难以分析很长的代码片段（片段越长，优化器处理它所需的内存和时间就越多）。编译器具有确定特定函数是否值得内联的启发式方法。

（3）为什么编译器不会做"明显"优化？

答：如果编译器不做优化，往往是因为这个转换不能保证正确。编译器并不像程序员那样能够了解程序将如何使用；任何输入组合都被认为是有效的。

另一个常见原因是优化预计不会普遍有效。编译器在这一点上可能是正确的，但如果测量表明程序员是正确的，则必须以某种方式将优化强加到源代码中。

（4）为什么内联是一种有效的优化？

答：内联的主要好处不是它消除了函数调用的成本，而是它允许编译器查看函数内部发生了什么。这使得编译器能够对紧接在函数调用之前和之后的代码进行连续分析。

当编译器将较大的代码片段优化为单个基本块时，一些在单独考虑代码的各个部分时无法实现的优化会变得可能。

第 11 章　未定义行为和性能

（1）什么是未定义行为？

答：未定义行为是指程序在约定外执行时发生的情况。所谓"约定"，就是由规范来说明有效输入是什么以及结果应该是什么。

如果检测到无效输入，这也是约定的一部分。如果未检测到无效输入并且程序在输入有效的（错误）假设下继续，则结果就是未定义的，因为规范没有说明在这种情况下必须发生什么。

（2）为什么我们不能定义程序可能遇到的任何情况的结果？

答：在 C++ 中，允许未定义行为有以下两个主要原因。

首先，有些操作需要硬件支持，或者在不同的硬件上执行的方式不同。在某些硬件系统上提交特定结果可能非常困难甚至不可能。

第二个原因是性能：保证跨所有计算架构的特定结果可能很昂贵。

（3）如果把标准标签编写成未定义行为，测试结果，验证代码正常，这样就没问题了，对吗？

答：不对，未定义的结果并不意味着该结果一定是错误的。在未定义行为下也可能出现预期的结果，只是不能保证而已。

此外，未定义的行为会污染整个程序。将文件中的相同代码与其他一些代码一起编译可能会产生意想不到的结果。假设未定义的行为永远不会发生，新版本的编译器也许能够做出更好的优化。应该运行 UB sanitizer 并修复它报告的错误。

（4）为什么设计一个程序前要详细说明未定义行为？

答：这和 C++ 标准一样，都是出于性能的考虑。如果有一个特殊状况，很难在不增加"正常"状况开销的情况下正确处理，则可以选择根本不处理该特殊情况。虽然最好在运行时检测这种情况，但这种检测也可能很昂贵。在这种情况下，输入验证应该是可选的。如果用户提供无效输入但未运行检测工具，则程序的行为就是未定义的，因为算法本身假定输入是有效的并且该假定已被违反。

第 12 章　性 能 设 计

（1）什么是性能设计？

答：性能设计就是着眼于性能的设计，它可以归结为创建一种有利于高性能算法和实现的设计，不会强加与此类实现不兼容的约束。

（2）如何确保接口不会限制最佳实现？

答：一般来说，接口公开的组件内部细节越少，实现者的自由度就越大。这应该与客户端使用高效算法的自由进行适当权衡。

（3）为什么传达客户端意图的接口可以实现更好的性能？

答：更高级别的接口可获得更好的性能，因为它们允许实现者暂时违反接口约定所指定的不变量。组件的初始状态和最终状态对调用方是可见的，并且必须保持这些不变量。但是，如果实现者知道没有公开的中间状态，则通常可以找到更有效的临时状态。

（4）当无法进行性能测量时，如何做出与性能相关的明智的设计决策？

答：不能做出设计决策。因此，我们的目标是找到一种方法来收集此类测量值。

我们可以建立模型的基准测试和测量原型的性能，并使用结果来估计由不同设计决策导致的性能差异，以此作为实际决策的基础。